高等职业教育系列教材

PLC 技术及应用项目教程

第 3 版

主　编　史宜巧　侍寿永
参　编　景绍学　孙业明
主　审　徐建俊

机 械 工 业 出 版 社

本书以三菱 FX_{2N} 系列 PLC 为对象，首先通过 7 个专题介绍了 PLC 的基础知识，然后通过 20 个项目分别介绍了 PLC 的基本指令、功能指令、顺序控制设计法、模拟量模块及通信的应用。附录中提供了基础知识复习题，并配有 FX_{2N} 系列 PLC 的主要技术指标、特殊元件编号及名称检索、基本指令和功能指令一览表。

本书可作为高职高专院校电气自动化、机电一体化技术、计算机控制技术等相关专业教材，也可作为职业培训学校 PLC 课程的教材，同时还可供从事自动化技术工作的工程技术人员使用。

可扫描本书中二维码进行微课视频的观看，本书还配有资源包，包括电子课件、50 个二维码微课视频、24 个动画、题库、在线测试和参考答案等，可扫描封底"IT"字样的二维码，输入本书书号中的 5 位数字（65123），获取下载链接。

图书在版编目（CIP）数据

PLC 技术及应用项目教程/史宜巧，侍寿永主编. —3 版. —北京：机械工业出版社，2020.6（2023.1 重印）
高等职业教育系列教材
ISBN 978 – 7 – 111 – 65123 – 9

Ⅰ. ①P… Ⅱ. ①史… ②侍… Ⅲ. ①PLC 技术 – 高等职业教育 – 教材
Ⅳ. ①TM571. 6

中国版本图书馆 CIP 数据核字（2020）第 047376 号

机械工业出版社（北京市百万庄大街 22 号 邮政编码 100037）
策划编辑：李文轶 责任编辑：李文轶 和庆娣
责任校对：张艳霞 责任印制：张 博
北京雁林吉兆印刷有限公司印刷

2023 年 1 月第 3 版·第 6 次印刷
184mm×260mm·15. 75 印张·387 千字
标准书号：ISBN 978 – 7 – 111 – 65123 – 9
定价：49. 00 元

电话服务 网络服务
客服电话：010 – 88361066 机 工 官 网：www.cmpbook.com
010 – 88379833 机 工 官 博：weibo. com/cmp1952
010 – 68326294 金 书 网：www. golden – book. com
封底无防伪标均为盗版 机工教育服务网：www.cmpedu. com

前　言

　　本书是根据高职高专院校的培养目标，结合教学改革和课程改革，本着"工学结合、项目引导、'教学做'一体化"的原则而编写的。本书打破传统编写模式，以模块为单元，以应用为主线，通过设计不同的教学项目来引领学生由实践到理论再到实践，将理论知识融合到每一个教学项目的实践操作中。

　　本书是 2011 年江苏省高等学校精品教材的改版。本书结合江苏省精品课程"PLC 技术及应用"的课程改革和建设，由学校、企业和行业专家合作开发。本书在内容上为"双证融通"的专业培养目标服务，在方法上适合"教学做"一体化的教学模式。全书分为 5 大模块：模块 1 为 PLC 的基础知识（共 7 个专题）、模块 2 为 FX_{2N} 系列 PLC 基本指令的应用（共 6 个项目）、模块 3 为 FX_{2N} 系列 PLC 功能指令的应用（共 5 个项目）、模块 4 为 FX_{2N} 系列 PLC 顺序控制设计法的应用（共 5 个项目）、模块 5 为 FX_{2N} 系列 PLC 模拟量模块及通信的应用（共 4 个项目）。每一个项目分别由教学目的、项目控制要求与分析、项目预备知识、项目实现、知识进阶、研讨与训练 6 个环节组成。每个项目均源自企业生产实践，再设计成教学项目，试制作后编入教材，以强调职业技能训练，注重职业能力培养。

　　附录中提供了基础知识复习题，并配有 FX_{2N} 系列 PLC 的主要技术指标、特殊元件编号及名称检索、基本指令一览表和功能指令一览表。

　　可扫描本书中二维码进行微课视频的观看，本书还配有资源包，包括电子课件、50 个二维码微课视频、24 个动画、题库、在线测试和参考答案等，可扫描封底"IT"字样的二维码，输入本书书号中的 5 位数字（65123），获取下载链接。

　　本书由史宜巧、侍寿永担任主编，景绍学、孙业明参编，史宜巧编写了本书的模块 1 和模块 2，景绍学编写了模块 3，孙业明编写了模块 4，侍寿永编写了模块 5 和附录部分。"电机与电气控制"国家精品课程负责人徐建俊教授担任主审。感谢编写组的徐敏捷高级工程师、赵美荣高级工程师在本书编写过程中给予的大力支持和帮助！

　　由于编者水平有限，疏漏之处在所难免，欢迎各位读者批评指正。

编　者

目　　录

前言
模块 1　PLC 的基础知识 1
　专题 1.1　PLC 概述 1
　　1.1.1　PLC 的定义 1
　　1.1.2　PLC 控制系统与继电器接触器控制系统的比较 1
　　1.1.3　PLC 的分类 2
　　1.1.4　PLC 主要产品 2
　　1.1.5　PLC 的应用领域 3
　专题 1.2　PLC 的组成与工作原理 4
　　1.2.1　PLC 的组成 4
　　1.2.2　PLC 的工作原理 5
　专题 1.3　PLC 的编程语言与编程方法 7
　　1.3.1　PLC 的编程语言 7
　　1.3.2　PLC 的编程方法 9
　专题 1.4　FX_{2N} 系列 PLC 的型号、安装与接线 9
　　1.4.1　FX_{2N} 系列 PLC 的型号 9
　　1.4.2　FX_{2N} 系列 PLC 的安装及接线 11
　专题 1.5　GX-Developer 编程软件的使用 14
　　1.5.1　GX-Developer 编程软件的主要功能 14
　　1.5.2　系统配置 14
　　1.5.3　GX-Developer 编程软件的安装 15
　　1.5.4　GX-Developer 编程软件的界面 15
　　1.5.5　工程的创建和调试范例 16
　　1.5.6　GX Simulator 仿真软件的使用 22
　专题 1.6　GX-Works2 编程软件的使用 25
　　1.6.1　GX-Works2 编程软件的安装 25
　　1.6.2　GX-Works2 编程软件的界面 25
　　1.6.3　工程的创建与调试 25
　　1.6.4　GX-Simulator2 仿真软件的使用 28
　专题 1.7　PLC 控制系统设计概述 29
　　1.7.1　PLC 控制系统设计的基本原则 29
　　1.7.2　PLC 控制系统的设计流程 29
模块 2　FX_{2N} 系列 PLC 基本指令的应用 32
　项目 2.1　三相异步电动机的点动运行——逻辑取、输出及结束指令 32

2.1.1 教学目的 …………………………………………………………………… 32

2.1.2 项目控制要求与分析 ………………………………………………………… 32

2.1.3 项目预备知识 ………………………………………………………………… 33

2.1.4 项目实现 ……………………………………………………………………… 34

2.1.5 知识进阶 ……………………………………………………………………… 35

2.1.6 研讨与训练 …………………………………………………………………… 38

项目2.2　三相异步电动机的连续运行——触点串并联及置位/复位指令 …… 38

2.2.1 教学目的 ……………………………………………………………………… 38

2.2.2 项目控制要求与分析 ………………………………………………………… 38

2.2.3 项目预备知识 ………………………………………………………………… 39

2.2.4 项目实现 ……………………………………………………………………… 41

2.2.5 知识进阶 ……………………………………………………………………… 42

2.2.6 研讨与训练 …………………………………………………………………… 44

项目2.3　三相异步电动机的正反转控制——块及多重输出指令 ……………… 45

2.3.1 教学目的 ……………………………………………………………………… 45

2.3.2 项目控制要求与分析 ………………………………………………………… 45

2.3.3 项目预备知识 ………………………………………………………………… 46

2.3.4 项目实现 ……………………………………………………………………… 50

2.3.5 研讨与训练 …………………………………………………………………… 52

项目2.4　两台电动机顺序起动、逆序停止控制——定时器及延时控制方法 …… 53

2.4.1 教学目的 ……………………………………………………………………… 53

2.4.2 项目控制要求与分析 ………………………………………………………… 53

2.4.3 项目预备知识 ………………………………………………………………… 54

2.4.4 项目实现 ……………………………………………………………………… 57

2.4.5 知识进阶 ……………………………………………………………………… 58

2.4.6 研讨与训练 …………………………………………………………………… 62

项目2.5　三相异步电动机 Y-△ 减压起动控制——主控触点指令 …………… 64

2.5.1 教学目的 ……………………………………………………………………… 64

2.5.2 项目控制要求与分析 ………………………………………………………… 64

2.5.3 项目预备知识 ………………………………………………………………… 65

2.5.4 项目实现 ……………………………………………………………………… 67

2.5.5 知识进阶 ……………………………………………………………………… 69

2.5.6 研讨与训练 …………………………………………………………………… 72

项目2.6　电动机循环起停控制——计数器 ……………………………………… 74

2.6.1 教学目的 ……………………………………………………………………… 74

2.6.2 项目控制要求与分析 ………………………………………………………… 74

2.6.3 项目预备知识 ………………………………………………………………… 75

2.6.4 项目实现 ……………………………………………………………………… 77

2.6.5 知识进阶 ……………………………………………………………………… 78

2.6.6　研讨与训练 ··· 79

模块3　FX$_{2N}$系列PLC功能指令的应用 ······························· 80

项目3.1　抢答器控制——传送指令与7段码译码指令 ·················· 80

3.1.1　教学目的 ··· 80

3.1.2　项目控制要求与分析 ··· 80

3.1.3　项目预备知识 ·· 80

3.1.4　项目实现 ··· 83

3.1.5　知识进阶 ··· 89

3.1.6　研讨与训练 ··· 90

项目3.2　闪光频率控制——程序流程控制指令 ························· 91

3.2.1　教学目的 ··· 91

3.2.2　项目控制要求与分析 ··· 91

3.2.3　项目预备知识 ·· 92

3.2.4　项目实现 ··· 93

3.2.5　知识进阶 ··· 100

3.2.6　研讨与训练 ··· 100

项目3.3　九秒倒计时钟——四则运算指令、比较指令和区间复位指令 ······· 100

3.3.1　教学目的 ··· 100

3.3.2　项目控制要求与分析 ··· 101

3.3.3　项目预备知识 ·· 101

3.3.4　项目实现 ··· 105

3.3.5　知识进阶 ··· 108

3.3.6　研讨与训练 ··· 108

项目3.4　跑马灯控制——位移指令与循环移位指令 ···················· 109

3.4.1　教学目的 ··· 109

3.4.2　项目控制要求与分析 ··· 109

3.4.3　项目预备知识 ·· 110

3.4.4　项目实现 ··· 111

3.4.5　知识进阶 ··· 113

3.4.6　研讨与训练 ··· 113

项目3.5　交通灯控制——编解码指令、区间比较指令与触点比较指令 ······· 113

3.5.1　教学目的 ··· 113

3.5.2　项目控制要求与分析 ··· 113

3.5.3　项目预备知识 ·· 114

3.5.4　项目实现 ··· 118

3.5.5　知识进阶 ··· 125

3.5.6　研讨与训练 ··· 126

模块4　FX$_{2N}$系列PLC顺序控制设计法的应用 ····················· 128

项目4.1　机械手控制——单序列结构的基本指令编程方法 ·············· 128

4.1.1 教学目的 ·· 128

4.1.2 项目控制要求与分析 ·· 128

4.1.3 项目预备知识 ·· 129

4.1.4 项目实现 ··· 134

4.1.5 知识进阶 ··· 137

4.1.6 研讨与训练 ·· 137

项目 4.2 液体混合控制系统——选择序列结构的基本指令编程方法 ··· 138

4.2.1 教学目的 ··· 138

4.2.2 项目控制要求与分析 ·· 139

4.2.3 项目预备知识 ·· 139

4.2.4 项目实现 ··· 141

4.2.5 知识进阶——仅有两步的闭环处理 ···························· 144

4.2.6 研讨与训练 ·· 144

项目 4.3 按钮式人行横道交通灯控制——并行序列结构的基本指令编程方法 ··· 147

4.3.1 教学目的 ··· 147

4.3.2 项目控制要求与分析 ·· 148

4.3.3 项目预备知识 ·· 148

4.3.4 项目实现 ··· 150

4.3.5 知识进阶——以转换为中心的电路编程方法 ················ 152

4.3.6 研讨与训练 ·· 157

项目 4.4 气动钻孔机控制——步进顺控指令及单序列结构的状态编程法 ··· 158

4.4.1 教学目的 ··· 158

4.4.2 项目控制要求与分析 ·· 158

4.4.3 项目预备知识 ·· 158

4.4.4 项目实现 ··· 161

4.4.5 知识进阶 ··· 163

4.4.6 研讨与训练 ·· 165

项目 4.5 组合钻床控制——选择序列及并行序列结构的状态编程法 ··· 168

4.5.1 教学目的 ··· 168

4.5.2 项目控制要求与分析 ·· 168

4.5.3 项目预备知识 ·· 168

4.5.4 项目实现 ··· 171

4.5.5 研讨与训练 ·· 173

模块 5 FX$_{2N}$系列 PLC 模拟量模块及通信的应用 ···················· 174

项目 5.1 炉温控制——A-D 模块 ·· 174

5.1.1 教学目的 ··· 174

5.1.2 项目控制要求与分析 ·· 174

5.1.3 项目预备知识 ·· 174

5.1.4 项目实现 ··· 180

5.1.5　知识进阶 ·· 182

5.1.6　研讨与训练 ·· 184

项目 5.2　灯泡亮度控制——D-A 模块 ································· 184

5.2.1　教学目的 ·· 184

5.2.2　项目控制要求与分析 ·· 185

5.2.3　项目预备知识 ·· 185

5.2.4　项目实现 ·· 190

5.2.5　知识进阶 ·· 192

5.2.6　研讨与训练 ·· 194

项目 5.3　送风及循环水系统的 PLC 通信控制——并行通信 ············· 194

5.3.1　教学目的 ·· 194

5.3.2　项目控制要求与分析 ·· 194

5.3.3　项目预备知识 ·· 195

5.3.4　项目实现 ·· 198

5.3.5　知识进阶 ·· 200

5.3.6　研讨与训练 ·· 202

项目 5.4　传输与烘干系统的 PLC 通信控制——无协议通信 ············· 203

5.4.1　教学目的 ·· 203

5.4.2　项目控制要求与分析 ·· 203

5.4.3　项目预备知识 ·· 203

5.4.4　项目实现 ·· 206

5.4.5　知识进阶 ·· 209

5.4.6　研讨与训练 ·· 211

附录 ··· 212

附录 A　基础知识复习题 ·· 212

附录 B　FX_{2N} 系列 PLC 的主要技术指标 ··························· 215

附录 C　FX_{2N} 系列 PLC 特殊元件编号及名称检索 ·················· 218

附录 D　FX_{2N} 系列 PLC 基本指令一览表 ·························· 228

附录 E　FX_{2N} 系列 PLC 功能指令一览表 ·························· 230

参考文献 ··· 242

模块 1　PLC 的基础知识

专题 1.1　PLC 概述

1.1.1　PLC 的定义

　　PLC 是可编程序控制器（Programmable Controller）的简称。实际上，可编程序控制器的英文缩写为 PC，为了与个人计算机（Personal Computer）的英文缩写词 PC 相区别，人们就将最初用于逻辑控制的可编程序控制器（Programmable Logic Controller）称为 PLC。

　　PLC 的发展极为迅速。为了确定它的性质，国际电工委员会（International Electrical Committee）于 1982 年颁布了 PLC 标准草案第一稿，1987 年 2 月颁布了第三稿，对 PLC 做了如下定义。

　　PLC 是一种数字运算操作的电子系统，专为在工业环境下应用而设计。它采用可编程存储器，用来存储执行逻辑运算、顺序控制、定时、计数和算术运算等操作指令，并通过数字式或模拟式的输入/输出，控制各种类型的机械或生产过程。PLC 及其相关设备，都应按易于与工业控制系统形成一个整体和易于扩展其功能的原则设计。

1.1.2　PLC 控制系统与继电器接触器控制系统的比较

1. 组成器件不同

　　继电器接触器控制系统是由许多硬件继电器、接触器组成的，而 PLC 控制系统则是由许多"软继电器"组成的。传统的继电器接触器控制系统用了大量的机械触点，因物理性能疲劳、尘埃的隔离性及电弧的影响，使系统可靠性大大降低。而 PLC 控制系统采用无机械触点的微电子技术，复杂的控制由 PLC 控制系统内部的运算器完成，故寿命长，可靠性高。

2. 触点数量不同

　　继电器接触器的触点数较少，一般只有 4~8 对；而"软继电器"可供编程的触点数有无限对。

3. 控制方法不同

　　继电器接触器控制系统是通过元器件之间的硬接线来实现的，其控制功能是固定的；而 PLC 控制功能是通过软件编程来实现的，只要改变程序，即可改变功能。

4. 工作方式不同

　　在继电器接触器控制电路中，当电源接通时，电路中各继电器都处于受制约状态；而在 PLC 控制系统中，各"软继电器"都处于周期性循环扫描接通中，每个"软继电器"受制约接通的时间是短暂的。

1.1.3　PLC 的分类

通常，PLC 可以按输入/输出（I/O）点数、结构形式和功能进行分类。

1. 按 PLC 的 I/O 点数

根据 PLC 的 I/O 点数，PLC 可分为小型、中型和大型。I/O 点数在 256 点以下的为小型 PLC；I/O 点数在 256~2048 点的为中型 PLC；I/O 点数在 2048 点以上的为大型 PLC。

2. 按 PLC 的结构形式

根据 PLC 的结构形式，PLC 可分为整体式、模块式和紧凑式。整体式 PLC 将电源、CPU、存储器和 I/O 接口都集中装在一个机箱内，小型 PLC 多为整体式 PLC。模块式 PLC 是按功能分成若干模块，如电源模块、CPU 模块、I/O 模块等，再根据系统要求，组合不同的模块，形成不同用途的 PLC，大、中型 PLC 多为模块式。紧凑式 PLC 的电源模块、CPU 模块、I/O 模块也是各自独立的模块，但它们之间是靠电缆进行连接，并且各模块可以一层一层地叠装，它结合了整体式结构的紧凑和模块式结构的独立、灵活，又可称为叠装式 PLC。

3. 按 PLC 的功能

根据 PLC 的功能，PLC 可分为低档、中档和高档。低档 PLC 具有逻辑运算、定时、计数、移位以及自诊断、监控等基本功能，还可有少量模拟量输入/输出、算术运算、数据传送和比较、通信功能。中档 PLC 除具有低档 PLC 的基本功能外，还增加了模拟量输入/输出、算术运算、数据传送和比较、数制转换、远程 I/O、子程序及通信联网等功能，有些还增设了中断和 PID 控制等功能。高档 PLC 除具有中档 PLC 的功能外，还增加了带符号算术运算、矩阵运算、位逻辑运算、平方根运算及其他特殊功能函数运算、制表及表格传送等，且具有更强的通信联网功能。

1.1.4　PLC 主要产品

随着 PLC 市场的不断扩大，PLC 生产已经发展成为一个庞大的产业，其主要厂商集中在一些欧美国家及日本。美国与欧洲一些国家的 PLC 是在相互隔离的情况下独立研究开发的，产品有比较大的差异；日本的 PLC 则是从美国引进的，对美国的 PLC 产品有一定的继承性。日本的主推产品定位在小型 PLC 上；而欧美则以大、中型 PLC 为主。

1. 美国的 PLC 产品

美国有 100 多家 PLC 制造商，著名的 PLC 制造商有 A-B 公司、通用电气（GE）公司、莫迪康（MODICON）公司、德州仪器（TI）公司、西屋公司等。其中 A-B 公司是美国最大的 PLC 制造商，产品约占美国 PLC 市场的一半。A-B 公司的产品规格齐全、种类丰富，其主推的产品为大、中型的 PLC-5 系列。该系列为模块式结构，CPU 模块为中型的 PLC 有 PLC-5/10、PLC-5/12、PLC-5/14、PLC-5/25；CPU 模块为大型的 PLC 有 PLC-5/11、PLC-5/20、PLC-5/30、PLC-5/40 和 PLC-5/60。A-B 公司的小型机产品有 SLC-500 系列等。

GE 公司的代表产品是 GE-Ⅰ、GE-Ⅲ、GE-Ⅵ等系列，分别为小型机、中型机及大型机，GE-Ⅵ/P 最多可配置 4000 个 I/O 点。TI 公司的小型机有 510、520 等，中型机有 5TI

等，大型机有 PM550、530、560、565 等系列。MODICON 公司生产 M84 系列小型机、M484 系列中型机和 M584 系列大型机。M884 系列是增强型中型机，具有小型机的结构及大型机的控制功能。

2. 欧洲的 PLC 产品

德国的西门子（SIEMENS）公司、AEG 公司和法国的 TE 公司是欧洲著名的 PLC 制造商。德国西门子公司的电子产品以性能精良而久负盛名，在大、中型 PLC 产品领域与美国的 A-B 公司齐名。

西门子公司 PLC 的主要产品有 S5 及 S7 系列，其中 S7 系列是近年来开发的代替 S5 系列的新产品。S7 系列含 S7-200 系列、S7-200 Smart 系列、S7-300 系列、S7-400 系列、S7-1200 系列、S7-1500 系列。其中 S7-200 是微型机，S7-300 是中、小型机，S7-400 是大型机。S7 系列机性价比较高，近年来在中国市场的占有份额有不断上升之势。

3. 日本的 PLC 产品

日本 PLC 产品在小型机领域颇具盛名。某些用欧美中型或大型机才能实现的控制，日本小型机就可以解决。日本有许多 PLC 制造商，如三菱、欧姆龙、松下、富士、日立和东芝等。在世界小型机市场上，日本的产品约占 70% 的份额。

三菱公司的 PLC 是较早进入中国市场的产品。其小型机 F1/F2 系列是 F 系列的升级产品，早期在我国的销量也不小。F1/F2 系列加强了指令系统，增加了特殊功能单元和通信功能，比 F 系列有了更强的控制能力。继 F1/F2 系列之后，20 世纪 80 年代末，三菱公司又推出了 FX 系列，在容量、速度、特殊功能和网络功能等方面都有加强，在我国占有很大的市场份额。FX2 系列是在 20 世纪 90 年代推出的高性能整体式小型机，它配有各种通信适配器和特殊功能单元。FX_{2N} 系列是高性能整体式小型机，它是 FX2 系列的换代产品。经过不断的更新换代，于 2017 年 10 月发布的三菱电机自动化产品综合样本中，FX3 系列作为小型 PLC 的高端机型有 FX_{3U} 和 FX_{3UC} 系列。本书以三菱 FX_{2N} 系列机型为例来介绍 PLC 的应用技术。

欧姆龙（OMRON）公司的 PLC 产品，大、中、小和微型规格齐全。微型机以 SP 系列为代表；小型机有 P 型、H 型、CPM1A、CPM2A 系列及 CPM2C、CQM1 系列等；中型机有 C200H、C200HS、C200HX、C200HX、C200HG、C200HE 及 CS1 等系列。

在松下公司的 PLC 产品中，FP0 为微型机；FP1 为整体式小型机；FP3 为中型机；FP5/FP10、FP10S 及 FP20 为大型机。

4. 我国的 PLC 产品

我国有许多厂家及科研院所从事 PLC 的研制及开发工作，产品有中国科学院自动化研究所的 PLC-0088，北京联想计算机集团公司的 GK-40，上海机床电器厂的 CKY-40，上海起重电器厂的 CF-40MR/ER，苏州机床电器厂的 YZ-PC-001A，北京工业自动化研究所的 MPC-001/20、KB20/40，杭州机床电器厂的 DKK02，天津中环自动化仪表公司的 DJK-S-84/86/480，上海自立电子设备厂的 KKI 系列，上海香岛机电制造有限公司的 ACMY-S80、ACMY-S256，无锡华光电子工业有限公司（合资）的 SR-10、SR-20/21 等。

1.1.5 PLC 的应用领域

PLC 的应用非常广泛，如电梯控制、防盗系统的控制、交通分流信号灯控制、楼宇供水自动控制、消防系统自动控制、供电系统自动控制、喷水池自动控制及各种生产流水线的自动控制等。其应用情况大致可归纳为如下几类。

1. 开关量逻辑控制

这是 PLC 最基本、最广泛的应用领域，取代传统的继电器接触器电路，实现逻辑控制、顺序控制，既可用于单台设备的控制，又可用于多机群控及自动化流水线，如注塑机、印刷机、订书机械、组合机床、磨床、包装生产线和电镀流水线等。

2. 模拟量控制

PLC 利用比例积分微分（Proportional Integral Derivative，PID）算法可实现闭环控制功能，例如对温度、速度、压力及流量等过程量的控制。

3. 运动控制

PLC 可以用于圆周运动或直线运动的定位控制。近年来，许多 PLC 制造商在自己的产品中增加了脉冲输出功能，配合原有的高速计数器功能，使 PLC 的定位控制能力大大增加。此外，许多 PLC 品牌具有位置控制模块，如可驱动步进电动机或伺服电动机的单轴或多轴位置控制模块，使 PLC 广泛应用于各种机械、机床、机器人及电梯等设备中。

4. 数据处理

现代 PLC 具有数学运算、数据传送、数据转换、排序、查表和位操作等功能，可以完成数据的采集、分析及处理。这些数据除可以与存储在存储器中的参考值比较，完成一定的控制操作之外，也可以利用通信功能传送到别的智能装置中，或将它们打印制表。数据处理一般用于大型控制系统（如无人控制的柔性制造系统），也可用于过程控制系统（如造纸、冶金和食品工业中的一些大型控制系统）。

5. 通信及联网

PLC 通信含 PLC 间的通信及 PLC 与其他智能设备之间的通信。随着计算机控制技术的发展，工厂自动化网络发展得很快，各 PLC 制造商都十分重视 PLC 的通信功能，纷纷推出各自的网络系统。新近生产的 PLC，无论是网络接入能力还是通信技术指标，都得到了很大改善，这使 PLC 在远程及大型控制系统中的应用能力大大增强。

专题 1.2　PLC 的组成与工作原理

1.2.1　PLC 的组成

PLC 系统的组成与微型计算机基本相同，也是由硬件系统和软件系统两大部分构成的。

二维码 1-2　PLC 的组成

1. PLC 的硬件系统

PLC 硬件系统是指构成它的各个结构部件，是有形实体。PLC 硬件系统的组成框图如图 1-1 所示。

PLC 硬件系统由主机、用户输入输出设备、扩展单元及外围设备组成。主机和扩展单元采用计算机的结构形式，其内部由运算器、控制器、存储器、输入单元、输出单元以及接口等部分组成。将运算器和控制器集成在一片或几片大规模集成电路中，称为微处理器（或微处理机、中央处理器），简称为 CPU。存储器主要有系统程序存储器（EPROM）和用

4

户程序存储器（RAM）。

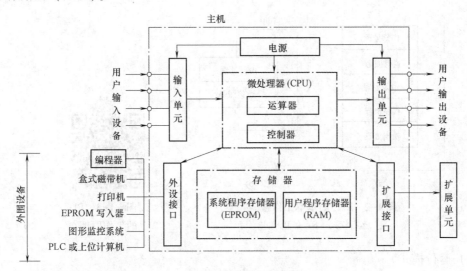

图 1-1　PLC 硬件系统的组成框图

主机内各部分之间均通过总线连接。总线有电源总线、控制总线、地址总线和数据总线。

输入/输出单元是 PLC 与外部输入信号、被控设备连接的转换电路，通过外部接线端子可直接与现场设备相连。如将按钮、行程开关、继电器触点和传感器等接至输入端子，通过输入单元把它们的输入信号转换成微处理器能接受和处理的数字信号。输出单元则接受经微处理器处理过的数字信号，并把这些信号转换成被控设备或显示设备能够接受的电压或电流信号，经过输出端子的输出驱动接触器线圈、电磁阀、信号灯和电动机等执行装置。

编程器是 PLC 重要的外围设备，一般 PLC 都配有专用的编程器。通过编程器可以输入程序，并可以对用户程序进行检查、修改、调试和监视，还可以调用和显示 PLC 的一些状态和系统参数。目前，在许多 PLC 控制系统中，可以用通用的计算机加上适当的接口和软件进行编程。

2. PLC 的软件系统

PLC 的软件系统是指 PLC 所使用的各种程序的集合，包括系统程序（或称为系统软件）和用户程序（或称为应用软件）。系统程序主要包括系统管理、监控程序以及对用户程序进行编译处理的程序，各种性能不同的 PLC 系统程序会有所不同。系统程序在出厂前已被固化在 EPROM 中，用户不能改变。用户程序是用户根据生产过程和工艺要求而编制的程序，通过编程器或计算机输入到 PLC 的 RAM 中，并可对其进行修改或删除。

1.2.2　PLC 的工作原理

1. 循环扫描工作方式

PLC 用户程序的执行采用的是循环扫描工作方式，即 PLC 对用户程序逐条顺序执行，直至程序结束为止，然后再从头开始扫描，周而复始，直至停止执行用户程序为止。PLC 的基本工作模式有两种，即运行（RUN）模式和停止（STOP）模式，如图 1-2 所示。

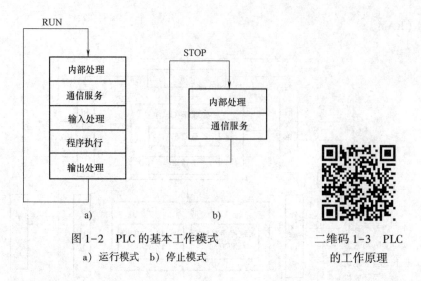

图 1-2　PLC 的基本工作模式

a）运行模式　b）停止模式

二维码 1-3　PLC
的工作原理

（1）运行模式

在运行模式下，PLC 对用户程序的循环扫描过程分为 3 个阶段，即输入处理阶段、程序执行阶段和输出处理阶段。PLC 的工作过程如图 1-3 所示。

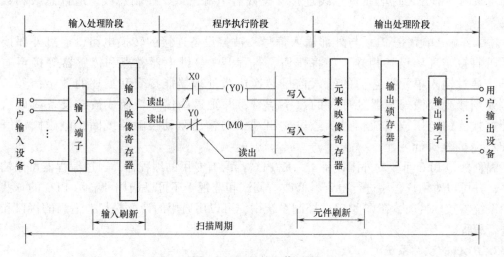

图 1-3　PLC 的工作过程

1）输入处理阶段。输入处理阶段又称为输入采样阶段。PLC 在此阶段，以扫描方式顺序读入所有输入端子的状态（接通或断开），并将其状态存入输入映像寄存器中。接着转入程序执行阶段，在程序执行期间，即使输入状态发生变化，输入映像寄存器的内容也不会变化，这些变化只能在一个工作周期的输入采样阶段才被读入刷新。

2）程序执行阶段。在程序执行阶段，PLC 对程序按顺序进行扫描。如果程序用梯形图表示，则总是按先上后下、先左后右的顺序进行扫描。每扫描一条指令时，所需的输入状态或其他元素的状态分别从输入映像寄存器和元素映像寄存器中读出，然后进行逻辑运算，并将运算结果写入到元素映像寄存器中。也就是说，在程序执行过程中，元素映像寄存器内元素的状态会被后面将要执行到的程序所应用，它所寄存的内容也会随程序执行的进程而变化。

6

3）输出处理阶段。输出处理阶段又称为输出刷新阶段。在此阶段，PLC 将元素映像寄存器中所有输出继电器的状态（接通或断开）转存到输出锁存电路，再驱动被控对象（负载），这就是 PLC 的实际输出。

PLC 重复执行上述 3 个阶段，这 3 个阶段也是分时完成的。为了连续完成 PLC 所承担的工作，系统必须周而复始地按一定的顺序完成这一系列的具体工作。这种工作方式叫作循环扫描工作方式。PLC 执行一次扫描操作所需的时间称为扫描周期，其典型值为 1～100 ms。一般来说，在一个扫描过程中，执行指令的时间占了绝大部分。

（2）停止模式

在停止模式下，PLC 只进行内部处理和通信服务工作。在内部处理阶段，PLC 检查 CPU 模块内部的硬件是否正常，进行监控定时器复位等工作。在通信服务阶段，PLC 与其他带 CPU 的智能装置进行通信。

2. 输入/输出滞后时间

由于 PLC 采用循环扫描工作方式，即对信息采用串行处理方式，这就必然带来了输入/输出的响应滞后问题。

输入/输出滞后时间又称为系统响应时间，是指从 PLC 外部输入信号发生变化的时刻起，至由它控制的有关外部输出信号发生变化的时刻止所需的时间。它由输入电路的滤波时间、输出模块的滞后时间和因扫描工作方式产生的滞后时间 3 部分组成。

1）输入模块的 RC 滤波电路用来滤除由输入端引入的干扰噪声，消除因外接输入触点动作时产生抖动引起的不良影响。滤波时间常数决定了输入滤波时间的长短，其典型值为 10 ms。

2）输出模块的滞后时间与模块开关器件的类型有关，继电器型约为 10 ms；晶体管型一般小于 1 ms；双向晶闸管型在负载通电时的滞后时间约为 1 ms；负载由通电到断电时的最大滞后时间约为 10 ms。

3）由扫描工作方式产生的最大滞后时间可超过两个扫描周期。

输入/输出滞后时间对于一般工业设备是完全允许的，但对于某些需要输出对输入做出快速响应的工业现场，可以采用快速响应模块、高速计数模块以及中断处理等措施来尽量减少响应时间。

专题 1.3 PLC 的编程语言与编程方法

1.3.1 PLC 的编程语言

PLC 是按照程序进行工作的。程序就是用一定的程序语言描述出来的控制任务。1994 年 5 月国际电工委员会（IEC）在 PLC 标准中推荐的常用程序语言有梯形图（Ladder Diagram，LD）、指令表（Instruction List，IL）、顺序功能图（Sequential Function Chart，SFC）和功能块图（Function Block Diagram，FBD）等。

1. 梯形图

梯形图（Ladder Diagram）基本上沿用电气控制图的形式，采用的符号也大致相同。如图 1-4a 所示，梯形图两侧的平行竖线为母线，其间是由许多触点和编程线圈组成的逻辑行。在应用梯形图进行编程时，只要把梯形图逻辑行顺序输入到计算机中，计算机就可自动将梯形图转换成 PLC 能接受的机器语言,存入并执行。

2. 指令表

指令表(Instruction List)类似于计算机汇编语言的形式,用指令的助记符来进行编程。通过编程器按照指令顺序将指令表逐条写入 PLC 后可直接运行。指令表的指令助记符比较直观易懂,编程也很简单,便于工程人员掌握,因此得到了广泛的应用。但要注意的是,不同厂家制造的 PLC,所使用的指令助记符有所不同,即对同一梯形图来说,用指令助记符写成的语句表也不相同。图 1-4a 梯形图对应的指令表如图 1-4b 所示。

3. 顺序功能图

顺序功能图(Sequential Function Chart)应用于顺序控制类的程序设计,包括步、动作、转换条件、有向连线和转换 5 个基本要素。顺序功能图的编程方法是将复杂的控制过程分成多个工作步骤(简称为步),每个步又对应着工艺动作,把这些步按照一定的顺序要求进行排列组合,就构成整体的控制程序。顺序功能图如图 1-5 所示。

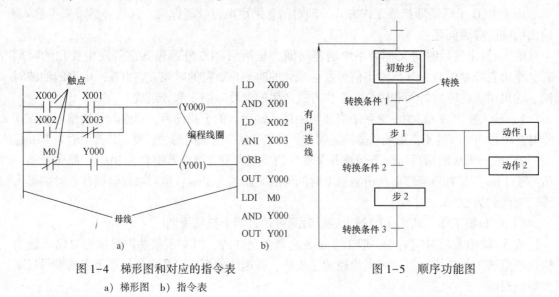

图 1-4 梯形图和对应的指令表
a)梯形图 b)指令表

图 1-5 顺序功能图

4. 功能块图

功能块图(Function Block Diagram)是一种类似于数字逻辑电路的编程语言,熟悉数字电路的技术人员比较容易掌握。该编程语言用类似"与门"、"或门"的方框来表示逻辑运算关系,方框的左侧为逻辑运算的输入变量,右侧为输出变量,输入端、输出端的小圆圈表示"非"运算,信号自左向右流动。功能块图如图 1-6 所示。

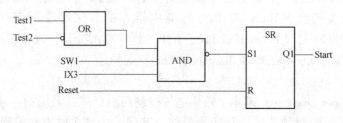

图 1-6 功能块图

1.3.2 PLC 的编程方法

在设计 PLC 程序时，可以根据自己的实际情况，采用以下不同的方法。

1. 经验法

经验法是运用自己的经验或者借鉴他人的已经成功的实例进行设计。可以对已有相近或者类似的实例按照控制系统的要求进行修改，直到满足控制系统的要求为止。在工作中应不断积累经验和收集资料，从而丰富自己的设计经验。

2. 解析法

PLC 的逻辑控制实际上就是逻辑问题的综合。可以根据组合逻辑或者时序逻辑的理论，并运用相应的解析方法，对其进行逻辑关系求解，按照求解的结果编制梯形图或直接编写指令。解析法比较严谨，可以避免编程的盲目性。

3. 图解法

图解法是依照画图的方法进行 PLC 程序设计。常见的方法有梯形图法、时序图（波形图）法和流程图法。

梯形图法是最基本的方法，无论是经验法还是解析法，在把控制系统的要求等价为梯形图时都要用到梯形图法。

时序图（波形图）法适用于时间控制电路，先把对应信号的波形画出来，再依照时间顺序用逻辑关系去组合，就可以把控制程序设计出来。

流程图法是用框图表示 PLC 程序的执行过程、输入条件与输出之间的关系。在使用步进指令编程的情况下，采用该方法设计很方便。

图解法和解析法不是彼此独立的。解析法要画图，图解法也要列解析式，只是两种方法的侧重点不一样。

4. 技巧法

技巧法是在经验法和解析法的基础上运用技巧进行编程，以提高编程质量。还可以使用流程图做工具，将巧妙的设计形式化，进而编制所需要的程序。该方法是多种编程方法的综合应用。

5. 计算机辅助设计

计算机辅助设计是利用 PLC 通过上位连接单元与计算机实现连接，运用计算机进行编程。该方法需要有相应的编程软件。

专题 1.4 FX$_{2N}$ 系列 PLC 的型号、安装与接线

1.4.1 FX$_{2N}$ 系列 PLC 的型号

FX$_{2N}$ 系列 PLC 的基本单元、扩展单元、扩展模块的型号和规格分别见表 1-1 ~ 表 1-3。

表 1-1　FX_{2N} 系列 PLC 的基本单元一览表

输入/输出总点数	输入点数	输出点数	FX_{2N} 系列		
			AC 电源 DC 输入		
			继电器输出	双向晶闸管输出	晶体管输出
16	8	8	FX_{2N}-16MR-001	—	FX_{2N}-16MT-001
32	16	16	FX_{2N}-32MR-001	FX_{2N}-32MS-001	FX_{2N}-32MT-001
48	24	24	FX_{2N}-48MR-001	FX_{2N}-48MS-001	FX_{2N}-48MT-001
64	32	32	FX_{2N}-64MR-001	FX_{2N}-64MS-001	FX_{2N}-64MT-001
80	40	40	FX_{2N}-80MR-001	FX_{2N}-80MS-001	FX_{2N}-80MT-001
128	64	64	FX_{2N}-128MR-001	—	FX_{2N}-128MT-001

输入/输出总点数	输入点数	输出点数	DC 电源 AC 输入	
			继电器输出	晶体管输出
32	16	16	FX_{2N}-32MR-D	FX_{2N}-32MT-D
48	24	24	FX_{2N}-48MR-D	FX_{2N}-48MT-D
64	32	32	FX_{2N}-64MR-D	FX_{2N}-64MT-D
80	40	40	FX_{2N}-80MR-D	FX_{2N}-80MT-D

表 1-2　FX_{2N} 系列 PLC 的扩展单元一览表

输入/输出总点数	输入点数	输出点数	AC 电源 DC 输入		
			继电器输出	双向晶闸管输出	晶体管输出
32	16	16	FX_{2N}-32ER	—	FX_{2N}-32ET
48	24	24	FX_{2N}-48ER	—	FX_{2N}-48ET

表 1-3　FX_{2N} 系列 PLC 的扩展模块一览表

输入/输出总点数	输入点数	输出点数	继电器输出	输　入	晶体管输出	双向晶闸管输出	输入信号电压	连接形式
8 (16)	4 (8)	4 (8)	FX0N-8ER		—	—	DC24V	横端子台
8	8	0	—	FX0N-8EX	—	—	DC24V	横端子台
8	0	8	FX0N-8EYR	—	FX0N-8EYT	—	—	横端子台
16	16	0		FX0N-16EX	—	—	DC24V	横端子台
16	0	16	FX0N-16EYR		FX0N-16EYT	—	—	横端子台
16	16	0		FX_{2N}-16EX	—	—	DC24V	纵端子台
16	0	16	FX_{2N}-16EYR		FX_{2N}-16EYT	FX_{2N}-16EYS	—	纵端子台

　　图 1-7 所示为基本单元型号名称及其含义说明。扩展单元及扩展模块型号的构成与基本单元相同，只是在模块区分部分中用 "E" 代替 "M"。

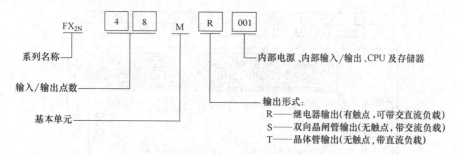

图 1-7 基本单元型号名称及其含义说明

1.4.2 FX₂N系列PLC的安装及接线

应将PLC安装在环境温度为0~55℃、35%<相对湿度<89%、无粉尘和油烟、无腐蚀性及可燃性气体的场合中。

PLC有两种安装方式:一是直接利用机箱上的安装孔,用螺钉将机箱固定在控制柜的背板或面板上;二是利用DIN导轨安装,这需要先将DIN导轨固定好,再将PLC及各种扩展单元卡上DIN导轨。安装时,还要注意在PLC周围留足散热及接线的空间。图1-8所示为FX₂N PLC及扩展设备在DIN导轨上的安装示意图。

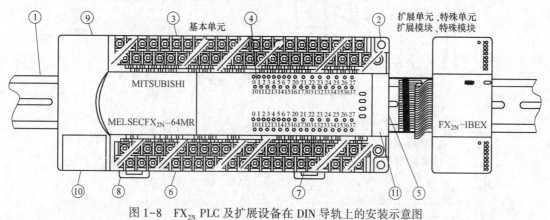

图 1-8 FX₂N PLC及扩展设备在DIN导轨上的安装示意图

①—35 mm宽的DIN导轨 ②—安装孔(32点以下两个,以上4个) ③—电源、辅助电源,输入信号用装卸式端子台
④—输入口指示灯 ⑤—扩展模块、特殊单元、特殊模块接线插座盖板 ⑥—输出用装卸式端子台 ⑦—输出口指示灯
⑧—DIN导轨装卸中卡子 ⑨—面板盖 ⑩—外转设备接线插座盖板 ⑪—电源运行错误指示灯

在PLC工作前,必须将其正确地接入控制系统。与PLC连接的主要有PLC的电源接线、输入/输出器件的接线、通信线和接地线等。

1. 电源接入及端子排列

PLC基本单元的供电通常有两种情况:一是直接使用工频交流电,通过交流输入端子连接,这种情况对电压的要求比较宽松,100~250 V均可使用;二是采用外部直流开关电源供电,一般配有直流24 V输入端子。采用交流供电的PLC内部带有直流24 V内部电源,为输入器件及扩展模块供电。FX₂N系列PLC大多为AC电源、DC输入形式。图1-9所示为FX₂N-48M的接线端子排列图,上部端子排中标有L及N的接线位为交流电源相线及中线的接入点。图1-10所示为基本单元接有扩展模块时交直流电源的配线示意图。

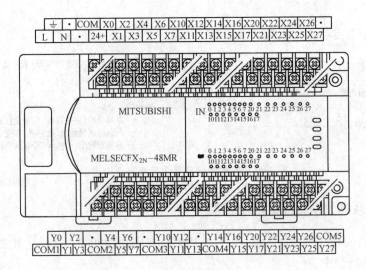

图 1-9　FX_{2N}-48M 的接线端子排列图

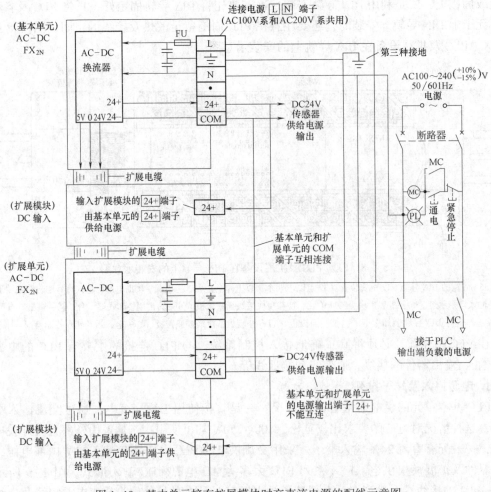

图 1-10　基本单元接有扩展模块时交直流电源的配线示意图

注：　• 端子为空端子，不要外部配线，可作为中断端子使用。

2. 输入端器件的接入

PLC 的输入端连接输入信号，器件主要有开关、按钮及各种传感器，这些都是触点类型的器件。在接入 PLC 时，将每个触点的两个接头分别连接一个输入点及输入公共端。由图 1-9 可知，PLC 的开关量输入接线点都是螺钉接入方式，每一位信号占用一个螺钉。图 1-9 中上部为输入端子，COM 端为公共端，输入公共端在某些 PLC 中是分组隔离的，在 FX_{2N} PLC 中是连通的。开关、按钮等器件都是无源器件，PLC 内部电源能为每个输入点提供大约 7 mA 的工作电流，这也就限制了线路的长度。在接入有源传感器时，需注意与 PLC 内电源的极性配合。对模拟量信号的输入，需采用专用的模拟量工作单元。图 1-11 所示为输入器件的接线示意图。

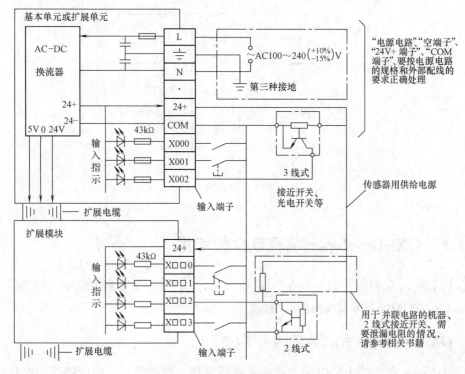

图 1-11 输入器件的接线示意图

3. 输出端器件的接入

在 PLC 输出端上连接的器件主要是继电器、接触器和电磁阀的线圈。这些器件均采用 PLC 外部的专用电源供电，PLC 内部不过是提供一组开关触点。接入时，线圈的一端接输出点螺钉，另一端经电源接输出公共端。图 1-9 所示的中下部为输出端子，由于输出端连接线圈种类多，所需的电源种类及电压不同，所以输出端的公共端常分为许多组，而且组间是隔离的。PLC 输出端的额定电流一般为 2 A，大电流的执行器件须配装中间继电器。图 1-12 所示为输出器件（继电器）的接线示意图。

4. 通信线的连接

PLC 一般设为专用的通信口，通常为 RS-485 口或 RS-422 口，FX_{2N} 型 PLC 为 RS422 口。与通信口的接线常采用专用的接插件连接。

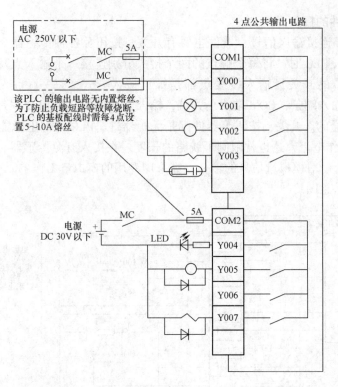

图 1-12 输出器件（继电器）的接线示意图

专题 1.5　GX-Developer 编程软件的使用

GX-Developer 编程软件是应用于三菱 Q、QnA、A、FX 等系列 PLC 的中文编程软件，可在 Windows 9X 及以上版本的操作系统运行。

1.5.1　GX-Developer 编程软件的主要功能

GX-Developer 的功能十分强大，集成了项目管理、程序输入、编译链接、模拟仿真和程序调试等功能，其主要功能如下。

1）在 GX-Developer 中，可通过线路符号、列表语言及 SFC 符号来创建 PLC 程序，建立注释数据及设置寄存器数据。

2）可创建 PLC 程序并将其存储为文件，用打印机打印。

3）可以在串行系统中与 PLC 进行通信、文件传送、操作监控以及各种测试。

4）可脱离 PLC 进行仿真调试。

1.5.2　系统配置

1. 计算机

要求机型：IBM PC/AT（兼容）；CPU：486 以上；内存：8 MB 或更高（推荐 16 MB 以上）；显示器：分辨率为 800 像素×600 像素，16 色或更高。

2. 接口单元

采用 FX-232AWC 型 RS-232/RS-422 转换器（便携式）或 FX-232AW 型 RS-232C/RS-422 转换器（内置式），以及其他指定的转换器。

3. 通信电缆

采用 FX-422CAB 型 RS-422 缆线（用于 FX2、FX2C 型 PLC，0.3m）或 FX-422CAB-150 型 RS-422 缆线（用于 FX2、FX2C 型 PLC，1.5m)，以及其他指定的缆线。

1.5.3 GX-Developer 编程软件的安装

运行安装盘中的"SETUP"文件，按照逐级提示即可完成 GX-Developer 的安装。安装结束后，将在桌面上建立一个与"GX-Developer"相对应的图标，同时在桌面的"开始"→"程序"中建立一个"MELSOFT 应用程序→GX-Developer"选项。若需增加模拟仿真功能，则可在上述安装结束后，再运行安装盘中 LLT 文件夹下的"STEUP"文件，按照逐级提示完成模拟仿真功能的安装。

1.5.4 GX-Developer 编程软件的界面

双击桌面上的"GX-Developer"图标，即可启动 GX-Developer，其窗口如图 1-13 所示。GX-Developer 的窗口由项目标题栏、下拉菜单栏、快捷工具栏、编辑窗口和管理窗口等部分组成。在调试模式下，可打开远程运行窗口、数据监视窗口等。

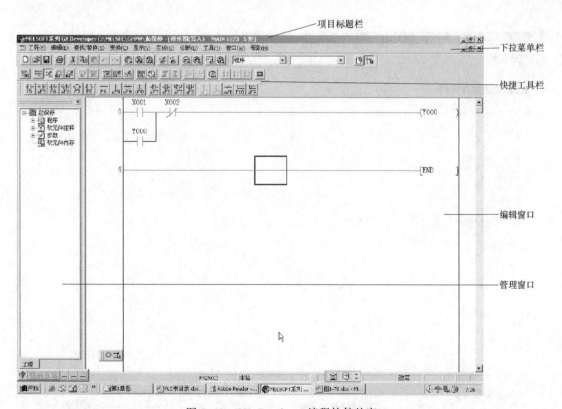

图 1-13　GX-Developer 编程软件的窗口

1. 下拉菜单

GX-Developer 共有 10 个下拉菜单，每个菜单又有若干个菜单项。许多菜单项的使用方法与目前文本编辑软件的同名菜单项的使用方法基本相同。多数使用者很少直接使用菜单项，而是使用快捷工具。常用的菜单项都有相应的快捷按钮，其快捷键直接显示在相应菜单项的右边。

2. 快捷工具栏

GX-Developer 共有 8 个快捷工具栏，即标准、数据切换、梯形图标记、程序、注释、软元件内存、SFC 以及 SFC 符号工具栏。以鼠标选取"显示"菜单下的"工具条"命令，即可打开这些工具栏。常用的有标准、梯形图标记和程序工具栏，将鼠标指针停留在快捷按钮上片刻，即可获得该按钮的提示信息。

3. 编辑窗口

PLC 程序是在编辑窗口进行输入和编辑的，其使用方法与众多的编辑软件相似。

4. 管理窗口

管理窗口可实现项目管理、修改等功能。

1.5.5 工程的创建和调试范例

1. 系统的启动与退出

要想启动 GX-Developer，可用双击桌面上的图标。图 1-14 所示为打开的 GX-Developer 窗口。

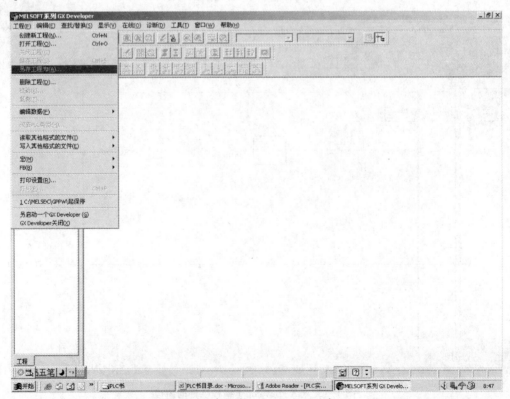

图 1-14 打开的 GX-Developer 窗口

选取"工程"菜单下的"关闭"命令，即可退出 GX-Developer 系统。

2. 文件的管理

（1）创建新工程

打开"工程"菜单下的"创建新工程"命令，或者按〈Ctrl+N〉组合键操作，在出现的"创建新工程"对话框中选择 PLC 类型，如在选择 FX$_{2N}$系列 PLC 后，单击"确定"按钮。"创建新工程"对话框如图 1-15 所示。

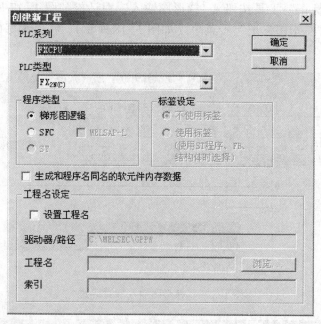

图 1-15 "创建新工程"对话框

（2）打开工程

打开一个已有工程的步骤是，打开"工程"菜单下的"打开工程"命令，或按〈Ctrl+O〉组合键，在出现的"打开工程"对话框中选择已有工程，单击"打开"按钮。"打开工程"对话框如图 1-16 所示。

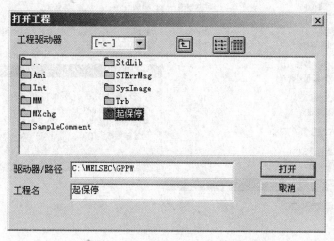

图 1-16 "打开工程"对话框

(3) 文件的保存和关闭

若保存当前 PLC 程序、注释数据以及其他在同一文件名下的数据，可单击"工程"菜单下的"保存工程"命令，或按〈Ctrl+S〉组合键操作即可。若将已处于打开状态的 PLC 程序关闭，可单击"工程"菜单下的"关闭工程"命令。

3. 编程操作

(1) 梯形图输入

使用"梯形图标记"工具按钮（"梯形图输入"对话框如图 1-17 所示）或通过单击"编辑"菜单下的"梯形图标记"子菜单（如图 1-18 所示），将已编好的程序输入到计算机中。

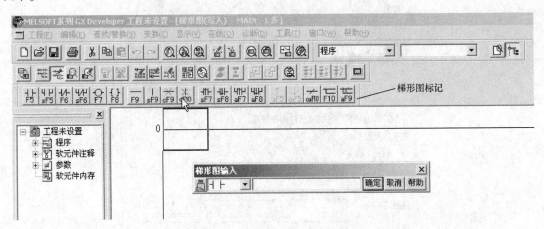

图 1-17 "梯形图输入"对话框

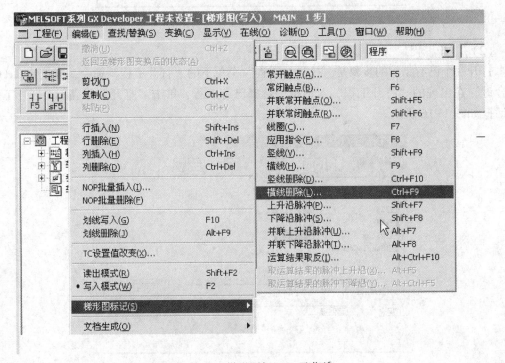

图 1-18 "梯形图标记"子菜单

18

（2）编辑操作

通过执行"编辑"菜单栏中的指令，可对输入的程序进行修改和检查，如图 1-18 所示。

（3）梯形图的转换及保存操作

将编辑好的程序先通过单击"变换"菜单下的"变换"命令操作，或按〈F4〉键变换后，才能保存。变换操作如图 1-19 所示。在变换过程中显示梯形图的变换信息，如果在不完成变换的情况下关闭梯形图窗口，新创建的梯形图就不被保存。

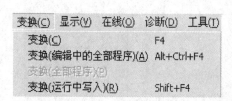 

图 1-19 变换操作

4. 程序调试及运行

（1）程序的检查

单击"诊断"菜单下的"PLC 诊断"命令，弹出图 1-20 所示的"PLC 诊断"对话框，进行程序检查。

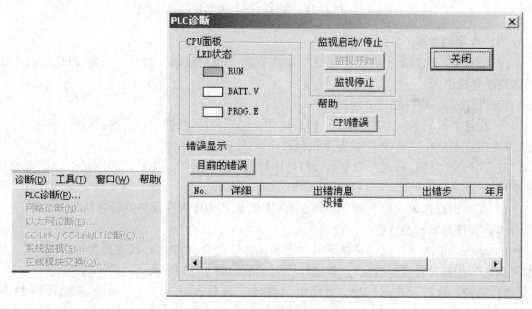

图 1-20 "PLC 诊断"对话框

（2）程序的写入

在"STOP"状态下，单击"在线"菜单下的"PLC 写入"命令，弹出"PLC 写入"对话框，如图 1-21 所示。单击"参数+程序"按钮，再单击"执行"按钮，即可完成将程序写入 PLC 的操作。

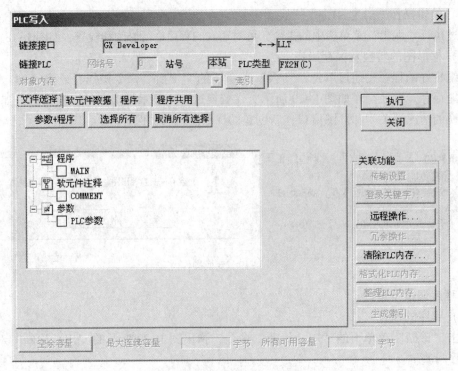

图 1-21 "PLC 写入"对话框

（3）程序的读取

在"STOP"状态下，单击"在线"菜单下的"PLC 读取"命令，可将 PLC 中的程序发送到计算机中

传送程序时，应注意以下问题。

1）在计算机的 RS-232C 端口及 PLC 之间，必须用指定的缆线及转换器进行连接。

2）PLC 必须在"STOP"状态下执行程序传送。

3）执行完"PLC 写入"命令后，PLC 中的程序将被丢失，原有的程序将被新读入的程序所替代。

4）在"PLC 读取"时，程序必须在 RAM 或 E^2PROM 内存保护关断的情况下读取。

（4）程序的运行及监控

1）运行：单击"在线"菜单下的"远程操作"命令，将 PLC 状态设为 RUN 模式，单击"执行"按钮，程序运行。"远程操作"对话框如图 1-23 所示。

2）监控：执行程序运行后，再单击"在线"菜单下的"监视"命令（如图 1-23 所示），可对 PLC 的运行过程进行监视。结合控制程序，操作有关输入信号，可观察输出状态。

（5）程序的调试

在程序运行过程中出现的错误有以下两种。

1）一般错误。运行的结果与设计的要求不一致，需要修改程序。先单击"在线"菜单下的"远程操作"命令，将 PLC 设为 STOP 模式，再单击"编辑"菜单下的"写入模式"命令，再从第（3）步开始执行（输入正确的程序），直到程序正确为止。

20

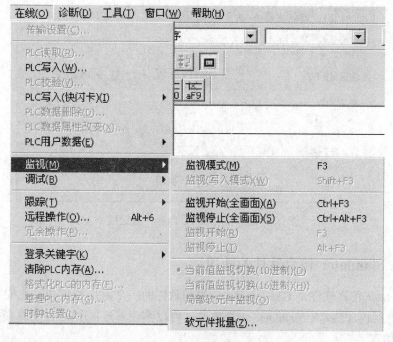

图 1-22　监视操作

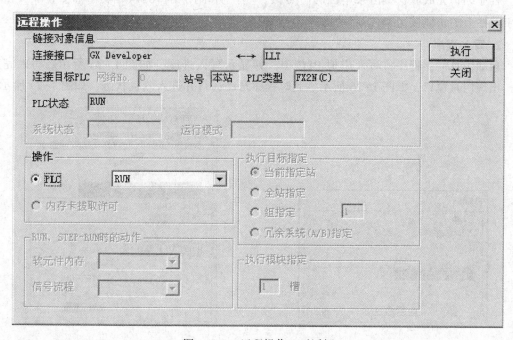

图 1-23　"远程操作"对话框

2）致命错误。在 PLC 停止运行时，PLC 上的 ERROR 指示灯会亮，若需要修改程序，则应先单击"在线"菜单下的"清除 PLC 内存"命令，弹出"清除 PLC 内存"对话框，如图 1-24 所示。将 PLC 内的错误程序全部清除后，再从第（3）步开始执行（输入正确的程序），直到程序正确为止。

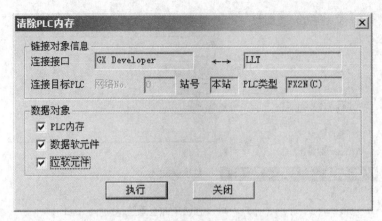

图 1-24 "清除 PLC 内存"对话框

1.5.6 GX Simulator 仿真软件的使用

GX Simulator 仿真软件是 GX-Developer 编程软件的一个附加软件包。在安装 GX-Developer 编程软件后再加装 GX Simulator 仿真软件,可以实现不连接 PLC 的仿真模拟调试。

1. 启动仿真

程序编辑完成后,单击菜单栏的"工具"→"梯形图逻辑测试起动"命令,或直接单击工具栏上的快捷按钮 ▣,启动仿真。

2. 写入程序

启动仿真后,程序将写入虚拟 PLC 中,并显示写入进度,如图 1-25 所示。写入完成后,出现仿真窗口,如图 1-26 所示。此时程序自动运行并进入监视状态,如图 1-27 所示。

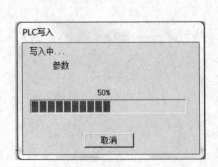

图 1-25 程序写入的进度显示

图 1-26 PLC 运行状态窗口

3. 软元件的测试

单击菜单栏的"在线"→"调试"→"软元件测试"命令,或直接单击工具栏上的快捷按钮 ▣,也可以单击鼠标右键(右击),在弹出的快捷菜单中选择"软元件测试",则弹出"软元件测试"对话框,如图 1-28 所示。

22

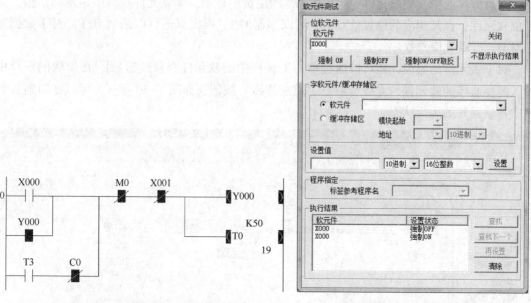

图 1-27　程序运行的监视状态　　　　　　图 1-28　软元件测试对话框

　　在该对话框中"位软元件"下的"软元件"中输入要强制的位元件（也可以选中软件元件后单击鼠标右键），再单击"强制 ON"或"强制 OFF"按钮。

4. 软元件的监控

　　单击仿真窗口中的"菜单启动"→"继电器内在监视"命令，在弹出的窗口中单击"软元件"，在"位软元件窗口"或"字软元件窗口"中选择需要监控的软元件，监控界面如图 1-29 所示。

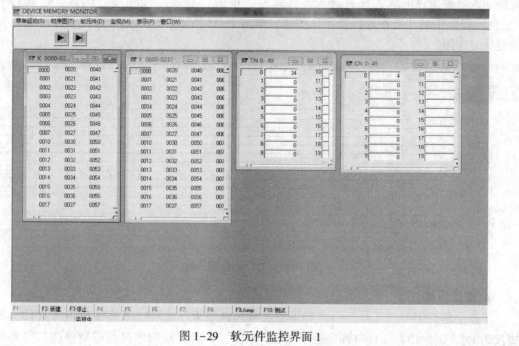

图 1-29　软元件监控界面 1

在监控界面中, 位软元件窗口中置 ON 的用黄色显示, 字软元件窗口中显示当前值。对于位软元件, 在其相应的位置处双击, 可以强制 ON, 再次双击可以强制 OFF, 对于数据寄存器 D, 可以直接置数。

对于软元件的监控, 还可以通过单击工具栏中的软元件登录按钮 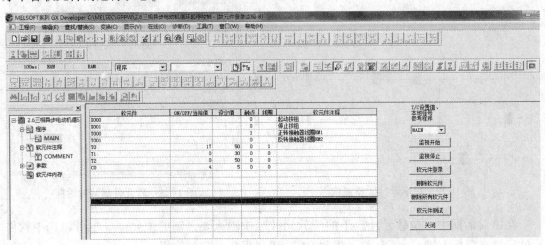, 在出现的窗口中输入需要监控的软元件, 完成后单击 "监视开始" 按钮, 如图 1-30 所示, 可以适时监控程序中各软元件的运行状态。

图 1-30 软元件监控界面 2

5. 时序图的监控

单击仿真窗口的 "菜单启动" → "继电器内在监视" 命令, 出现窗口监视界面, 单击 "时序图" → "启动", 出现时序图监控界面。单击 "软元件" → "软元件登录", 选择或直接输入需要监控的软元件并输入元件编号, 单击 "登录" 按钮进行确认, 完成后单击 "监视状态" 中的 "正在进行监控" 按钮, 如图 1-31 所示, 可以适时监控程序中各软元件的变化时序图。

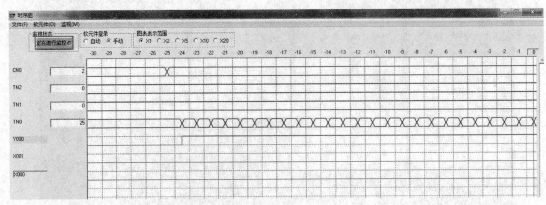

图 1-31 时序图监控界面

6. 退出仿真

单击菜单栏中的 "工具" → "梯形图逻辑测试结束" 命令, 或直接单击工具栏上的快捷按钮 , 退出仿真。这时程序处于 "读出模式", 若要对程序进行编辑修改, 需要单击菜单栏中的"编辑"→"写入模式"命令或单击工具栏上的快捷按钮 ![icon]，才可以对程序进行编辑和修改。

专题 1.6　GX-Works2 编程软件的使用

GX-Works2 编程软件是适用于三菱 Q、QnU、L、FX 等系列 PLC 的中文编程软件，兼容 GX-Developer 编程软件，可在 64 位的 Windows7 和 Windows10 操作系统下运行。

1.6.1　GX-Works2 编程软件的安装

运行安装盘中的"setup. exe"文件，按照逐级提示即可完成 GX-Works2 编程软件的安装。安装结束后，将在桌面上建立一个与"GX-Works2"相对应的图标，同时在桌面的"开始"→"程序"中建立一个"GX-Works2"选项。

1.6.2　GX-Works2 编程软件的界面

双击桌面上的"GX-Works2"图标，即可启动 GX-Works2，其界面如图 1-32 所示。

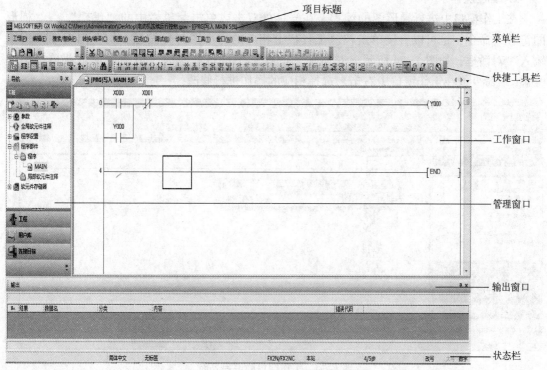

图 1-32　GX-Works2 编程软件的界面

GX-Works2 编程软件的界面由项目标题栏、菜单栏、快捷工具栏、工作窗口、管理窗口、输出窗口和状态栏等组成。

1.6.3　工程的创建与调试

1. 创建新工程

单击菜单栏中"工程"→"新建"命令或直接单击快捷工具栏上的"新建工程"按钮

，出现新建对话，用下拉式菜单设置工程类型、PLC 系列号、PLC 类型和程序语，如图 1-33 所示。单击"确定"按钮，生成新的工程，新工程的主程序 MAIN 被自动打开。

单击菜单栏中"工程"→"工程保存"或"工程另存为"，可为新建的工程进行命名。

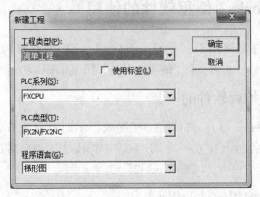

图 1-33　创建新工程对话框

2. 编程操作

在工作窗口中进行梯形图的编程。在光标处双击或单击菜单栏中的"编辑"→"梯形图符号"命令，也可以直接单击快捷工具栏上相应的梯形图符号按钮，均会出现"梯形图输入"对话框，如图 1-34 所示。对所输入的梯形图进行修改时，可通过单击菜单栏中的"编辑"命令或在工作窗口中右击来选择相应的操作进行修改。

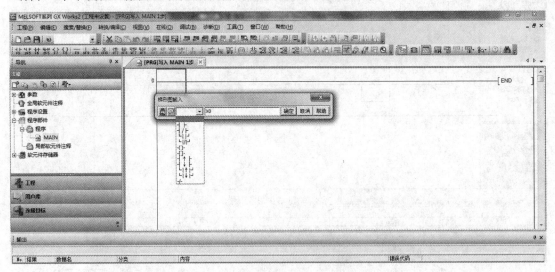

图 1-34　工作窗口的编程界面

3. 程序的转换

已编制好的梯形图背景是灰色的，如图 1-35a 所示。单击菜单栏中的"转换/编译"→"转换"命令，也可以直接单击快捷工具栏上的转换按钮，软件对编制好的梯形图进行转换（即编译）。如果没有错误，梯形图将被转换为可以下载的代码格式，灰色背景消失，转换成功后的梯形图如图 1-35b 所示。如果梯形图编制有错误，将会出现错误信息对话框，同时光标将自动移到出错的位置。

26

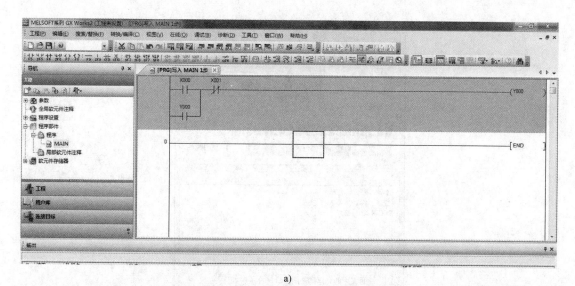

图 1-35 转换前后梯形图

a）转换前梯形图 b）转换成功后梯形图

4. 程序的写入

单击菜单栏中的"在线"→"PLC 写入"命令，也可以直接单击快捷工具栏上的"PLC 写入"按钮，在弹出的"在线数据操作"对话框中选中 MAIN 主程序或其他要写入的对象。单击"执行"按钮，将弹出"PLC 写入"对话框，如图 1-36 所示。写入完成后，单击"关闭"按钮。

5. 程序的监视与调试

程序写入后，可配合 PLC 输入/输出端子的连接或单击快捷工具栏上的"当前值更改"按钮，也可以直接在程序中对触点或线圈进行右击，执行"调试"→"当前值更改"进行程序调试。

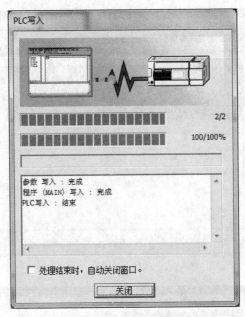

图1-36 "PLC写入"对话框

单击菜单栏中的"在线"→"监视"→"监视开始"命令，也可以直接单击快捷工具栏上的"监视开始"按钮，进入监视模式，此时工具栏上的"监视模式"按钮被自动选中。监视模式下的梯形图如图1-37所示，图中触点或线圈出现的蓝色背景表示触点或线圈处于接通状态。

单击菜单栏中的"在线"→"监视"→"监视停止"命令，也可以直接单击快捷工具栏上的"监视停止"按钮，停止程序的监视。

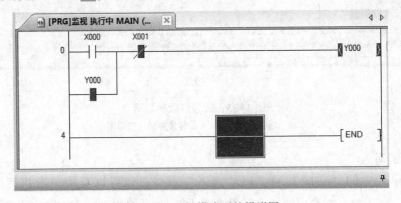

图1-37 监视模式下的梯形图

1.6.4 GX-Simulator2仿真软件的使用

GX-Simulator2仿真软件被嵌入在GX-Works2编程软件中。单击菜单栏中的"调试"→"模拟开始/停止"命令，也可以直接单击快捷工具栏上的"模拟开始/停止"按钮，出现GX-Simulator2仿真软件对话框，"开关"默认为"RUN"，PLC处于运行模式，如图1-38所示。同时出现"PLC写入"对话框，程序自动写入仿真PLC。

打开GX-Simulator2仿真软件后，程序自动进入监视模式。单击快捷工具栏上的"当前值更改"按钮，也可以直接在程序中对触点或线圈进行右击，执行"调试"→"当前值更改"，进行程序调试。"当前值更改"对话框如图1-39所示。

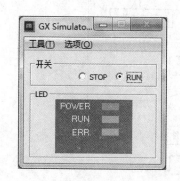

图1-38　GX-Simulator2仿真软件对话框

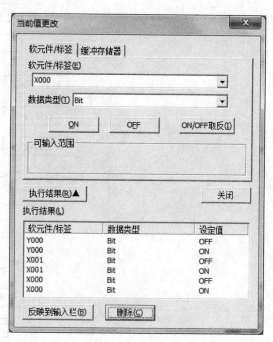

图1-39　当前值更改对话框

专题1.7　PLC控制系统设计概述

1.7.1　PLC控制系统设计的基本原则

　　PLC控制系统的设计必须以满足生产工艺要求，保证系统安全、准确、可靠运行为准则，以提高生产效率和产品质量为宗旨。因而在PLC控制系统设计中要遵循以下原则。

　　1）最大限度地满足被控对象的要求。

　　2）尽可能使得控制系统简单、经济、实用、可靠且维护方便。

　　3）保证控制系统、操作人员及其生产设备的安全。

　　4）考虑生产的发展和工艺的更改，对所采用PLC的容量应留出适当的余地。

1.7.2　PLC控制系统的设计流程

　　PLC控制系统的设计流程图如图1-40所示，具体步骤如下。

　　（1）分析被控对象，明确控制要求

　　详细分析被控对象的工艺过程及工作特点，详细了解被控对象的工作原理、工艺流程和操作方式，了解被控对象机械、电气和液压传动之间的配合关系，提出被控对象对PLC控制系统的控制要求，确定控制方案，绘制系统结构框图及系统工艺流程图，拟订工作计划。

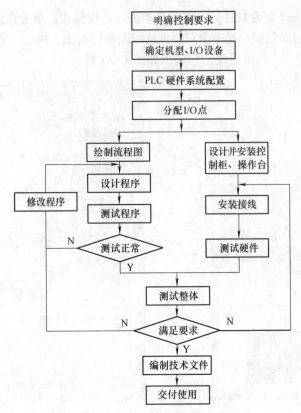

图 1-40 PLC 控制系统的设计流程图

（2）PLC 选型及相关电气设备的选择

PLC 的选择包括对 PLC 的机型、容量、I/O 模块和电源等方面的选择。根据系统的控制方案，先确定系统输入设备的数量及种类，明确输入信号的特点，选择与之相匹配的输入模块。根据负载的要求选用合适的输出模块。确定输入/输出的点数。同时还要考虑用户今后的发展，适当留有 I/O 余量，并考虑用户存储器的容量、通信功能是否能达到要求以及系列化、售后服务等因素，然后选择 PLC 主机型号及其他模块，确定外围输入与输出设备，列出设备清单和 PLC 的 I/O（输入/输出）分配表。

（3）控制流程设计

明确控制对象在各个阶段的特点和各阶段之间的转换条件，归纳出各执行元件的动作节拍表、控制要求表，画出控制流程图或时序图。

（4）电路设计

电路设计包括被控设备的主电路设计、PLC 外部的其他控制电路设计、PLC 输入/输出接线设计以及 PLC 主机、扩展单元、功能模块和输入/输出设备供电系统设计、电气控制柜和操作台的电器布置图及安装接线图设计等。

PLC 外围电路的设计也要确保系统的安全和可靠，如果外围电路不能满足 PLC 的基本要求，同样也可能影响到系统的正常运行，造成设备运行的不稳定，甚至危及设备与人身安全。

（5）控制程序设计

PLC控制程序的设计可选择梯形图、指令表、顺序功能图和功能块图等几种形式的语言。程序设计要根据系统的控制要求，首先构建程序结构框架，然后采用合适的方法来设计PLC程序。程序以满足系统控制要求为主，逐一编写实现各控制功能或各子任务的程序，逐步完善系统指定的功能。程序通常包括以下内容。

1）初始化程序。在PLC上电后，一般都要做一些初始化的操作，为启动做必要的准备，以避免系统发生误动作。初始化程序的主要内容有：对某些数据区、计数器等进行清零，对某些数据区所需数据进行恢复，对某些继电器进行置位或复位，对某些初始状态进行显示等。在有些系统中，还需考虑紧急处理与复位程序。

2）检测、故障诊断和显示等程序。这些程序相对独立，一般在程序设计基本完成时再添加。

3）保护和连锁程序。保护和连锁是程序中不可缺少的部分，必须认真加以考虑。它可以避免由非法操作而引起的控制逻辑混乱、系统不能正常运行、损坏设备及危害人身安全等事故的发生。

4）主程序与各分（子）程序。主程序和各分程序是实现控制系统主要功能的实体部分，应采用合理的程序结构，分段、分块进行编写，并采用程序流程控制类指令或其他指令将程序链接，以形成完整的系统程序。

（6）PLC安装及接线

应按照电路图进行PLC的安装及接线，注意要按照规定的技术指标进行安装，如考虑系统对布线的要求、输入/输出对工作环境的要求、控制系统抗干扰的要求等。在完成硬件电路安装并通过基本检查确认无误后，应该进一步对系统硬件进行测试，测试内容包括通电测试、手动旋转测试、I/O连接测试、安全电路确认等几部分，以确保硬件电路的安全可靠。

（7）调试

一般先要进行模拟调试，即不带输出设备情况下根据I/O模块的指示灯显示进行的调试。发现问题及时修改，直到完全符合设计要求为止。此后就可联机调试，先连接电气柜而不带负载，在各输出设备调试正常后，再接上负载运行调试，直到完全满足设计要求为止。

（8）整理和编写技术文件

整理系统资料和技术文件。技术文件包括设计说明书、硬件原理图、安装接线图、电气元器件明细表、PLC的I/O（输入/输出）分配表、PLC程序以及使用说明书等。

模块 2 FX$_{2N}$ 系列 PLC 基本指令的应用

项目 2.1 三相异步电动机的点动运行——逻辑取、输出及结束指令

2.1.1 教学目的

1. 基本知识目标

1) 掌握 LD、LDI、OUT、END 指令的使用方法。

2) 掌握编程元件中的输入继电器（X）、输出继电器（Y）的使用方法。

3) 掌握梯形图的特点和设计规则。

2. 技能培养目标

1) 能利用所掌握的基本指令编程实现简单的 PLC 控制。

2) 会使用简易编程器和编程软件。

3) 掌握 PLC 的外部结构和外部接线方法。

二维码 2-1 三相
异步电动机的点
动运行控制要求

2.1.2 项目控制要求与分析

图 2-1 为三相异步电动机的点动运行电路。SB1 为起动按钮，KM 为交流接触器。起动时，合上 QS，引入三相电源。按下 SB1，KM 线圈得电，主触点闭合，电动机 M 被接通电源而直接起动运行；松开 SB1，KM 线圈断电释放，KM 常开主触点释放，三相电源断开，电动机 M 停止运行。

项目要求用 PLC 来实现图 2-1 所示的三相异步电动机的点动运行控制电路，其控制时序图如图 2-2 所示。

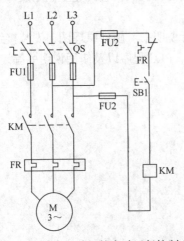

图 2-1 三相异步电动机的点动运行控制电路

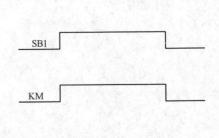

图 2-2 控制时序图

利用 PLC 基本指令中的逻辑取指令、输出指令和结束指令以及编程元件中的输入继电器和输出继电器，可实现上述控制要求。

2.1.3 项目预备知识

1. 基本指令

（1）指令功能

1）LD（取）指令。逻辑运算开始指令，用于与左母线连接的常开触点。

二维码 2-2　LD、OUT、END 指令

2）OUT（输出）指令。驱动线圈的输出指令，将运算结果输出到指定的继电器中。

3）END（结束）指令。程序结束指令，表示程序结束，返回起始地址。

（2）编程实例

LD、OUT、END 指令在编程应用时的梯形图、指令表和时序图见表 2-1。

表 2-1　梯形图、指令表和时序图

梯　形　图	指　令　表	时　序　图
X000 ├┤├──(Y000)── ──────[END]────	LD　X000 OUT　Y000 END	X000 Y000

（3）指令使用说明

1）LD 指令将指定操作元件中的内容取出，并送入操作器中。

2）OUT 指令在使用时不能直接从左母线输出（应用步进指令控制时除外）；不能串联使用；在梯形图中位于逻辑行末尾，紧靠右母线；可以连续使用，相当于并联输出；如未特别设置（输出线圈使用设置），则同名输出继电器的线圈只能使用一次 OUT 指令。

3）程序中写入 END 指令，将强制结束当前的扫描执行过程，即 END 指令后的程序不再扫描，而是直接进行输出处理。调试时，可将程序分段后插入 END 指令，从而依次对各程序段的运算进行检查。

4）各基本指令的操作可用元件见附录 D。

2. 编程器件

（1）输入继电器

输入继电器（X）与输入端相连，它是专门用来接受 PLC 外部开关信号的器件。PLC 通过输入接口将外部输入信号状态（接通时为 1，断开时为 0）读入并存储在输入映像寄存器中。

输入继电器必须由外部信号驱动，不能用程序驱动，所以在程序中不可能出现它的线圈。由于输入继电器反映输入映像寄存器的状态，所以其触点的使用次数不限。

FX 系列 PLC 的输入继电器采用 X 和八进制共同组成编号，FX$_{2N}$型 PLC 的输入继电器编

号范围为 X000~X267。注意：基本单元输入继电器的编号是固定的，扩展单元和扩展模块是从与基本单元最靠近处开始，顺序进行编号的。例如，基本单元 FX$_{2N}$-64M 的输入继电器编号为 X000~X037，如果接有扩展单元或扩展模块，则扩展的输入继电器就从 X040 起开始编号。

（2）输出继电器

输出继电器（Y）是用来将 PLC 内部信号输出传送给外部负载（用户输出设备）器件的。输出继电器线圈由 PLC 内部程序的指令驱动，将其线圈状态传送给输出单元，再由输出单元对应的硬触点来驱动外部负载。

每个输出继电器在输出单元中都对应唯一的一个常开硬触点，但在程序中供编程的输出继电器，不管是常开触点还是常闭触点，都是软触点，所以可以使用无数次。

FX 系列 PLC 的输出继电器采用 Y 和八进制共同组成编号。其中 FX$_{2N}$编号范围为Y000~Y267。与输入继电器一样，基本单元的输出继电器编号是固定的，扩展单元和扩展模块的编号也是从与基本单元最靠近处开始，顺序进行编号的。

在实际使用中，对输入、输出继电器的数量，要视系统的具体配置情况而定。

2.1.4 项目实现

1. I/O（输入/输出）分配表

分析上述项目控制要求可确定 PLC 需要一个输入点和一个输出点，其 I/O 分配表见表 2-2。

表 2-2 I/O 分配表

输入			输出		
输入继电器	输入元件	作用	输出继电器	输出元件	作用
X000	SB1	起动按钮	Y000	KM	运行用交流接触器

2. 编程

梯形图及指令表如图 2-3 所示。

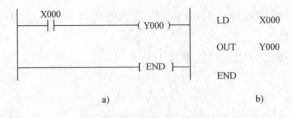

图 2-3 梯形图及指令表
a）梯形图 b）指令表

3. 硬件接线

PLC 的外部硬件接线原理图如图 2-4 所示。

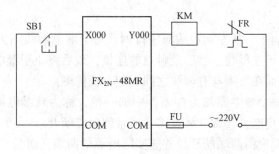

图 2-4　PLC 的外部硬件接线原理图

2.1.5　知识进阶

1. 基本指令

（1）指令功能

1）LDI（取反）指令。逻辑运算开始指令，用于与左母线连接的常闭触点。

2）LDP（取上升沿）指令。与左母线连接的常开触点的上升沿检测指令，仅在指定操作元件的上升沿（OFF→ON）时接通一个扫描周期。

3）LDF（取下降沿）指令。与左母线连接的常开触点的下降沿检测指令，仅在指定操作元件的下降沿（ON→OFF）时接通一个扫描周期。

（2）编程实例

LDI、LDP、LDF 指令在编程应用时的梯形图、指令表和时序图见表 2-3。

表 2-3　梯形图、指令表和时序图

梯　形　图	指　令　表	时　序　图
X001 Y001 END	LDI　X001 OUT　Y001 END	X001 Y001
X000 Y000 X001 Y001 END	LDP　X000 OUT　Y000 LDF　X001 OUT　Y001 END	X000 1个扫描周期 Y000 X001 1个扫描周期 Y001

2. 梯形图的特点及设计规则

梯形图与继电器控制电路图相近，在结构形式、元件符号及逻辑控制功能上类似，但梯形图有自己的特点及设计规则。

（1）梯形图的特点

1）梯形图按自上而下、从左到右的顺序排列。每个继电器线圈为一个逻辑行，即一层阶梯。每个逻辑行开始于左母线，然后是触点的连接，最后终止于继电器线圈。在母线与线圈之间一定要有触点，而在线圈与右母线之间不能有任何触点。

2）在梯形图中，每个继电器均为存储器中的一位，称为软继电器。当存储器状态为1时，表示该继电器线圈得电，其常开触点闭合或常闭触点断开。

3）在梯形图中，梯形图两端的母线并非实际电源的两端，而是"概念"电流。"概念"电流只能从左向右流动。

4）在梯形图中，某个编号继电器只能出现一次，而继电器触点可无限次引用。如果同一继电器的线圈使用两次，PLC就将其视为语法错误，绝对不允许。

5）在梯形图中，前面所有每个继电器线圈为一个逻辑执行结果，立刻被后面逻辑操作利用。

6）在梯形图中，除了输入继电器没有线圈而只有触点外，其他继电器既有线圈又有触点。

（2）梯形图编程的设计规则

1）设计规则1。不能将触点接在线圈的右边，如图2-5a所示；也不能直接将线圈与左母线相连，必须要通过触点连接，如图2-5b所示。

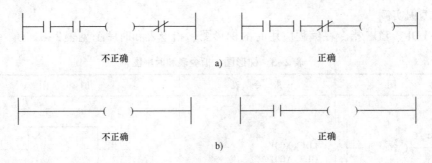

图2-5　设计规则1说明

2）设计规则2。在每个逻辑行上，将几条支路并联时，串联触点多的应排在上面，如图2-6a所示；将几条支路串联时，并联触点多的应排在左面，如图2-6b所示。这样，可以减少编程指令。

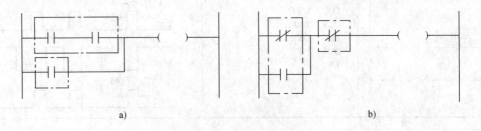

图2-6　设计规则2说明

a）将串联触点多的排在上面　b）将并联触点多的排在左面

3）设计规则3。梯形图中的触点应画在水平支路上，不能画在垂直支路上，如图2-7所示。

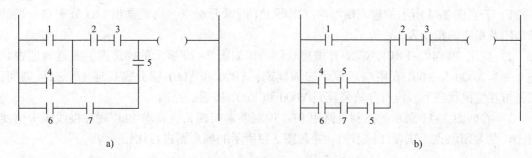

图2-7　设计规则3说明

a）不合适的画法　b）正确的画法

4）设计规则4。当遇到不可编程的梯形图（如图2-8a所示）时，可根据信号单向地自左向右、自上而下流动的原则，对原梯形图重新编排，以便正确应用PLC基本指令进行编程。变换后的梯形图如图2-8所示。

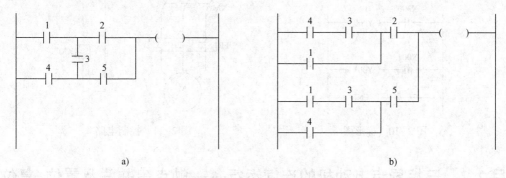

图2-8　设计规则4说明

a）不可编程的梯形图　b）变换后的梯形图

5）设计规则5。双线圈输出不可用。如果在同一程序中将同一元件的线圈使用两次或多次，则称为双线圈输出。这时前面的输出无效，只有最后一次输出有效，如图2-9所示。一般不应出现双线圈输出。

3. 输入信号的最高频率问题

输入信号的状态是在PLC输入处理时间内被检测的。如果输入信号的"ON"时间或"OFF"时间过窄，有可能检测不到。也就是说，PLC输入信号的"ON"时间或"OFF"时间，必须比PLC的扫描周期长。若考虑输入滤波器的响应延迟为100 ms，扫描周期为10 ms，则输入的"ON"时间或"OFF"时间至少为20 ms。因此，要求输入脉冲的频率低于1 000 Hz/（20+20）= 25 Hz。若结合PLC后述的功能指令的使用，则可以处理较高频率的信号。

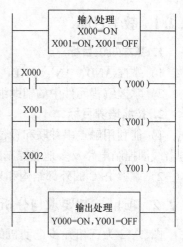

图2-9　设计规则5说明

2.1.6 研讨与训练

1）若在图 2-4 所示的输入端加热继电器 FR 的常开触点，则试画出 I/O 分配表、设计梯形图及相应的指令表。

2）应用 SWOPC-FXGP/WIN-C 编程软件编辑如图 2-10 所示的梯形图，并进入监视状态，每当 X000 和 X001 在刚接通那个扫描周期，Y000 和 Y001 就分别接通 1 个扫描周期，试分析在监视状态下，没有办法监视到 Y000 和 Y001 接通的原因。

3）将如图 2-11 所示的控制电路用 PLC 控制器来实现，且要求 PLC 硬件接线图中仍使用 SB1 的常闭触点，试设计梯形图，并与图 2-3 所示的梯形图进行比较。

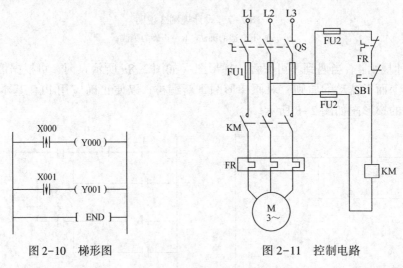

图 2-10 梯形图   图 2-11 控制电路

项目 2.2 三相异步电动机的连续运行——触点串并联及置位/复位指令

2.2.1 教学目的

1. 基本知识目标

1）掌握 AND、ANI、ANDP、ANDF、OR、ORI、ORP、ORF、SET 和 RST 指令。

2）掌握编程元件中的辅助继电器（M）的使用方法。

2. 技能培养目标

1）能利用触点串并联和置位/复位指令实现三相异步电动机的连续运行，能实现多继电器线圈控制电路及多地点控制电路。

2）掌握 PLC 的外部结构和外部接线方法。

2.2.2 项目控制要求与分析

图 2-12 为三相异步电动机的连续运行电路。起动时，合上 QS，引入三相电源。按下 SB2，交流接触器 KM 线圈得电，主触点闭合，电动机接通电源而直接起动。同时与 SB2 并联的常开辅助触点闭合，使接触器线圈有两条线路通电。这样即使手松开 SB2，接触器 KM

的线圈仍可通过自己的辅助触点继续通电，保持电动机的连续运行。

项目要求用 PLC 来实现图 2-12 所示的三相异步电动机的连续运行电路，其控制时序图如图 2-13 所示。

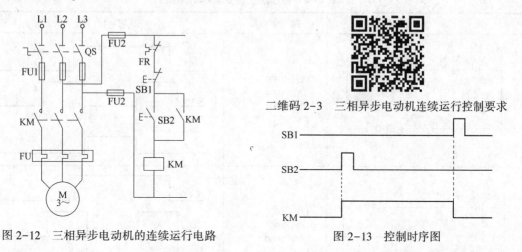

图 2-12　三相异步电动机的连续运行电路

二维码 2-3　三相异步电动机连续运行控制要求

图 2-13　控制时序图

利用 PLC 基本指令中的触点串并联指令或置位/复位指令，可实现上述控制要求。

2.2.3　项目预备知识

1. 基本指令

（1）指令功能

1）ANI（与非）指令。常闭触点串联指令，把指定操作元件中的内容取反，然后和原来保存在操作器里的内容进行逻辑"与"运算，并将逻辑运算的结果存入操作器中。

2）OR（或）指令。常开触点并联指令，把指定操作元件中的内容和原来保存在操作器里的内容进行逻辑"或"运算，并将逻辑运算的结果存入操作器中。

3）SET（置位指令或称自保持）指令。将被操作的目标元件置位（置"1"），并保持。

4）RST（复位指令或称解除）指令。将被操作的目标元件复位（置"0"），并保持清零状态。

二维码 2-4　ANI 指令　　　　二维码 2-5　OR 指令

二维码 2-6　SET 指令　　　　二维码 2-7　RST 指令

（2）编程实例

ANI、OR、SET、RST指令在编程应用时的梯形图、指令表和时序图见表2-4。

表2-4　梯形图、指令表和时序图

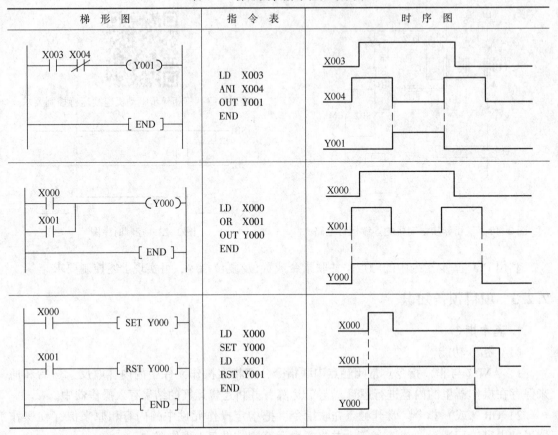

梯 形 图	指 令 表	时 序 图
	LD X003 ANI X004 OUT Y001 END	
	LD X000 OR X001 OUT Y000 END	
	LD X000 SET Y000 LD X001 RST Y001 END	

（3）指令使用说明

1）ANI指令是指单个触点串联连接的指令，串联次数没有限制，可反复使用。

2）OR指令是指单个触点并联连接的指令，并联次数没有限制，可反复使用。

3）对同一操作元件，SET、RST指令可以多次使用，且不限制使用顺序，但最后执行者有效。

2. 编程元件——辅助继电器

FX$_{2N}$系列PLC内有很多辅助继电器（M），辅助继电器与PLC外部无任何直接联系，只能由PLC内部程序控制。其常开/常闭触点只能在PLC内部编程使用，且可以使用无限次，但是不能直接驱动外部负载。外部负载只能由输出继电器触点驱动。FX$_{2N}$系列PLC的辅助继电器分为通用辅助继电器、断电保持辅助继电器和特殊辅助继电器。

辅助继电器采用M和十进制共同组成编号。在FX$_{2N}$系列PLC中，除了输入继电器（X）和输出继电器（Y）采用八进制外，其他编程元件均采用十进制。

（1）通用辅助继电器。

M0~M499共500点是通用辅助继电器。通用辅助继电器在PLC运行时，如果电源突然断电，则线圈均断开。当电源再次接通时，除了因外部输入信号而变为接通的线圈外，其余的线圈仍将保持断开状态，它们没有断电保护功能。通用辅助继电器常在逻辑运算中用于辅助运算、状态暂存、移位等。

M0~M499可以通过编程软件的参数设定，改为断电保持辅助继电器。

（2）断电保持辅助继电器。

M500~M3071共2572个断电保持辅助继电器。它与普通辅助继电器不同的是具有断电保持功能，即能记忆电源中断瞬间的状态，并在重新通电后再现其状态。它之所以能在电源断电时保持其原有的状态，是因为电源中断时它们用PLC中的锂电池保持自身映像寄存器中的内容。其中，M500~M1023共524点可以通过编程软件的参数设定，改为通用辅助继电器。

（3）特殊辅助继电器。

M8000~M8255共256点为特殊辅助继电器。根据使用方式可分为触点型和线圈型两大类。

1）触点型。其线圈由PLC自行驱动，用户只能利用其触点。如

M8000：运行监视器（在PLC运行时接通），M8001与M8000相反逻辑。

M8002：初始脉冲，只在PLC开始运行的第一个扫描周期接通，M8003与M8002相反逻辑。

M8011：10 ms时钟脉冲。

M8012：100 ms时钟脉冲。

M8013：1 s时钟脉冲。

M8014：1 min时钟脉冲。

2）线圈型。由用户程序驱动线圈后PLC执行特定的动作。如

M8030：使BATTLED（锂电池欠电压指示灯）熄灭。

M8033：PLC停止时输出保持。

M8034：禁止全部输出。

M8039：定时扫描方式。

2.2.4 项目实现

1. I/O（输入/输出）分配表

由上述控制要求可确定PLC需要两个输入点和一个输出点，其I/O分配表见表2-5。

表2-5 I/O分配表

输 入			输 出		
输入继电器	输入元件	作用	输出继电器	输出元件	作用
X000	SB1	停止按钮	Y000	KM	运行用交流接触器
X001	SB2	起动按钮			

2. 编程

根据表2-5及图2-13控制时序图可知，当按钮SB2被按下时，输入继电器X001接通，输出继电器Y000置1，交流接触器KM线圈得电，这时电动机连续运行。此时，即便按钮SB2被松开，输出继电器Y000仍保持接通状态，这就是"自锁"或"自保持功能"；当按

下停止按钮 SB1 时，输入继电器 Y000 置 0，电动机停止运行。从以上分析可知，满足电动机连续运行的控制要求，需要用到起动和复位控制程序。可以通过下面两种方案来实现 PLC 控制电动机连续运行电路的要求。

（1）方案一——直接用起动、停止实现

PLC 控制电动机连续运行电路方案一如图 2-14 所示。图 2-14 所示电路又称为"起-保-停"电路，它是梯形图中最基本的电路之一。"起-保-停"电路在梯形图中的应用极为广泛，其最主要的特点是具有"记忆"功能。

（2）方案二——利用置位/复位指令实现

PLC 控制电动机连续运行电路方案二如图 2-15 所示。图 2-15 所示的置位/复位电路与图 2-14 所示的"起-保-停"电路的功能完全相同。该电路的记忆作用是通过置位/复位指令实现的。置位/复位电路也是梯形图中的基本电路之一。

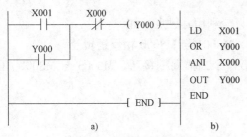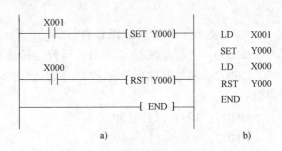

图 2-14　PLC 控制电动机连续运行电路方案一　　　图 2-15　PLC 控制电动机连续运行电路方案二
a）梯形图　b）指令表　　　　　　　　　　　　　　a）梯形图　b）指令表

3. 硬件接线

PLC 的外部硬件接线原理图如图 2-16 所示。

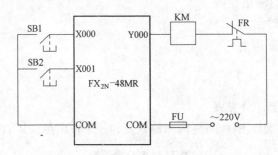

图 2-16　PLC 的外部硬件接线原理图

2.2.5　知识进阶

基本指令（AND、ANDP、ANDF、ORI、ORP 和 ORF）主要包括以下内容。

（1）指令功能

1）AND（与）指令。常开触点串联指令，把指定操作元件中的内容和原来保存在操作器里的内容进行逻辑"与"运算，并将逻辑运算的结果存入操作器。

2）ANDP（上升沿与）指令。上升沿检测串联连接指令，仅在指定操作元件的上升沿（OFF→ON）时接通一个扫描周期。

42

3）ANDF（下降沿与）指令。下降沿检测串联连接指令，仅在指定操作元件的下降沿（ON→OFF）时接通一个扫描周期。

4）ORI（或非）指令。常闭触点并联指令，把指定操作元件中的内容取反，然后与原来保存在操作器里的内容进行逻辑"或"运算，并将逻辑运算的结果存入操作器。

二维码2-8　AND 指令

二维码2-9　ORI 指令

5）ORP（上升沿或）指令。上升沿检测并联连接指令，仅在指定操作元件的上升沿（OFF→ON）时接通一个扫描周期。

6）ORF（下降沿或）指令。下降沿检测并联连接指令，仅在指定操作元件的下降沿（ON→OFF）时接通一个扫描周期。

（2）编程实例

AND、ANDP、ANDF、ORI、ORP、ORF 指令在编程应用时的梯形图、指令表和时序图见表2-6。

表 2-6　梯形图、指令表和时序图

梯 形 图	指 令 表	时 序 图
X000 X001 X002 —(Y000)— [END]	LD　X000 AND　X001 ANDP　X002 OUT　Y000 END	X000 X001 X002 1个扫描周期 Y000
X003 X004 X005 —(Y001)— [END]	LD　　X003 ANI　　X004 ANDF　X005 OUT　　Y001 END	X003 X004 X005 1个扫描周期 Y001

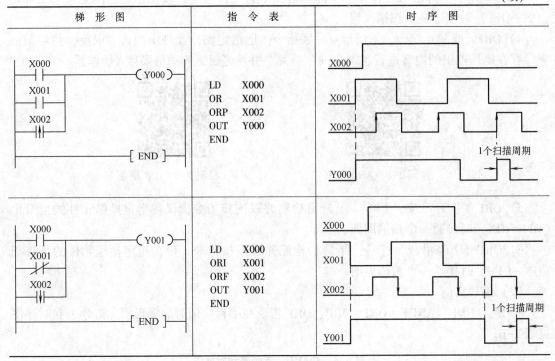

梯 形 图	指 令 表	时 序 图

（3）指令使用说明

1）AND、ANDP、ANDF 指令都是指单个触点串联连接的指令，对串联次数没有限制，可反复使用。

2）ORI、ORP、ORF 指令都是指单个触点并联连接的指令，对并联次数没有限制，可反复使用。

2.2.6 研讨与训练

1）可否在上述方案一（见图 2-14）中加入辅助继电器来完成？试设计梯形图及相应的指令表。

2）利用 LDP 与 LDF 指令实现用一个按钮控制两台电动机分时起动的控制时序图，如图 2-17 所示。

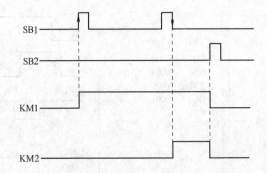

图 2-17 用一个按钮控制两台电动机分时起动的控制时序图

3）试编写多继电器线圈控制电路。

4）试编写多地点控制电路。

项目2.3 三相异步电动机的正反转控制——块及多重输出指令

2.3.1 教学目的

1. 基本知识目标

掌握 ORB、ANB、MPS、MRD、MPP 指令。

2. 技能培养目标

1）能利用"起-保-停"基本电路、置位/复位电路及堆栈指令分别实现电动机正反转运行。

2）能将已学指令应用于灯光控制电路、双按钮单地起动与停止电路等。

3）了解 PLC 的外部结构和外部接线方法。

二维码2-10 三相异步电动机的正反转控制要求

2.3.2 项目控制要求与分析

图2-18为三相异步电动机正反转运行电路。起动时，合上 QS，引入三相电源。按下正转控制按钮 SB2，KM1 线圈得电，其常开触点闭合，电动机正转并实现自锁。当电动机需要反转时，按下反转控制按钮 SB3，KM1 线圈断电，KM2 线圈得电，KM2 的常开触点闭合，电动机反转并实现自锁。按钮 SB1 为总停止按钮。

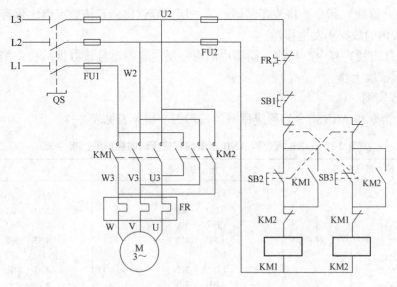

图2-18 三相异步电动机的正反转运行电路

项目要求用 PLC 来实现图 2-18 所示的三相异步电动机的正反转运行电路，其控制时序图如图 2-19 所示。

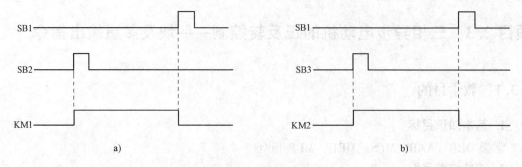

图 2-19 控制时序图

a) 正转运行   b) 反转运行

利用 PLC 基本指令中的块及多重输入/输出指令，可实现上述控制要求。

2.3.3 项目预备知识

包括以下基本指令（ORB、ANB、MPS、MRD、MPP）。

二维码 2-11 ORB   二维码 2-12 ANB
指令   指令

（1）指令功能

1）ORB（块或）指令。两个或两个以上的触点串联电路之间的并联。

2）ANB（块与）指令。两个或两个以上的触点并联电路之间的串联。

3）MPS（进栈）指令。将运算结果（数据）压入栈存储器的第一层（栈顶），同时将先前送入的数据依次移到栈的下一层。

4）MRD（读栈）指令。将栈存储器的第一层内容读出，且该数据继续保存在栈存储器的第一层，栈内的数据不发生移动。

5）MPP（出栈）指令。将栈存储器中的第一层内容弹出且该数据从栈中消失，同时将栈中其他数据依次上移。

（2）编程实例

1）ORB 指令和 ANB 指令编程应用时的梯形图、指令表见表 2-7。

表 2-7 ORB 指令和 ANB 指令编程应用时的梯形图、指令表

梯 形 图	指 令 表 （一）	指 令 表 （二）
M0 M1 —(Y001) M1 M2 M2 M0	LD　　M0 AND　M1 LD　　M1 AND　M2 ORB LD　　M2 AND　M0 ORB OUT　Y001	LD　　M0 AND　M1 LD　　M1 AND　M2 LD　　M2 AND　M0 ANB ANB OUT　Y001

46

梯 形 图	指 令 表 （一）	指 令 表 （二）
M0 M1 M0 —(Y001)— M1 M2 M2	LD M0 OR M1 LD M1 OR M2 ANB LD M0 OR M2 ANB OUT Y001	LD M0 OR M1 LD M1 OR M2 LD M0 OR M2 ORB ORB OUT Y001
X000 X001 —(Y001)— X002 X003 X004 X005 X006 X007	LD X000 OR X002 LDP X001　分支的起点 OR X003 ANB　与前面的电路块串联连接 LD X004　分支的起点 ANI X005 ORB　与前面的电路块并联连接 LDI X006　分支的起点 AND X007 ORB　与前面的电路块并联连接 OUT Y001	

2）MPS、MRD、MPP（进栈、读栈和出栈）指令的编程实例。

栈操作指令用于多重输出的梯形图中，栈存储器和多重输出程序如图 2-20 所示。在编程需要将中间运算结果存储时，就可以通过栈操作指令来实现。FX_{2N} 提供了 11 个存储中间运算结果的栈存储器。使用一次 MPS 指令，将当时的逻辑运算结果压入栈的第一层，栈中原来的数据依次向下一层推移；当使用 MRD 指令时，栈内的数据不会变化（即不上移或下移），而是将栈的最上层数据读出；当执行 MPP 指令时，将栈的最上层数据读出，同时该数据从栈中消失，而栈中其他层的数据向上移动一层，因此也称为弹栈。

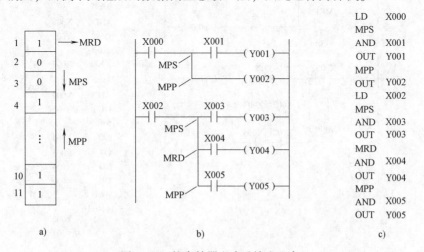

图 2-20　栈存储器和多重输出程序
a）栈存储器　b）梯形图　c）指令表

以下给出几个堆栈的实例。

【例2-1】 一层堆栈编程，如图2-21所示。

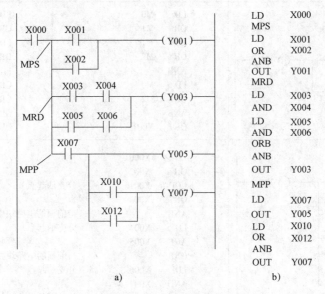

```
LD    X000
MPS
LD    X001
OR    X002
ANB
OUT   Y001
MRD
LD    X003
AND   X004
LD    X005
AND   X006
ORB
ANB
OUT   Y003
MPP

LD    X007
OUT   Y005
LD    X010
OR    X012
ANB
OUT   Y007
```

a)   b)

图 2-21 一层堆栈编程

a）梯形图 b）指令表

【例2-2】 二层堆栈编程，如图2-22所示。

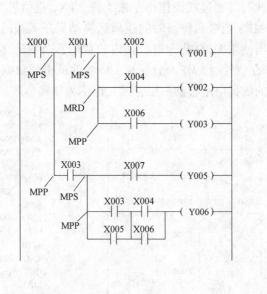

```
LD    X000
MPS
AND   X001
MPS
AND   X002
OUT   Y001
MRD
AND   X004
OUT   Y002
MPP
AND   X006
OUT   Y003

MPP
AND   X003
MPS
AND   X007
OUT   X005
MPP
LD    X003
OR    X005
LD    X004
OR    X006
ANB
ANB
OUT   Y006
```

a)   b)

图 2-22 二层堆栈编程

a）梯形图 b）指令表

48

【例2-3】 四层堆栈编程，如图2-23所示。

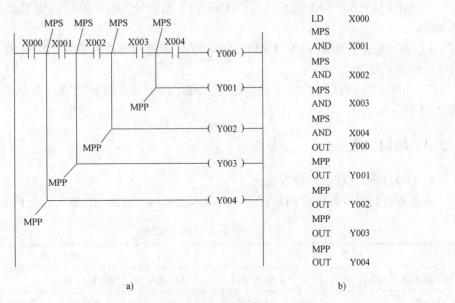

LD	X000
MPS	
AND	X001
MPS	
AND	X002
MPS	
AND	X003
MPS	
AND	X004
OUT	Y000
MPP	
OUT	Y001
MPP	
OUT	Y002
MPP	
OUT	Y003
MPP	
OUT	Y004

a)   b)

图2-23 四层堆栈编程

a) 梯形图 b) 指令表

图2-23所示的梯形图也可以通过适当的变换不使用栈操作指令，从而简化指令表。四层堆栈简化后的编程如图2-24所示。

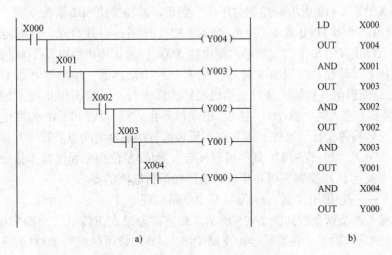

LD	X000
OUT	Y004
AND	X001
OUT	Y003
AND	X002
OUT	Y002
AND	X003
OUT	Y001
AND	X004
OUT	Y000

a)   b)

图2-24 四层堆栈简化后编程

a) 梯形图 b) 指令表

（3）指令使用说明

1）当将几个串联电路块并联连接或几个并联电路块串联连接时，在每个串联电路块或并联电路块的开始应该用 LD、LDI、LDP 或 LDF 指令。

2）ORB 指令和 ANB 指令均为不带操作元件的指令，可以连续使用，但使用次数不能超过 8 次。

3）MPS 指令用于分支的开始处；MRD 指令用于分支的中间段；MPP 指令用于分支的结束处。

4）MPS 指令、MRD 指令及 MPP 指令均为不带操作元件的指令，其中 MPS 指令和 MPP 指令必须配对使用。

5）由于 FX_{2N} 只提供了 11 个栈存储器，因此 MPS 指令和 MPP 指令连续使用的次数不得超过 11 次。

2.3.4 项目实现

1. I/O（输入/输出）分配表

由上述控制要求可确定 PLC 需要 3 个输入点和两个输出点，其 I/O 分配表见表 2-8。

表 2-8 I/O 分配表

输 入			输 出		
输入继电器	输入元件	作 用	输出继电器	输出元件	作 用
X000	SB1	停止按钮	Y000	KM1	正转运行用交流接触器
X001	SB2	正转起动按钮	Y001	KM2	反转运行用交流接触器
X002	SB3	反转起动按钮			

2. 编程

根据表 2-8 及图 2-19 所示的控制时序图，当正转起动按钮 SB2 被按下时，输入继电器 X001 接通，输出继电器 Y000 置 1，交流接触器 KM1 线圈得电并自保，这时电动机正转连续运行，若按下停止按钮 SB1 时，则输入继电器 X000 接通，输出继电器 Y000 置 0，电动机停止运行；当按下反转起动按钮 SB3 时，输入继电器 X002 接通，输出继电器 Y001 置 1，交流接触器 KM2 线圈得电并自锁，这时电动机反转连续运行，当按下停止按钮 SB1 时，输入继电器 X000 接通，输入继电器 Y001 置 0，电动机停止运行。从图 2-18 的继电器控制电路可知，不但正反转按钮实行了互锁，而且在正反转运行接触器之间也实行了互锁。结合以上的编程分析及所学的"起-保-停"基本编程环节、置位/复位指令和栈操作指令，可以通过下面 3 种方案来满足 PLC 控制三相异步电动机连续运行电路的要求。

（1）方案一——直接用"起-保-停"基本电路实现

方案一的梯形图及指令表如图 2-25 所示。此方案通过在正转运行支路中串入 X002 常闭触点和 Y001 的常闭触点，在反转运行支路中串入 X001 常闭触点和 Y000 的常闭触点来实现按钮及接触器的互锁。

（2）方案二——利用"置位/复位"基本电路实现

方案二的梯形图及指令表如图 2-26 所示。

（3）方案三——利用栈操作指令实现

方案三的梯形图及指令表如图 2-27 所示。

3. 硬件接线

PLC 的外部硬件接线原理图如图 2-28 所示。

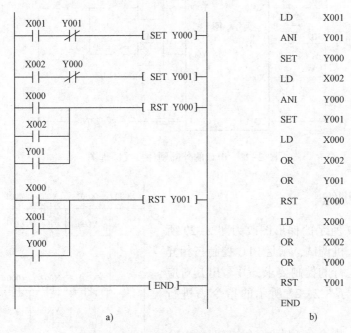

LD	X001
OR	Y000
ANI	X000
ANI	X002
ANI	Y001
OUT	Y000
LD	X002
OR	Y001
ANI	X000
ANI	X001
ANI	Y000
OUT	Y001
END	

a)　　　　　　　　　　　　　　　　　　　　b)

图 2-25　方案一的梯形图和指令表

a）梯形图　b）指令表

LD	X001
ANI	Y001
SET	Y000
LD	X002
ANI	Y000
SET	Y001
LD	X000
OR	X002
OR	Y001
RST	Y000
LD	X000
OR	X002
OR	Y000
RST	Y001
END	

a)　　　　　　　　　　　　　　　　　　　　b)

图 2-26　方案二的梯形图和指令表

a）梯形图　b）指令表

　　由图 2-28 可知，外部硬件输出电路对使用 KM1、KM2 的常闭触点进行了互锁。这是因为 PLC 内部软继电器互锁只相差一个扫描周期，来不及响应。例如，Y000 虽然被断开，但 KM1 的触点还未被断开，在没有外部硬件互锁的情况下，KM2 的触点可能被接通，引起主电路短路。因此，不仅要在梯形图中加入软继电器的互锁触点，而且要在外部硬件输出电路中进行互锁，这也就是常说的"软硬件双重互锁"。采用双重互锁，同时也避免了因接触器

KM1 和 KM2 的主触点熔焊而引起的电动机主电路短路。

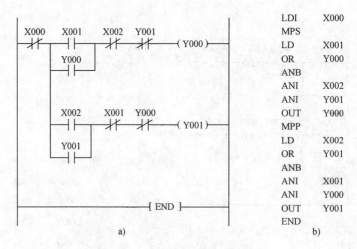

图 2-27   方案三的梯形图和指令表
a）梯形图   b）指令表

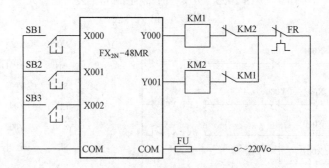

图 2-28   PLC 的外部硬件接线原理图

2.3.5   研讨与训练

1）将图 2-27 所示的梯形图改为图 2-29 所示的梯形图，请上机调试，满足 PLC 控制三相异步电动机正反转运行的控制要求，并写出其对应的指令表，然后与图 2-27 所示的指令表进行比较。

2）利用 LDP 指令实现用一个按钮（SB1）控制一台电动机（M）的起动和停止。其控制时序图如图 2-30 所示。

3）将 3 个指示灯接在输出端上，要求当

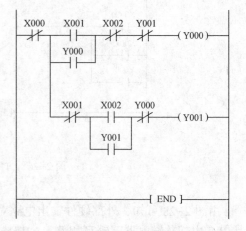

图 2-29   梯形图

SB0 、SB1、SB2 这 3 个按钮任意一个被按下时，灯 HL0 亮；按下任意两个按钮时，灯 HL1 亮；同时按下 3 个按钮时，灯 HL2 亮，没有按下按钮时，所有灯不亮。试用此节所学基本指令来实现上述控制功能。

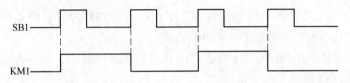

图 2-30 用一个按钮控制一台电动机起动和停止的控制时序图

4）楼上、楼下各有一只开关（SB1、SB2）共同控制一盏照明灯（HL1）。要求两只开关均可对灯的状态（亮或熄）进行控制。试用本节所学的基本指令来实现上述控制功能。

项目2.4 两台电动机顺序起动、逆序停止控制——定时器及延时控制方法

2.4.1 教学目的

1. 基本知识目标
掌握编程元件中定时器（T）的使用方法。

2. 技能培养目标
1）能利用所学的指令和编程器件，实现两台电动机顺序起动、逆序停止控制。

2）能熟练地应用延时控制电路，并将其应用于传送带控制系统、生产线顺序控制、灯光闪烁控制、喷泉控制系统等。

2.4.2 项目控制要求与分析

图 2-31 为两台电动机顺序起动、逆序停止的控制电路图。按下起动按钮 SB2，第一台电动机 M1 开始运行，5 s 之后第二台电动机 M2 开始运行；接下停止按钮 SB3，第二台电动

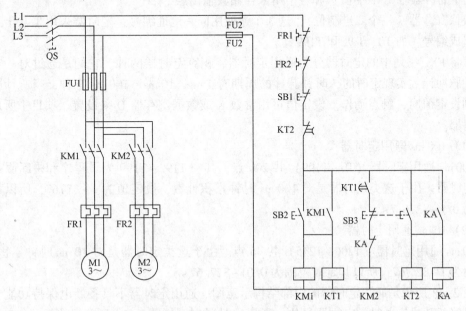

图 2-31 两台电动机顺序起动、逆序停止的控制电路图

机 M2 停止运行，10 s 之后第一台电动机 M1 停止运行；SB1 为紧急停止按钮，当出现故障时，只要按下 SB1，两台电动机就均立即停止运行。

项目要求用 PLC 来实现图 2-31 所示的两台电动机顺序起动、逆序停止的控制电路，其控制时序图如图 2-32 所示。

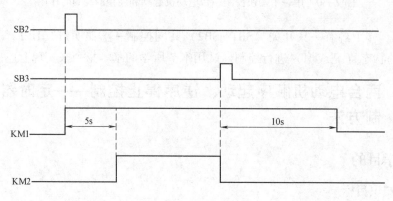

图 2-32 控制时序图

利用 PLC 的定时器及其通电延时控制电路，可实现上述控制要求。

2.4.3 项目预备知识

1. 编程元件——通用定时器

PLC 中的定时器（T）相当于继电器控制系统中的通电型时间继电器。它可以提供无限对常开/常闭延时触点。定时器中有一个设定值寄存器（一个字长）、一个当前值寄存器（一个字长）和一个用来存储其输出触点的映像寄存器（一个二进制位），这 3 个量使用同一地址编号，定时器采用 T 与十进制数共同组成编号，如 T0、T98 和 T199 等。

二维码 2-13　二维码 2-14　通用
定时器　　　定时器及其应用

可将 FX_{2N} 系列中的定时器分为通用定时器、积算定时器两种。它们是通过对一定周期的时钟脉冲计数实现定时的，时钟脉冲的周期有 1 ms、10 ms、100 ms 三种，当所计脉冲个数达到设定值时，触点动作。设定值可用常数 K 或数据寄存器 D 来设置。项目中所用为通用定时器。

（1）100 ms 通用定时器

100 ms 通用定时器（T0~T199）共 200 点，其中 T192~T199 为子程序和中断服务程序专用定时器。由于这类定时器是对 100 ms 时钟累积计数，设定值为 1~32767，所以其定时范围为 0.1~3276.7 s。

（2）10 ms 通用定时器

10 ms 通用定时器（T200~T245）共 46 点。由于这类定时器是对 10 ms 时钟累积计数，设定值为 1~32 767，所以其定时范围为 0.01~327.67 s。

图 2-33 所示是通用定时器的内部结构示意图。通用定时器不具备断电保持功能，即当输入电路断开或停电时，定时器复位。通用定时器实例如图 2-34 所示。当输入 X000 接通时，定时器 T0 从 0 开始对 100 ms 时钟脉冲进行累积计数，当 T0 当前值与设定值 K1000 相

等时，定时器 T0 的常开触点接通，Y0 接通，经过的时间为 1000×0.1 s＝100 s；当 X000 断开时定时器 T0 复位，当前值变为 0，其常开触点断开，Y000 也随之断开。若外部电源断电或输入电路断开，则定时器也将复位。

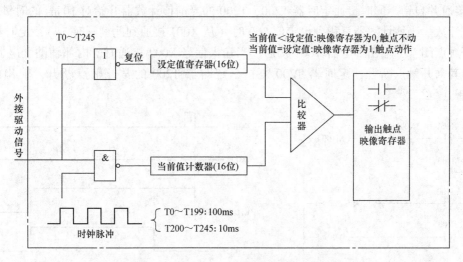

图 2-33　通用定时器的内部结构示意图

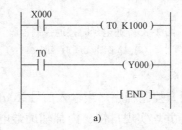

a)

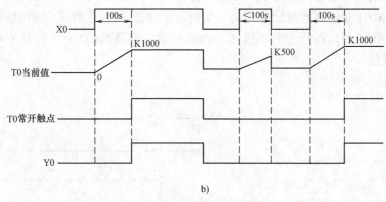

b)

图 2-34　通用定时器实例

a) 梯形图　b) 时序图

2. 通电延时控制方法

延时控制就是利用 PLC 的定时器和其他元器件构成各种时间控制，这是各类控制系统经常用到的功能。在 FX$_{2N}$ 系列 PLC 中定时器是通电延时型，定时器的输入信号被接通后，定时器的当前值计数器开始对其相应的时钟脉冲进行累积计数，当该值与设定值相等时，定

55

时器输出，其常开触点闭合，常闭触点断开。

（1）通电延时接通控制

图 2-35 所示为通电延时接通控制程序。当输入信号 X001 接通时，内部辅助继电器 M100 接通并自锁，同时接通定时器 T200，T200 的当前值计数器开始对 10 ms 的时钟脉冲进行累积计数。当该计数器累积到设定值 500 时（从 X001 接通到此刻延时 5 s），定时器 T200 的常开触点闭合，输出继电器 Y001 接通。当输入信号 X002 接通时，内部辅助继电器 M100 断电，其常开触点断开，定时器 T200 复位，定时器 T200 的常开触点断开，输出继电器 Y001 断电。

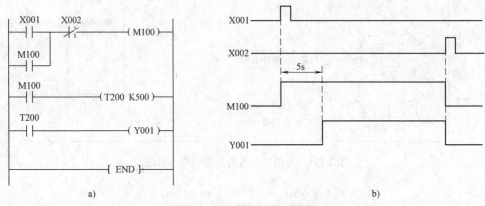

图 2-35　通电延时接通控制程序
a）梯形图　b）时序图

（2）通电延时断开控制

图 2-36 所示为通电延时断开控制程序。当输入信号 X001 接通时，输出继电器 Y001 和内部辅助继电器 M100 同时接通并均实现自锁，内部辅助继电器 M100 的常开触点接通定时器 T0，T0 的当前值计数器开始对 100 ms 的时钟脉冲进行累积计数。当该计数器累积到设定值 200 时（从 X001 接通到此刻延时 20 s），定时器 T0 的常闭触点断开，输出继电器 Y001 断电。输入信号 X002 可以在任意时刻接通，内部辅助继电器 M100 断电，其常开触点断开，定时器 T0 被复位。

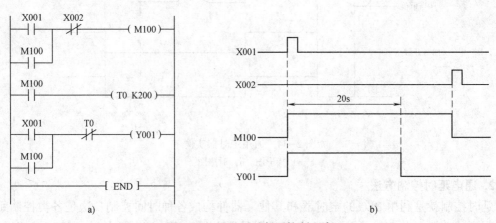

图 2-36　通电延时断开控制程序
a）梯形图　b）时序图

2.4.4 项目实现

1. I/O（输入/输出）分配表

由上述控制要求可确定 PLC 需要 3 个输入点，两个输出点，其 I/O 分配表见表 2-9。

表 2-9　I/O 分配表

输　入			输　出		
输入继电器	输入元件	作　用	输出继电器	输出元件	作　用
X000	SB1	紧急停止按钮	Y001	KM1	电动机 M1 运行用交流接触器
X001	SB2	起动按钮	Y002	KM2	电动机 M2 运行用交流接触器
X002	SB3	停止按钮			

2. 编程

根据表 2-9 及图 2-32 控制时序图可知，当起动按钮 SB2 被按下时，输入继电器 X001 接通，输出继电器 Y001 置 1，交流接触器 KM1 线圈得电并自保，这时第一台电动机 M1 运行，5 s 之后输出继电器 Y002 置 1，第二台电动机 M2 开始运行；当按下停止按钮 SB3 时，输入继电器 X002 接通，输出继电器 Y002 置 0，第二台电动机 M2 停止运行，10 s 之后输出继电器 Y001 置 0。PLC 控制两台电动机顺序起动、逆序停止的梯形图和指令表如图 2-37 所示。

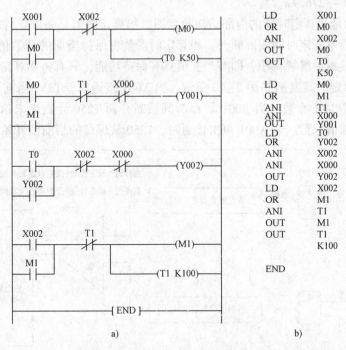

图 2-37　PLC 控制两台电动机顺序起动、逆序停止的梯形图和指令表

a）梯形图　b）指令表

3. 硬件接线

PLC 的外部硬件接线原理图如图 2-38 所示。

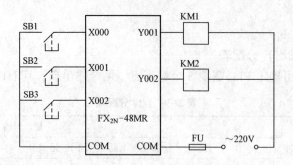

图 2-38　PLC 的外部硬件接线原理图

2.4.5　知识进阶

1. 编程器件——积算定时器

（1）1 ms 积算定时器

1 ms 积算定时器（T246~T249）共 4 点，是对 1 ms 时钟脉冲进行累积计数，定时的时间范围为 0.001~32.767 s。

（2）100 ms 积算定时器

100 ms 积算定时器（T250~T255）共 6 点，是对 100 ms 时钟脉冲进行累积计数，定时的时间范围为 0.1~3276.7 s。

图 2-39 所示是积算定时器的内部结构示意图。积算定时器具备断电保持的功能，在定时过程中，如果断电或定时器线圈断开，积算定时器就将保持当前的计数值（当前值），通电或定时器线圈接通后继续累积，即其当前值具有保持功能，只有将积算定时器复位，当前值才变为 0。积算定时器实例如图 2-40 所示。当 X001 接通时，T250 当前值计数器开始累积 100 ms 的时钟脉冲的个数。当 X001 经 t_1 时间后断开而 T250 计数尚未达到设定值 K1000 时，其计数的当前值保留。当 X001 再次接通时，T250 从保留的当前值开始继续累积，经过

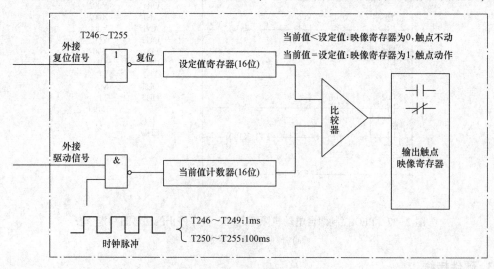

图 2-39　积算定时器的内部结构示意图

58

t_2 时间，当前值达到 K1000 时，定时器 T250 的触点动作。累积的时间为 $t_1+t_2=0.1×1000s=100s$。当复位输入 X002 接通时，定时器才复位，当前值变为 0，触点也跟着复位。

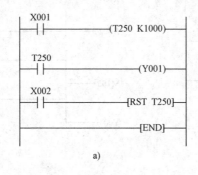

a)

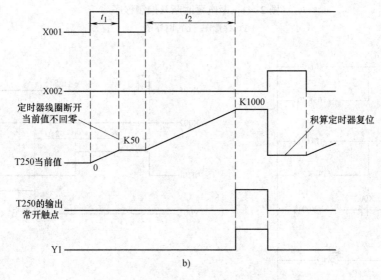

b)

图 2-40　积算定时器实例

a) 梯形图　b) 时序图

2. 其他几种延时控制方法

（1）断电延时断开控制

在继电器接触器控制方式中经常用到断电延时，而 PLC 中的定时器只有通电延时功能，可以利用软件的编制实现断电延时。断电延时断开控制程序如图 2-41 所示。

当输入信号 X001 被接通时，输出继电器 Y001 和内部辅助继电器 M100 同时接通，并均实现自锁。当输入信号 X002 被接通时，内部辅助继电器 M100 断电，其常闭触点闭合（此时输出继电器 Y001 保持通电），定时器 T1 接通，T1 的当前值计数器开始对 100 ms 的时钟脉冲进行累积计数。当该计数器累积到设定值 50 时（从 X002 接通到此刻延时 5 s），定时器 T1 的常闭触点断开，输出继电器 Y001 断电，Y001 的常开触点断开，定时器 T1 也被复位。这样就实现了在按下停止按钮 X002 后输出继电器 Y001 延时 5 s 断开的功能。

（2）断电延时接通控制

断电延时接通电路在控制系统中的应用也很多，图 2-42 所示为利用软件实现断电延时接通功能的程序。

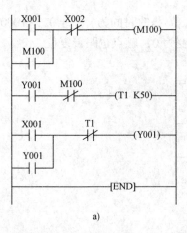 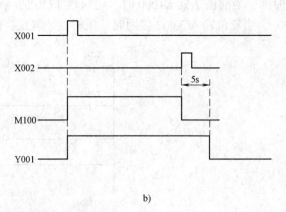

图 2-41　断电延时断开控制程序

a）梯形图　b）时序图

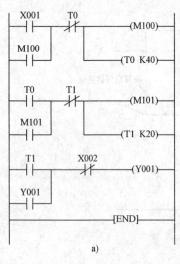 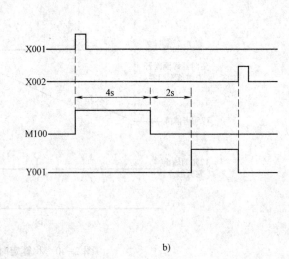

图 2-42　利用软件实现断电延时接通功能的程序

a）梯形图　b）时序图

当输入信号 X001 被接通时，定时器 T0 和内部继电器 M100 同时接通，并由 M100 实现自锁，T0 的当前值计数器开始对 100ms 的时钟脉冲进行累积计数。当该计数器累积到设定值 40 时（从 X001 接通到此刻延时 4s），定时器 T0 的常开触点闭合，定时器 T1 和内部继电器 M101 实现自锁。同时 T0 的常闭触点断开，内部辅助继电器 M100 断开，定时器 T0 被复位。当 T1 延时到设定值 2s 时，T1 的常开触点闭合，输出继电器 Y001 接通并实现自锁；T1 的常闭触点断开，M101 断开，T1 被复位。当输入信号 X002 接通时，输出继电器 Y001 断开。

（3）通电延时接通、断电延时断开控制

图 2-43 所示为通电延时接通、断电延时断开控制程序。当输入信号 X001 接通时，内部辅助继电器 M100 接通并自锁，同时定时器 T1 接通并开始延时，2s 后定时器 T1 的常开触点闭合，输出继电器 Y001 置位；当输入信号 X002 接通时，内部辅助继电器 M100 断开，同时定时器 T1 复位，定时器 T2 接通（此时输出继电器 Y001 的常开触点闭合，M100 的常闭

触点闭合）开始延时，4 s 后定时器 T2 的常开触点闭合，输出继电器 Y001 被复位。

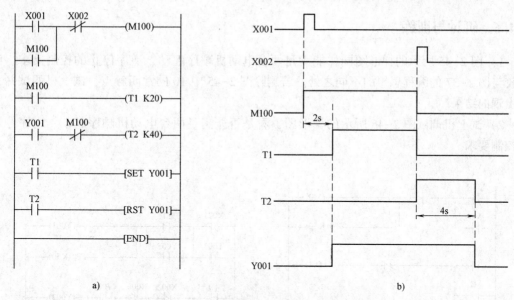

a)   b)

图 2-43　通电延时接通、断电延时断开控制程序
a）梯形图　b）时序图

（4）长时间延时控制

FX$_{2N}$系列 PLC 定时器的最长定时时间为 3276.7 s，如果需要更长的定时时间，就可以采用多个定时器的组合来获得较长的延时时间。

图 2-44 所示为多个定时器组合延时控制程序。当 X001 接通时，T1 线圈得电并开始延时（2400 s），延时到 T1 常开触点闭合，又使 T2 线圈得电，并开始延时（2400 s），当定时器 T2 延时时间到时，其常开触点闭合，再使 T3 线圈得电，并开始延时（2400 s），当定时器 T3 延时时间到时，其常开触点闭合，才使 Y001 接通。

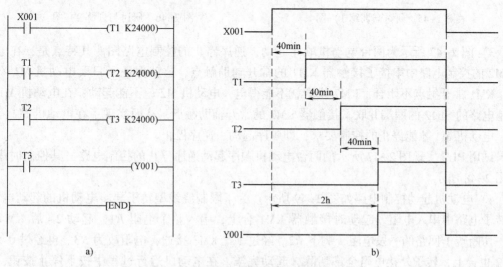

a)   b)

图 2-44　多个定时器组合延时控制程序
a）梯形图　b）时序图

因此，从 X001 接通到 Y001 接通共延时 2h。

2.4.6　研讨与训练

1）图 2-45 所示的梯形图同样能满足两台电动机顺序起动、逆序停止的控制要求，试比较与图 2-37 的编程思想的不同之处。若删除图 2-45 中 T0 的常闭触点，试上机调试并分析出现的结果。

2）试上机调试图 2-46 所示的梯形图，看是否能满足两台电动机顺序起动、逆序停止的控制要求。

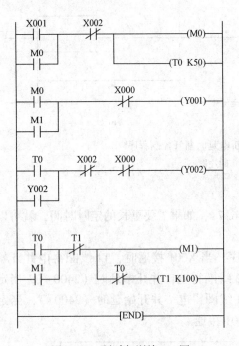

图 2-45　研讨与训练 1）图

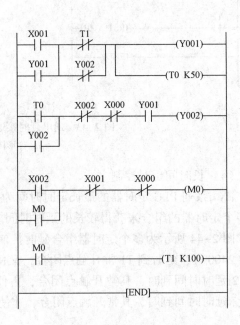

图 2-46　研讨与训练 2）图

3）图 2-47 所示为两台电动机顺序起动、逆序停止的控制电路图。其特点是，在电动机 M2 的控制电路中串接了接触器 KM1 的常开辅助触点，这就保证了只要电动机 M1 不起动，KM1 常开触点不闭合，KM2 线圈就不能得电，电动机 M2 就不能起动；在电动机 M1 的控制电路的 SB12 的两端并联了接触器 KM2 的常开辅助触点，从而实现了在电动机 M2 停止后，电动机 M1 才能停止的控制要求，即顺序起动、逆序停止。

试用 PLC 实现图 2-47 所示的两台电动机顺序起动逆序停止的控制电路，其控制时序图如图 2-48 所示。

4）电动机起动控制电路如图 2-49 所示。为了限制绕线型转子异步电动机的起动电流，在转子电路中串入电阻。起动时接触器 KM1 合上，串入整个电阻 $R1$。起动 2s 后 KM4 接通，切断转子回路的一段电阻，剩下 $R2$。经过 1s，KM3 接通，电阻改为 $R3$。再经过 0.5s，KM2 也合上，转子外接电阻全部切除，起动完毕。在电动机运行过程中按下停止按钮，电动机停止。试用 PLC 进行控制。

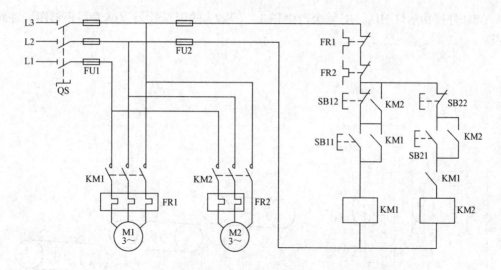

图 2-47　两台电动机顺序起动逆序停止的控制电路图

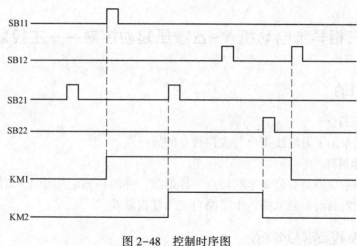

图 2-48　控制时序图

5）试用 PLC 控制发射型天塔。发射型天塔有 HL1～HL9 九个指示灯，其要求起动后，HL1 亮 2 s 后熄灭，接着 HL2、HL3、HL4、HL5 亮 2 s 后熄灭，接着 HL6、HL7、HL8、HL9 亮 2 s 后熄灭，接着 HL1 亮 2 s 后熄灭，如此循环下去。并要求实现一个按钮关断。

6）图 2-50 所示是 3 条传送带运输机的工作示意图。

对于这 3 条传送带运输机的控制要求如下。

① 按下起动按钮，1 号传送带运行 2 s 后 2 号传送带运行，2 号传送带再运行 2 s 后 3 号传送带开始运行，即顺序起动，以防止货物在传送带上堆积。

② 按下停止按钮，3 号传送带停止 2 s 之后 2 号传送带停止，再过 2 s 后 1 号传送带停止，即逆序停止，以保证停车后传送带上不残存货物。

试列出 I/O 分配表，并编写梯形图。

7）试设计一个振荡电路（闪烁电路），其要求如下：X000 外接的 SB 是带自锁的按钮，如果 Y000 外接指示灯 HL, HL 就会产生亮 3 s、灭 2 s 的闪烁效果。试编写梯形图, 并画出时序图。

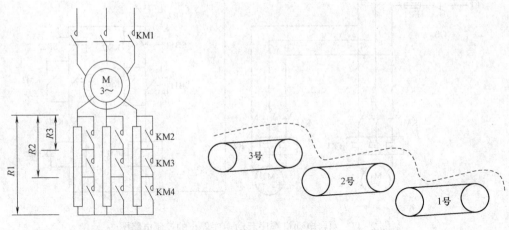

图 2-49　电动机起动控制电路　　　　图 2-50　3 条传送带运输机的工作示意图

项目 2.5　三相异步电动机 Y-△减压起动控制——主控触点指令

2.5.1　教学目的

1. 基本知识目标
掌握主控指令, 了解堆栈指令与主控指令的异同点。

2. 技能培养目标
能利用主控指令编写有公共串联触点的梯形图, 并能将其应用于 Y-△减压起动的可逆运行电路、电动机制动控制电路、十字路口交通灯控制等。

2.5.2　项目控制要求与分析

二维码 2-15　三相
异步电动机
Y-△减压起动
控制要求

图 2-51 所示为三相异步电动机 Y-△减压起动的原理图。KM1 为电源接触器, KM2 为△联结接触器, KM3 为 Y 联结接触器, KT 为时间继电器。其工作原理是, 起动时合上电源开关 QS, 按起动按钮 SB2, 则 KM1、KM3 和 KT 同时吸合并自锁, 这时电动机接成 Y 联结起动。随着转速升高, 电动机电流下降, KT 延时达到整定值, 其延时断开的常闭触点断开, 其延时闭合的常开触点闭合, 从而使 KM3 断电释放, KM2 通电吸合自锁, 这时电动机换接成△联结正常运行。停止时, 只要按下停止按钮 SB1, KM1 和 KM2 相继断电释放, 使电动机停止。

项目要求用 PLC 实现图 2-51 所示的三相异步电动机 Y-△减压起动的控制电路, 其控制时序图如图 2-52 所示。

利用 PLC 基本指令中的主控触点指令, 可实现上述控制要求。

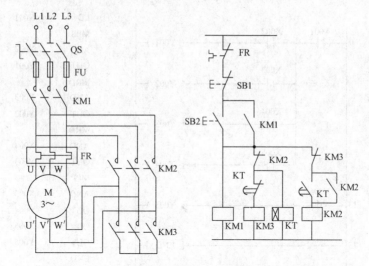

图 2-51　三相异步电动机 Y-△减压起动的原理图

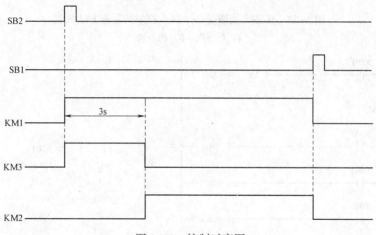

图 2-52　控制时序图

2.5.3　项目预备知识

基本指令中的主控触点指令包含 MC（主控）指令和 MCR（主控复位）指令两种。

（1）指令功能

1）MC（主控）指令。用于公共串联触点的连接。执行 MC 指令后，左母线移到 MC 触点的后面。其操作元件是 Y、M。

2）MCR（主控复位）指令。它是 MC 指令的复位指令，即利用 MCR 指令恢复原左母线的位置。

（2）编程实例

在编程时，经常会遇到多个线圈同时受一个或一组触点控制的情况，如果在每个线圈的控制电路中都串入同样的触点，就将占用很多存储单元，如图 2-53 所示。MC 指令和 MCR 指令可以解决这一问题。使用主控指令的触点称为主控触点，它在梯形图中一般垂直使用，主控触点是控制某一段程序的总开关。对图 2-53 中的控制程序采用 MC、MCR 指令编程后如图 2-54 所示。

a)

LD	X001
MPS	
AND	X002
OUT	Y001
MRD	
AND	X003
OUT	Y002
MRD	
AND	X004
OUT	Y003
MPP	
AND	X005
OUT	Y004
LD	X006
OUT	Y005
END	

b)

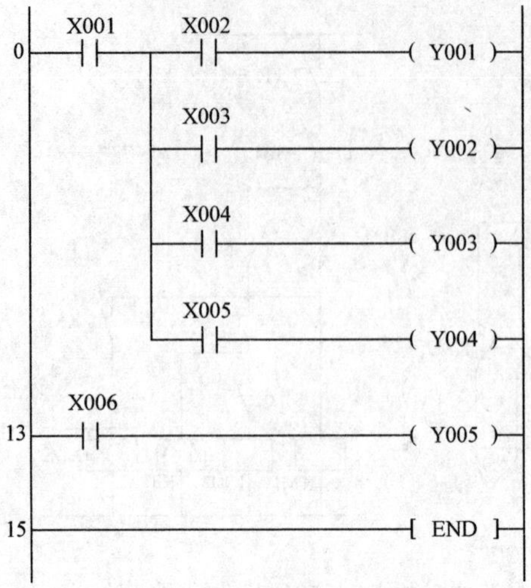

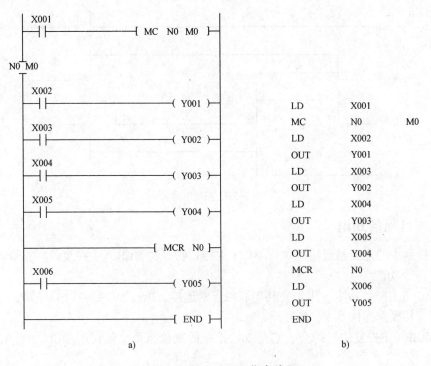

图 2-53　用多个线圈受一个触点控制的普通方法编程

a）梯形图　b）指令表

a)

LD	X001	
MC	N0	M0
LD	X002	
OUT	Y001	
LD	X003	
OUT	Y002	
LD	X004	
OUT	Y003	
LD	X005	
OUT	Y004	
MCR	N0	
LD	X006	
OUT	Y005	
END		

b)

图 2-54　用 MC、MCR 指令编程

a）梯形图　b）指令表

当图 2-54 中常开触点 X001 接通时，主控触点 M0 闭合，执行从 MC 到 MCR 的指令，输出线圈 Y001、Y002、Y003、Y004 分别由 X002、X003、X004、X005 的通断来决定各自的输出状态。而当常开触点 X001 断开时，主控触点 M0 断开，MC 到 MCR 的指令之间的程序不执行，此时无论 X002、X003、X004、X005 是否通断，输出线圈 Y001、Y002、Y003、

Y004 都处于 "OFF" 状态。由于输出线圈 Y005 不在主控范围内，所以其状态不受主控触点的限制，而仅取决于 X006 的通断。

（3）指令使用说明

1）主控指令必须有条件，当条件具备时，执行该主控段内的程序；条件不具备时，该主控段内的程序不执行。此时该主控段内的积算定时器、计数器、用复位/置位指令驱动的内部元件保持其原来的状态；常规定时器和用 OUT 指令驱动的内部元件状态均变为 OFF 状态。

2）使用 MC 指令后，相当于母线移到主控触点之后，因此与主控触点相连的触点必须使用 LD 指令或 LDI 指令，再由 MCR 指令使母线返回原来状态。

3）不能重复使用 MC 指令里的继电器 M（或 Y），如果重复作用，就会出现双重线圈的输出。MC 指令和 MCR 指令在程序中是成对出现的。

2.5.4 项目实现

1. I/O（输入/输出）分配表

由上述控制要求可确定 PLC 需要两个输入点和 3 个输出点，其 I/O 分配表见表 2-10。

表 2-10 I/O 分配表

输　入			输　出		
输入继电器	输入元件	作　用	输出继电器	输出元件	作　用
X001	SB1	停止按钮	Y001	KM1	电源接触器
X002	SB2	起动按钮	Y002	KM2	△联结接触器
			Y003	KM3	Y 联结接触器

2. 编程

（1）方案一——直接用串、并联及输出指令来实现

方案一的梯形图及指令表如图 2-55 所示。

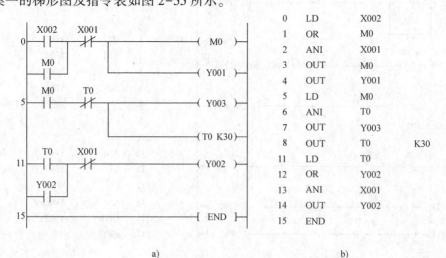

0	LD	X002	
1	OR	M0	
2	ANI	X001	
3	OUT	M0	
4	OUT	Y001	
5	LD	M0	
6	ANI	T0	
7	OUT	Y003	
8	OUT	T0	K30
11	LD	T0	
12	OR	Y002	
13	ANI	X001	
14	OUT	Y002	
15	END		

a)   b)

图 2-55　方案一的梯形图及指令表

a）梯形图　b）指令表

（2）方案二——用块与指令及堆栈指令来实现

方案二的梯形图及指令表如图 2-56 所示。

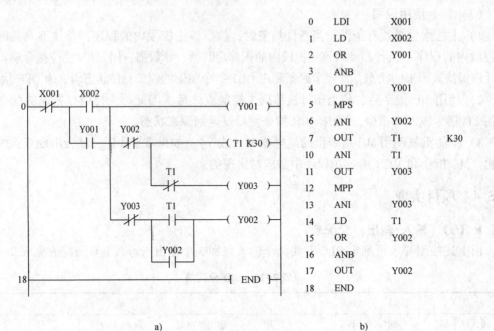

0	LDI	X001	
1	LD	X002	
2	OR	Y001	
3	ANB		
4	OUT	Y001	
5	MPS		
6	ANI	Y002	
7	OUT	T1	K30
10	ANI	T1	
11	OUT	Y003	
12	MPP		
13	ANI	Y003	
14	LD	T1	
15	OR	Y002	
16	ANB		
17	OUT	Y002	
18	END		

a)   b)

图 2-56 方案二的梯形图及指令表

a）梯形图 b）指令表

（3）方案三——用主控指令来实现

方案三的梯形图及指令表如图 2-57 所示。

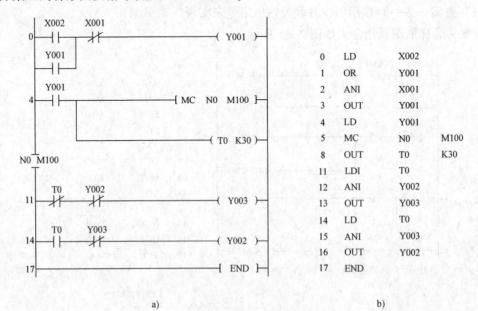

0	LD	X002	
1	OR	Y001	
2	ANI	X001	
3	OUT	Y001	
4	LD	Y001	
5	MC	N0	M100
8	OUT	T0	K30
11	LDI	T0	
12	ANI	Y002	
13	OUT	Y003	
14	LD	T0	
15	ANI	Y003	
16	OUT	Y002	
17	END		

a)   b)

图 2-57 方案三的梯形图及指令表

a）梯形图 b）指令表

3. 硬件接线

PLC 的外部硬件接线原理图如图 2-58 所示。

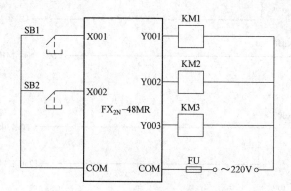

图 2-58　PLC 的外部硬件接线原理图

2.5.5　知识进阶

1. 嵌套编程实例

在同一主控程序中再次使用主控指令时称为嵌套，图 2-59 所示为采用二级嵌套的主控程序编程。采用多级嵌套的主控程序梯形图如图 2-60 所示的形式。

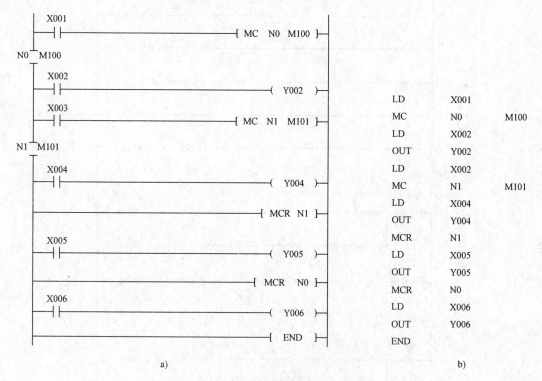

a)

LD	X001	
MC	N0	M100
LD	X002	
OUT	Y002	
LD	X002	
MC	N1	M101
LD	X004	
OUT	Y004	
MCR	N1	
LD	X005	
OUT	Y005	
MCR	N0	
LD	X006	
OUT	Y006	
END		

b)

图 2-59　采用二级嵌套的主控指令编程

a) 梯形图　b) 指令表

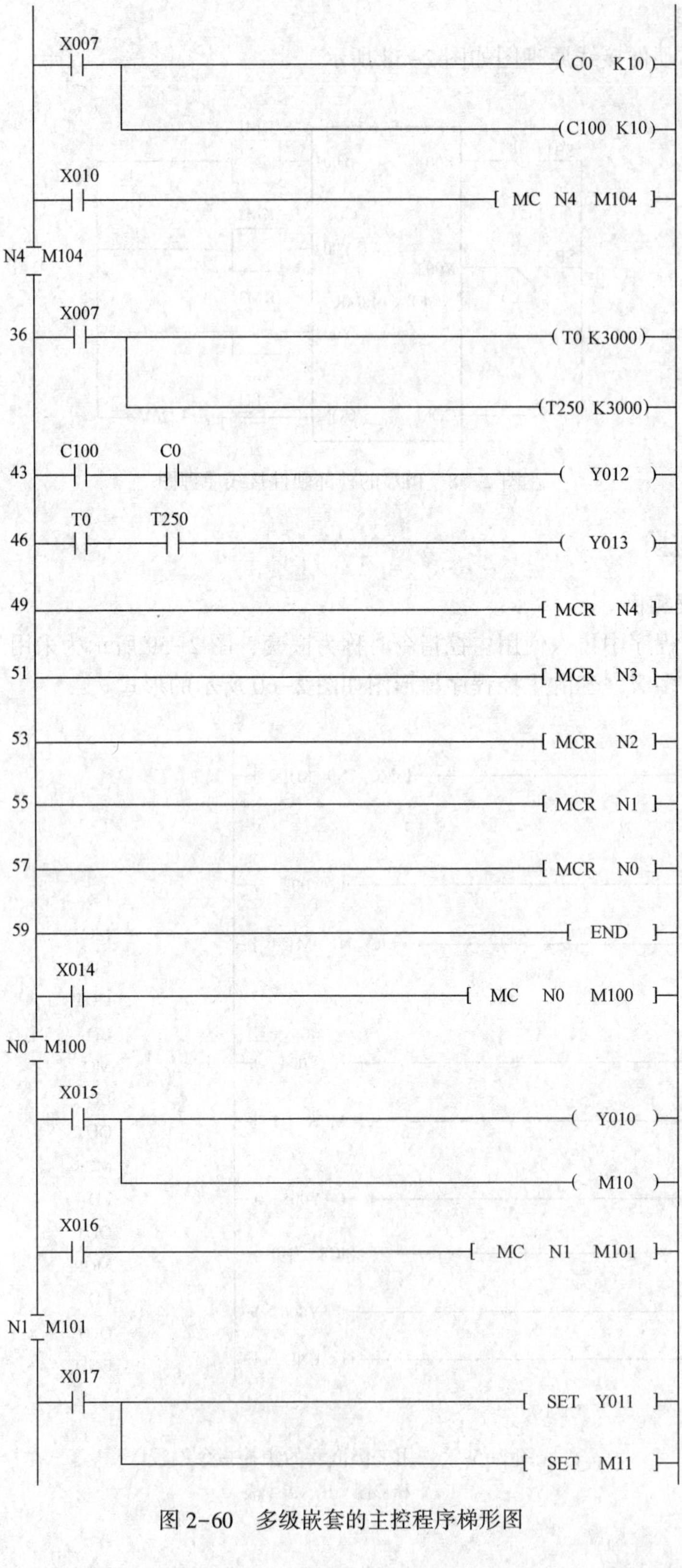

X007 ———(C0 K10)

———(C100 K10)

X010 ———[MC N4 M104]

N4 M104

36 X007 ———(T0 K3000)

———(T250 K3000)

43 C100 C0 ———(Y012)

46 T0 T250 ———(Y013)

49 ———[MCR N4]

51 ———[MCR N3]

53 ———[MCR N2]

55 ———[MCR N1]

57 ———[MCR N0]

59 ———[END]

X014 ———[MC N0 M100]

N0 M100

X015 ———(Y010)

———(M10)

X016 ———[MC N1 M101]

N1 M101

X017 ———[SET Y011]

———[SET M11]

图 2-60 多级嵌套的主控程序梯形图

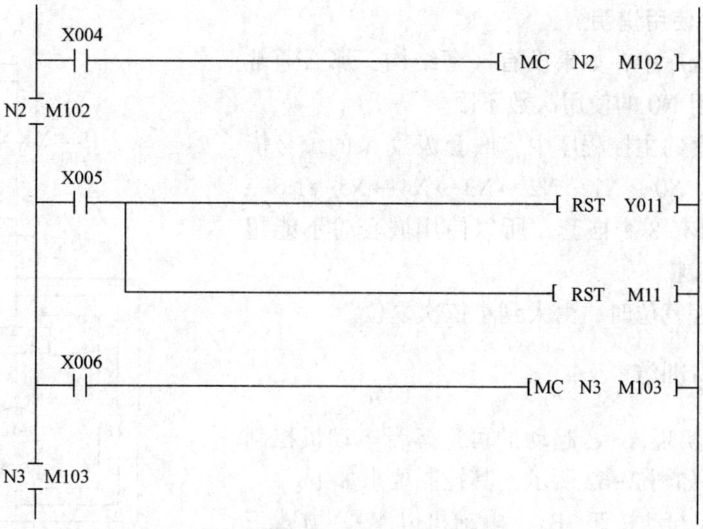

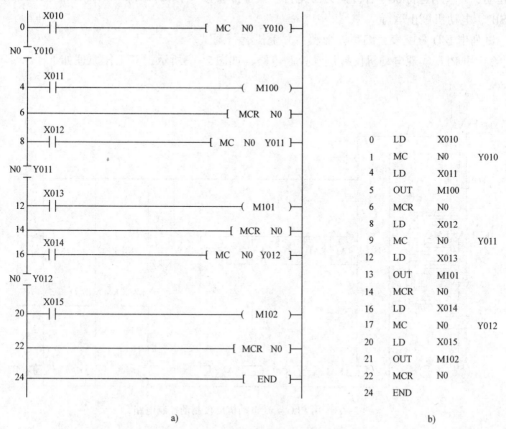

图 2-60　多级嵌套的主控程序梯形图（续）

2. 无嵌套编程实例

在没有嵌套级时，其主控指令编程如图 2-61 所示。从理论上说，嵌套级 N0 可以使用无数次。

a)

0	LD	X010	
1	MC	N0	Y010
4	LD	X011	
5	OUT	M100	
6	MCR	N0	
8	LD	X012	
9	MC	N0	Y011
12	LD	X013	
13	OUT	M101	
14	MCR	N0	
16	LD	X014	
17	MC	N0	Y012
20	LD	X015	
21	OUT	M102	
22	MCR	N0	
24	END		

b)

图 2-61　没有嵌套级的主控指令编程
a）梯形图　b）指令表

3. 主控指令使用说明

1）在主控程序中，如果没有嵌套结构，那么通常使用 N0 编程，且 N0 的使用次数不限。

2）在有嵌套的主控程序中，嵌套级数 N 的编号依次由小到大，即 N0→N1→N2→N3→N4→N5→N6→N7；由于总共可有 8 个嵌套，所以使用嵌套时不能超越 8 这个级数限制。

3）嵌套程序复位时，由大到小依次复位。

2.5.6 研讨与训练

1）用 PLC 实现 Y-△ 起动的可逆运行电动机控制电路，其主电路如图 2-62 所示，其控制要求如下。

① 按下正向起动按钮 SB1，电动机以 Y-△ 方式正向起动，Y 联结运行 30 s 后转换为 △ 运行。按下停止按钮 SB₃，电动机停止运行。

② 按下反向起动按钮 SB2，电动机以 Y-△ 方式反向起动，Y 联结运行 30 s 后转换为 △ 运行。按下停止按钮 SB₃，电动机停止运行。

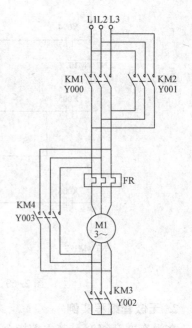

图 2-62 用 PLC 实现 Y-△ 起动的可逆运行电动机控制电路的主电路

试列出 I/O 分配表，编写梯形图，并上机运行调试。

2）用 PLC 实现电动机反接制动控制电路，如图 2-63 所示，其工作原理如下。

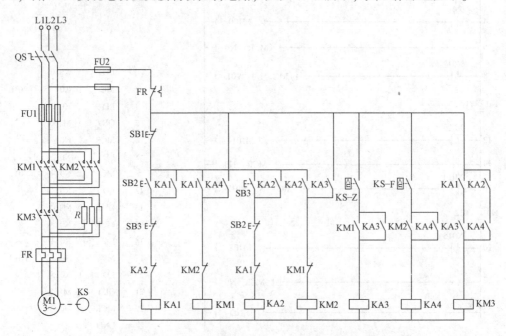

图 2-63 用 PLC 实现电动机反接制动控制电路

① 按下正向起动按钮 SB2，中间继电器 KA1 线圈得电，KA1 常开触点闭合并自锁，同时正向接触器 KM1 得电，主触点闭合，电动机正向起动；在刚起动时未达到速度继电器 KS

的动作转速，常开触点 KS-Z 未闭合，中间继电器 KA3 断电，KM3 也处于断电状态，因而电阻 R 串在电路中限制起动电流；在转速升高后，速度继电器 KV 动作，常开触点 KS-Z 未闭合，KM3 线圈得电，其主触点短接电阻 R，电动机起动结束。

② 按下停止按钮 SB1，运行过程是，中间继电器 KA1 线圈失电，KA1 常开触点断开接触器 KM3 线圈电路，电阻 R 再次串在电动机定子电路中限制电流；同时，KM1 线圈失电，切断电动机三相电源；此时电动机转速仍然较高，常开触点 KS-Z 仍闭合，中间继电器 KA3 线圈还处于得电状态，在 KM1 线圈失电的同时又使得 KM2 线圈得电，主触点将电动机电源反接，电动机反接制动，定子电路一直串有电阻 R，以限制制动电流；当转速接近零时，速度继电器常开触点 KS-Z 断开，KA3 和 KM2 线圈失电，制动过程结束，电动机停转。

③ 按下反向起动按钮 SB3，运行过程是，如果正处于正向运行状态，那么反向按钮 SB3 同时切断 KA1 和 KM1 线圈；然后中间继电器 KA2 线圈得电，KA2 常开触点闭合并实现自锁，同时正向接触器 KM2 得电，其主触点闭合，电动机反向起动；由于原来电动机处于正向运行，所以首先制动。制动结束后，反向速度在未达到速度继电器 KV 的动作转速时，常开触点 KS-F 未闭合，中间继电器 KA4 断电，KM3 也处于断电状态，因而电阻 R 仍串在电路中限制起动电流；当反向转速升高后，速度继电器 KV 动作，常开触点 KS-F 闭合，KM3 线圈得电，其主触点短接电阻 R，电动机反向起动结束。反向制动过程与正向制动过程类似。

试列出 I/O 分配表，编写梯形图，并上机运行调试。

3）用 PLC 实现十字路口交通灯控制。十字路口南北向及东西向均设有红、黄、绿 3 只信号灯，6 只灯信号依一定的时序循环往复工作。图 2-64 所示为交通灯的时序图。

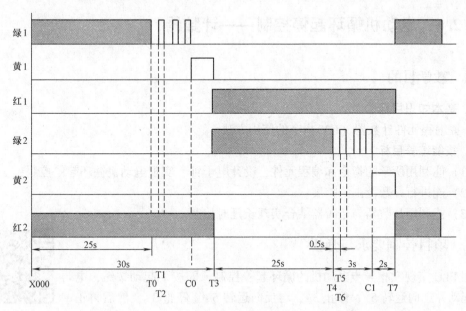

T0：绿 1 亮 25 s 定时器；T1、T2：绿 1 以 1 s 为周期闪 3 次；T3：黄 1 亮 2 s 定时器；

T4：绿 2 亮 25 s 定时器；T5、T6：绿 2 以 1 s 为周期闪 3 次；

T7：黄 2 亮 2 s 定时器；C0：黄 1 亮 2 s 起点；C1 黄 2 亮 2 s 起点

图 2-64　交通灯的时序图

试列出 I/O 分配表，编写梯形图，并上机运行调试。

4）图 2-65 所示为用 PLC 实现三相绕线型转子异步电动机串电阻继电器接触器控制电路。试列出 I/O 分配表，编写梯形图，并上机运行调试。

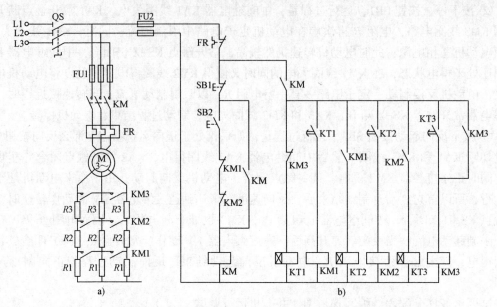

图 2-65　用 PLC 实现三相绕线型转子异步电动机串电阻继电器接触器控制电路
a）主电路　b）控制电路

项目 2.6　电动机循环起停控制——计数器

2.6.1　教学目的

1. 基本知识目标

掌握编程元件计数器（C）指令的使用方法。

2. 技能培养目标

（1）能利用所学的指令和编程元件，设计电子钟、实现电动机循环起停控制；

（2）能进行计数范围的扩展；

（3）能利用计数器与定时器结合实现长延时控制。

2.6.2　项目控制要求与分析

用 PLC 实现三相异步电动机的循环起停控制，即按下起动按钮，电动机起动并正向运转 5 s，停止 3 s，再反向运转 5 s，停止 3 s，然后再正向运转，如此循环 5 次后停止运转；若按下停止按钮，电动机才停止运行。该电路必须具有必要的短路保护、过载保护等功能。

二维码 2-16　电动机的循环起停控制要求

根据上述控制要求可知，发出命令的元器件分别为起动按钮、停止按钮和热继电器的触点，它作为 PLC 的输入量；执行命令的元器件是正反向交流接触器，通过它俩的主触点可将三相异步电动机接通正负序三相交流电源，从而实现电动机的正向或反向运行控制，它们的线圈作为 PLC 的输出量。在工业现场应用中，常需要电动机的正反向断续运行，如工业洗衣机和物料搅拌器等。按下起动按钮电动机正向起动并运转至第二次停止的 3 s 为一个工作循环周期，控制系统要求循环 5 次结束。那如何对此工作循环进行计数呢？可通过本项目中计数器指令来实现对其计数。

2.6.3 项目预备知识

二维码 2-17
计数器

FX$_{2N}$系列 PLC 提供了两类计数器，一类为内部计数器，它是 PLC 在执行扫描操作时间内对内部信号等进行计数的计数器，要求输入信号的接通或断开时间应大于 PLC 的扫描周期；另一类是高速计数器，其响应速度快，因此对于频率较高的计数就必须采用高速计数器。在此章中仅介绍内部计数器。

内部计数器分为 16 位加计数器和 32 位加/减计数器两类，计数器采用 C 和十进制共同组成编号。

1. 16 位加计数器

C0～C199 共 200 点，是 16 位加计数器，其中 C0～C99 共 100 点，为通用型，C100～C199 共 100 点，为断电保持型，断电保持型即断电后能保持当前值待通电后继续计数。这类计数器为递加计数，应用前先对其设置某一设定值，当输入信号（上升沿）个数累加到设定值时，计数器动作，其常开触点闭合、常闭触点断开。16 位加计数器的设定值为 1～32767，设定值可以用常数 K 或者通过数据寄存器 D 来设定。

16 位加计数器的工作过程如图 2-66 所示。图中计数输入 X000 是计数器的工作条件，X000 每次驱动计数器 C0 的线圈时，计数器的当前值加 1。"K5" 为计数器的设定值。当第 5 次执行线圈指令时，计数器的当前值与设定值相等，输出触点就动作。Y000 为计数器 C0 的工作对象，在 C0 的常开触点接通时置 1。而后即使计数器输入 X000 再动作，计数器的当前值保持不变。由于计数器的工作条件 X000 本身就是断续工作的。外电源正常时，其当前值寄存器具有记忆功能，因而即使是非掉电保持型的计数器也需复位指令才能复位。图 2-66 中 X001 为复位条件。当复位输入 X001 在上升沿接通时，执行 RST 指令，计数器的当前值复位为 0，输出触点也复位。

2. 32 位加/减计数器

C200～C234 共有 35 点，其中 C200～C219 共 20 点，为通用型；C220～C234 共 15 点，为断电保持型。这类计数器与 16 位加计数器除位数不同外，还在于它能通过控制实现加/减双向计数。32 位加/减计数器的设定值为 -214783648～+214783647。

C200～C234 是加计数还是减计数，分别由特殊辅助继电器 M8200～M8234 设定。对应的特殊辅助继电器被置 1 时为减计数，被置 0 时为加计数。计数器的设定值与 16 位计数器一样，可直接用常数 K 或间接用数据寄存器 D 的内容作为设定值。在间接设定时，要用编号紧连在一起的两个数据计数器。

32 位加/减计数器的工作过程如图 2-67 所示。X012 用来控制 M8200，X012 闭合时为减计数方式，否则为加计数方式。X013 为复位信号，X013 的常开触点接通时，C200 被复位。X014 作为计数输入驱动 C200 线圈进入加计数或减计数。计数器设定值为 -5。当计数器的当前值由-6增加为-5时，其触点置1，由-5减少为-6时，其触点置0。

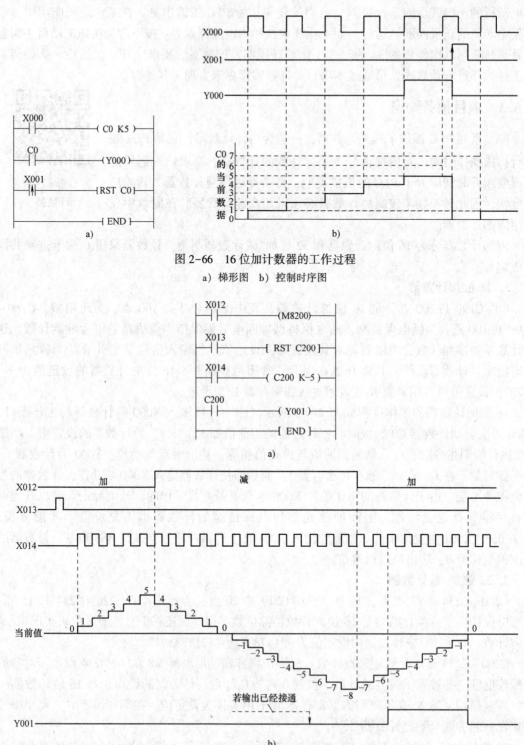

图2-66 16位加计数器的工作过程

a) 梯形图 b) 控制时序图

图2-67 32位加/减计数器的工作过程

a) 梯形图 b) 控制时序图

2.6.4 项目实现

1. I/O（输入/输出）分配表

由上述控制要求可确定 PLC 需要 3 个输入点和 2 个输出点，其 I/O 分配表见表 2-11。

表 2-11　I/O 分配表

输　入		输　出	
输 入 元 件	输入继电器	输出继电器	输 出 元 件
起动按钮 SB1	X000	Y000	正转交流接触器 KM1
停止按钮 SB2	X001	Y001	反转交流接触器 KM2
热继电器	X002		

2. 编程

PLC 实现三相异步电动机循环起停控制的梯形图和指令表如图 2-68 所示。当按下起动按钮 SB1，输入继电器 X000 接通，输出继电器 Y000 接通并保持，正转交流接触器 KM1 线圈得电，电动机正转，同时定时器 T0 得电并开始计时（5 s）；电动机正转 5 s 时间到，定时器 T0 的常开触点闭合，辅助继电器 M0 接通并保持，同时定时器 T1 得电并开始计时（3 s）；辅助继电器 M0 的常闭触点接通，正转交流接触器 KM1 线圈失电；电动机停止 3 s 时间到，定时器 T1 的常开触点闭合，输出继电器 Y001 接通并保持，反转交流接触器 KM2 线圈得电，

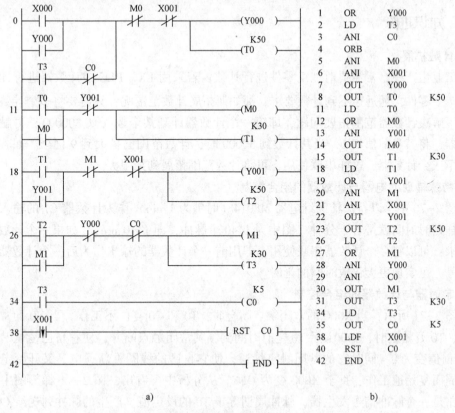

a)　　　　　　　　　　　　　　b)

图 2-68　PLC 控制电动机循环起停电路
a) 梯形图　b) 指令表

电动机反转，同时定时器 T2 得电并开始计时（5 s）；电动机反转 5 s 时间到，定时器 T2 的常开触点闭合，辅助继电器 M1 接通并保持，同时定时器 T3 得电并开始计时（3 s）；辅助继电器 M1 的常闭触点接通，反转交流接触器 KM2 线圈失电；电动机停止 3 s 时间到，定时器 T3 的常开触点闭合，计数器 C0 计 1；同时定时器 T3 的常开触点又作为输出继电器 Y000 接通的起始条件，电动机进入第二个工作周期，这样循环 5 次结束。任何时候按下停止按钮 SB2，电动机立即停止运行。

3. 硬件接线

PLC 的外部硬件接线原理图如图 2-69 所示。

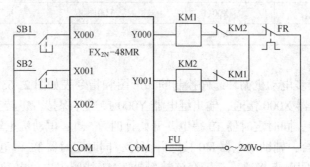

图 2-69　PLC 的外部硬件接线图

2.6.5　知识进阶

1. 计数扩展

在工业生产中，常需要对加工零件进行计数，若采用 FX_{2N} PLC 中计数器进行计数只能计 32767 个零件，远远达不到计数要求，那如何拓展计数范围呢？只需要将多个计数器进行串联即可解决计数器范围拓展问题，即第一个计数器计到某个数（如 30000），再触发第二个计数器，将其当前值加 1，当其计数到 30000 时，计数范围已扩大到 9 亿个。如若不够可再触发第三个计数器，这样串联使用，可将计数范围拓展到无限大。

2. 特殊辅助继电器与计数器的组合控制

在图 2-70 中，以特殊辅助继电器 M8014（时钟为 1 min）作为计数器 C1 的输入脉冲信号，这样延时时间就是若干分钟（图中为 1440 个脉冲，即 1440 min）。如果一个计数器不能满足要求，可以将多个计数器串联使用，即用前一个计数器的输出作为后一个计数器的输入脉冲信号，可实现更大倍数时间的延时。

3. 定时器与计数器的组合控制

如图 2-71 所示，当 X000 的常闭触点闭合时，T0 和 C0 复位不工作。当 X0 的常开触点闭合时，T0 开始定时，3000 s 后 T0 定时时间到，其常闭触点断开，使它自己复位，复位后 T0 的当前值变为 0，同时它的常闭触点接通，使它自己的线圈重新通电，又开始定时。T0 将这样周而复始地工作，直至 X000 变为 OFF。从分析中可看出，图 2-71 梯形图中最上面一行电路是一个脉冲信号发生器，脉冲周期等于 T0 的设定值。产生的脉冲列送给 C0 计数，计满 30000 个数（即 25000 h）后，C0 的当前值等于设定值，它的常开触点闭合，Y000 开始输出。

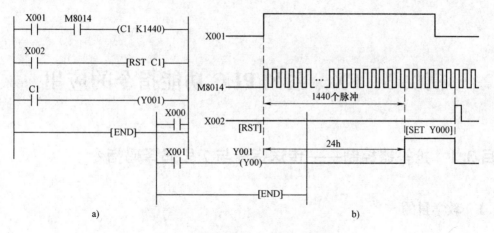

图 2-70　计数器长时间延时控制程序

a) 梯形图　b) 时序图

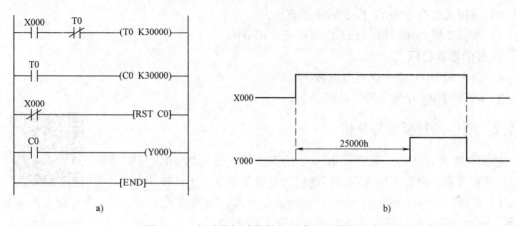

图 2-71　定时器与计数器的组合延时控制程序

a) 梯形图　b) 时序图

2.6.6　研讨与训练

1. 利用计数器来实现 PLC 控制电动机连续运行电路，只需 1 个按钮 SB1，此按钮 SB1 既当作起动按钮，又当作停止按钮来使用。控制时序图如图 2-72 所示。请设计梯形图、指令表及绘制硬件接线图。

2. 楼上、楼下各有一只开关（SB1、SB2）共同控制一盏照明灯（H L1）。要求两只开关均可对灯的状态（亮或熄）进行控制。试用 PLC 来实现上述控制要求。

3. 试编写电子钟程序。

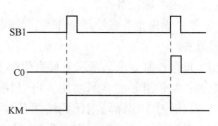

图 2-72　PLC 控制电动机连续运行控制时序图

模块3 FX₂ₙ系列PLC功能指令的应用

项目 3.1 抢答器控制——传送指令与7段码译码指令

3.1.1 教学目的

1. 基本知识目标

1）掌握字元件、位组合元件的使用方法，理解它们与位元件的联系与区别。

2）掌握传送指令 MOV 指令的使用方法。

3）掌握7段码译码指令 SEGD 指令的使用方法。

2. 技能培养目标

1）会使用 MOV 指令进行数据传送。

2）会使用 SEGD 指令进行数码显示。

3.1.2 项目控制要求与分析

参加竞赛者有3组，每组设有一个抢答按钮，分别为 SB1、SB2 和 SB3。竞赛者若要回答主持人所提问题时，需抢先按下桌上的按钮。

二维码 3-1　抢答器控制要求

1）系统设计一个指示灯和一个数码管显示器。抢答成功后，指示灯亮，同时数码管显示抢答成功组的编号为1、2或3。

2）只有竞赛者在主持人闭合抢答开关的 10 s 内压下按钮，抢答才有效，否则本轮抢答作废。

3）无论抢答成功还是作废，均需待主持人断开抢答开关及指示灯灭后，才能进行下一轮抢答。

根据控制要求，系统要解决两个主要问题：一是抢答器本身的逻辑功能，主要是互锁的处理；二是组号的显示功能，可以使用基本逻辑指令实现，但是要注意"双线圈"问题；也可以通过手动译码把译码结果传送给数码管，这就用到传送指令 MOV 指令。其实，在 FX₂ₙ 系列 PLC 中，专门有一条数码管驱动指令，就是7段码译码指令 SEGD 指令。下面就介绍这两条指令的使用，由于本项目是功能指令的第一个项目，故需要先概要介绍功能指令的相关知识。

3.1.3 项目预备知识

1. 功能指令

（1）功能指令使用的编程元件

输入继电器 X、输出继电器 Y、辅助继电器 M 以及状态继电器 S 等

二维码 3-2　位元件与字元件的比较

编程元件在 PLC 内部反映的是"位"的变化，主要用于开关量信息的传递、变换及逻辑处理，称为位元件。在 PLC 内部，由于功能指令的引入，需要进行大量的数据处理，因而需要设置大量的用于存储数值数据的软元件，这些软元件大多以存储器字节或者字为存储单位，所以将这些能处理数值数据的软元件统称为字元件。

在 FX 系列 PLC 中，将 4 位连续编号的位元件成组使用，称为位组合元件，位组合元件是一种字元件。位组合元件表达为 KnX、KnY、KnM、KnS 等形式，其中 Kn 指有 n 组这样的数据。如 KnX000 表示位组合元件是由从 X000 开始的 n 组位元件组合。若 n 为 1，则 K1X000 指 X003、X002、X001、X000 的 4 位输入继电器的组合；若 n 为 2，则 K2X000 是指 X007～X000 的 8 位输入继电器组合；若 n 为 4，则 K4X000 是指 X017～X010、X007～X000 的 16 位输入继电器的组合。

数据寄存器（D）用来存储数值数据的字元件，其数值可以通过功能指令、数据存取单元（显示器）及编程装置读出与写入。FX 系列 PLC 的数据寄存器容量为双字节（16 位），且最高位为符号位，也可以把两个寄存器合并起来存放一个 4 字节（32 位）的数据，最高位仍为符号位。最高位为 0，表示正数；最高位为 1，表示负数。

FX 系列 PLC 的数据寄存器分为以下 4 类：通用数据寄存器 D0～D199（共 200 点）、失电保持数据寄存器 D200～D511（共 312 点）、特殊数据寄存器 D8000～D8255（共 256 点）、文件数据寄存器 D1000～D2999（共 2000 点）。

变址寄存器（V/Z）和通用数据寄存器 D 一样，是进行数据读写的 16 位数据寄存器，主要用于修改元件的地址编号。FX$_{2N}$ PLC 的 V 和 Z 各 8 点，分别为 V0～V7、Z0～Z7。进行 32 位数据的读写操作时，将 V、Z 合并使用，V 为高 16 位，Z 为低 16 位。

变址寄存器的使用方法如下：指令 MOV D5V D10Z。如果 V=8 和 Z=14，则传送指令操作对象的确定是这样的：D5V 指的是 D13 数据寄存器；D10Z 指的是 D24 数据寄存器，执行该指令的结果是将数据寄存器 D13 中的内容传送到数据寄存器 D24 中。

（2）功能指令的格式

1）编号。功能指令用编号 FNC00～FNC294 表示，并给出对应的助记符。例如，FNC12 的助记符是 MOV（传送），FNC45 的助记符是 MEAN（求平均数）。当使用简易编程器时应键入编号，如 FNC12、FNC45 等，当采用编程软件时可键入助记符，如 MOV、MEAN 等。

2）助记符。指令名称用助记符表示，功能指令的助记符为该指令的英文缩写词。如将传送指令"MOVE"简写为 MOV，将加法指令"ADDITION"简写为 ADD 等。采用这种方式容易了解指令的功能。在图 3-1 所示的说明助记符的梯形图中，有助记符 MOV，DMOVP，其中 DMOVP 中的"D"表示数据长度，"P"表示执行形式。

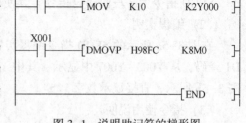

图 3-1 说明助记符的梯形图

3）数据长度。功能指令按处理数据的长度分为 16 位指令和 32 位指令。其中 32 位指令在助记符前加"D"，若助记符前无"D"，则为16 位指令。例如 MOV 是 16 位指令，DMOV 是 32 位指令。

4）执行形式。功能指令有脉冲执行型和连续执行型两种执行形式。在指令助记符后标有"P"的为脉冲执行型，无"P"的为连续执行型，例如，MOV 是连续执行型 16 位指令，

MOVP 是脉冲执行型 16 位指令，而 DMOVP 是脉冲执行型 32 位指令。脉冲执行型指令在执行条件满足时仅执行一个扫描周期。

5）操作数。操作数是指功能指令涉及或产生的数据。有的功能指令没有操作数，大多数功能指令有 1~4 个操作数。操作数分为源操作数、目标操作数及其他操作数。源操作数是指令执行后不改变其内容的操作数，用［S］表示。目标操作数是指令执行后将改变其内容的操作数，用［D］表示。m 与 n 表示其他操作数。其他操作数常用来表示常数或者对源操作数和目标操作数做补充说明。当表示常数时，K 为十进制常数，H 为十六进制常数。当某种操作数为多个时，可用下标数字以区别，如［S1］、［S2］。

2. 传送指令 MOV 指令

（1）指令功能

MOV 指令为传送指令。其使用格式如图 3-2 所示。

（2）编程实例

在图 3-3 中，当 X000＝OFF 时，指令 MOV 不执行，D1 中的内容保持不变；当 X000＝ON 时，指令 MOV 将 K50 传送到 D1 中。

二维码 3-3　MOV　　二维码 3-4　MOV
　　指令　　　　　指令应用实例

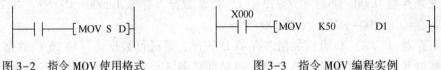

图 3-2　指令 MOV 使用格式　　　　　图 3-3　指令 MOV 编程实例

（3）指令使用说明

1）MOV 指令将源操作数［S］传送到指定的目标操作数［D］中。

2）当执行条件满足时，将［S］的内容传送给［D］，并且数据是以二进制格式传送的。

3）源操作数［S］的形式可以为 K，H，KnX，KnY，KnM，KnS，T（定时器），C（计数器），D，V/Z；而目标操作数［D］的形式可以为 KnY，KnM，KnS，T，C，D，V/Z。

4）在指令前加"D"表示传送 32 位数据，指令后加"P"表示指令为脉冲执行型。

3. 7 段码译码指令 SEGD 指令

（1）指令功能

SEGD 指令为 7 段码译码指令。其使用格式如图 3-4 所示。

（2）编程实例

在图 3-5a 所示的 SEGD 指令编程实例中，当 X001＝ON 时，将 K5 存于 D1 中，然后将 D1 译码，从 Y000~Y007 中显示。其中 Y000~Y006 分别接 7 段数码管的 a~g 段。也可以如图 3-5b 所示，直接显示数字"5"。

（3）指令使用说明

1）SEGD 指令将源操作数［S］指定元件中低 4 位确定的十六进制数（0~F）译码后送到 7 段显示器中，译码信号存于目标操作数［D］中，［D］的高 8 位不变。

2）源操作数［S］的形式可以为 K，H，KnX，KnY，KnM，KnS，T，C，D，V/Z；而目标操作数的形式可以为 KnY，KnM，KnS，T，C，D，V/Z。

3）在指令后加"P"表示指令为脉冲执行型。

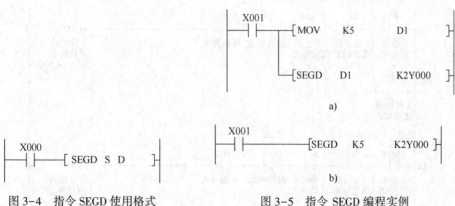

图 3-4 指令 SEGD 使用格式   图 3-5 指令 SEGD 编程实例

3.1.4 项目实现

1. I/O (输入/输出) 分配表

本项目的 I/O 分配如表 3-1 所示。

表 3-1 I/O 分配表

输　　入		输　　出	
输入元件	输入继电器	输出继电器	输出元件
抢答器开关 SA	X000	K2Y000	7 段码
SB1	X001	Y010	指示灯
SB2	X002		
SB3	X003		

2. 编程

（1）方案一——使用基本指令实现

本方案完全使用基本指令实现控制要求，其中用一个定时器 T0 来确定抢答时效为 10 s，用 3 个辅助继电器 M 来保存抢答结果，用基本输出指令 OUT 指令来驱动 7 段码数码管。值得注意的是，由于显示不同字符时可能会点亮同一段数码管，直接输出会导致"双线圈"现象，所以可用输出 Y 为对象分别驱动，把相应的 M 并联起来。实现抢答器控制方案一梯形图如图 3-6 所示。

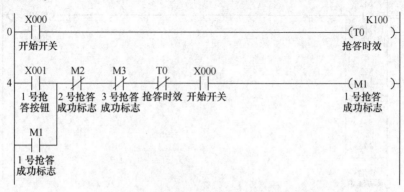

图 3-6 实现抢答器控制方案一梯形图

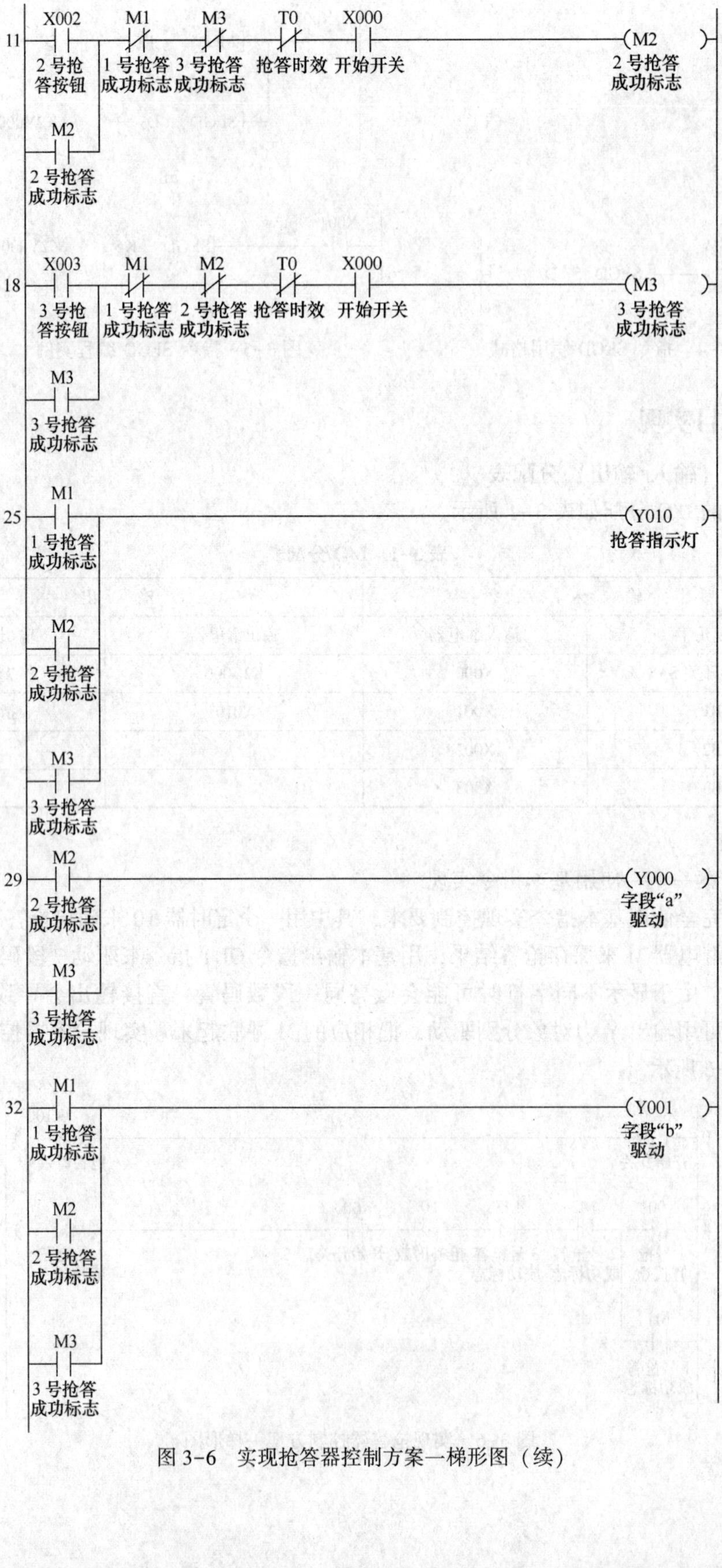

```
11  X002      M1      M3      T0      X000                              (M2  )
    2号抢     1号抢答  3号抢答  抢答时效 开始开关                         2号抢答
    答按钮    成功标志 成功标志                                          成功标志

    M2
    2号抢答
    成功标志


18  X003      M1      M2      T0      X000                              (M3  )
    3号抢     1号抢答  2号抢答  抢答时效 开始开关                         3号抢答
    答按钮    成功标志 成功标志                                          成功标志

    M3
    3号抢答
    成功标志


25  M1                                                                 (Y010 )
    1号抢答                                                             抢答指示灯
    成功标志


    M2
    2号抢答
    成功标志


    M3
    3号抢答
    成功标志


29  M2                                                                 (Y000 )
    2号抢答                                                             字段"a"
    成功标志                                                            驱动

    M3
    3号抢答
    成功标志


32  M1                                                                 (Y001 )
    1号抢答                                                             字段"b"
    成功标志                                                            驱动

    M2
    2号抢答
    成功标志

    M3
    3号抢答
    成功标志
```

图 3-6　实现抢答器控制方案—梯形图（续）

84

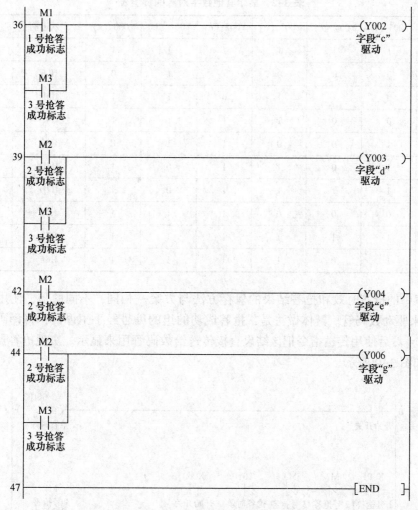

图 3-6 实现抢答器控制方案一梯形图（续）

（2）方案二——使用功能指令 MOV 实现

本方案的使用关键是用 MOV 指令直接驱动 7 段数码管。7 段数码管字段定义示意图如图 3-7 所示，并且 a～g 段分别由 Y000～Y006 驱动。例如，若要显示数字"0"，则对应的字段 a、b、c、d、e、f 必须为 1，即为二进制数字 00111111B，对应于十六进制数 H3F，用 MOV 指令把 H3F 传送到 K2Y000 即可。MOV 指令编程实例如图 3-8 所示。显示其他数字对应的真值表如表 3-2 所示（其中 Y007 为 0）。

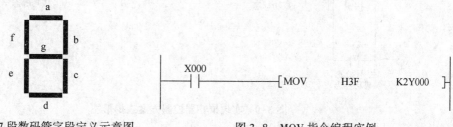

图 3-7　7 段数码管字段定义示意图　　　图 3-8　MOV 指令编程实例

表 3-2 显示其他数字对应的真值表

Y006 (g)	Y005 (f)	Y004 (e)	Y003 (d)	Y002 (c)	Y001 (b)	Y000 (a)	十六进制	显示数字
0	1	1	1	1	1	1	H3F	0
0	0	0	0	1	1	0	H06	1
1	0	1	1	0	1	1	H5B	2
1	0	0	1	1	1	1	H4F	3
1	1	0	0	1	1	0	H66	4
1	1	0	1	1	0	1	H6D	5
1	1	1	1	1	0	1	H7D	6
0	0	0	0	1	1	1	H07	7
1	1	1	1	1	1	1	H7F	8
1	1	0	1	1	1	1	H6F	9

本方案中的抢答时效和抢答结果的保存方法与方案一相同，不同的是，使用传送指令
MOV 指令来驱动数码管。具体做法是，抢答成功的组的编号经手工译码，将译码结果被保
存在 D0 中，然后使用传送指令把该结果直接传送给数码管用来显示。实现抢答器控制方案
二梯形图如图 3-9 所示。

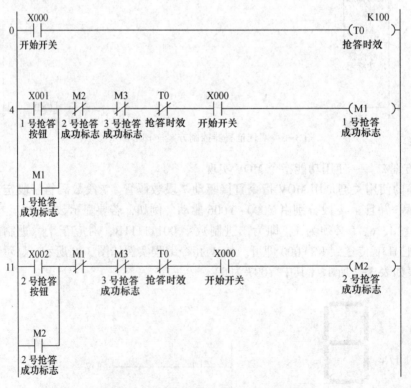

图 3-9 实现抢答器控制方案二梯形图

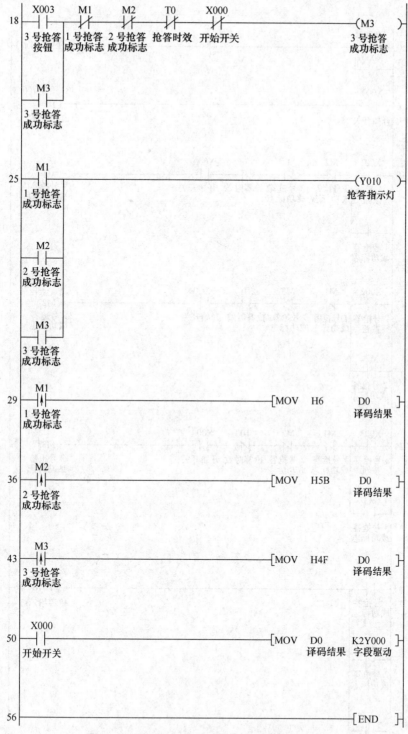

图 3-9　实现抢答器控制方案二梯形图（续）

（3）方案三——使用功能指令 MOV 指令和 SEGD 指令实现

本方案与方案二不同的地方在于，抢答成功后，用数据寄存器直接保存该组的编号，然后使用 7 段码译码指令 SEGD 指令直接驱动数码管显示。实现抢答器控制方案三的梯形图如

图 3-10 所示。

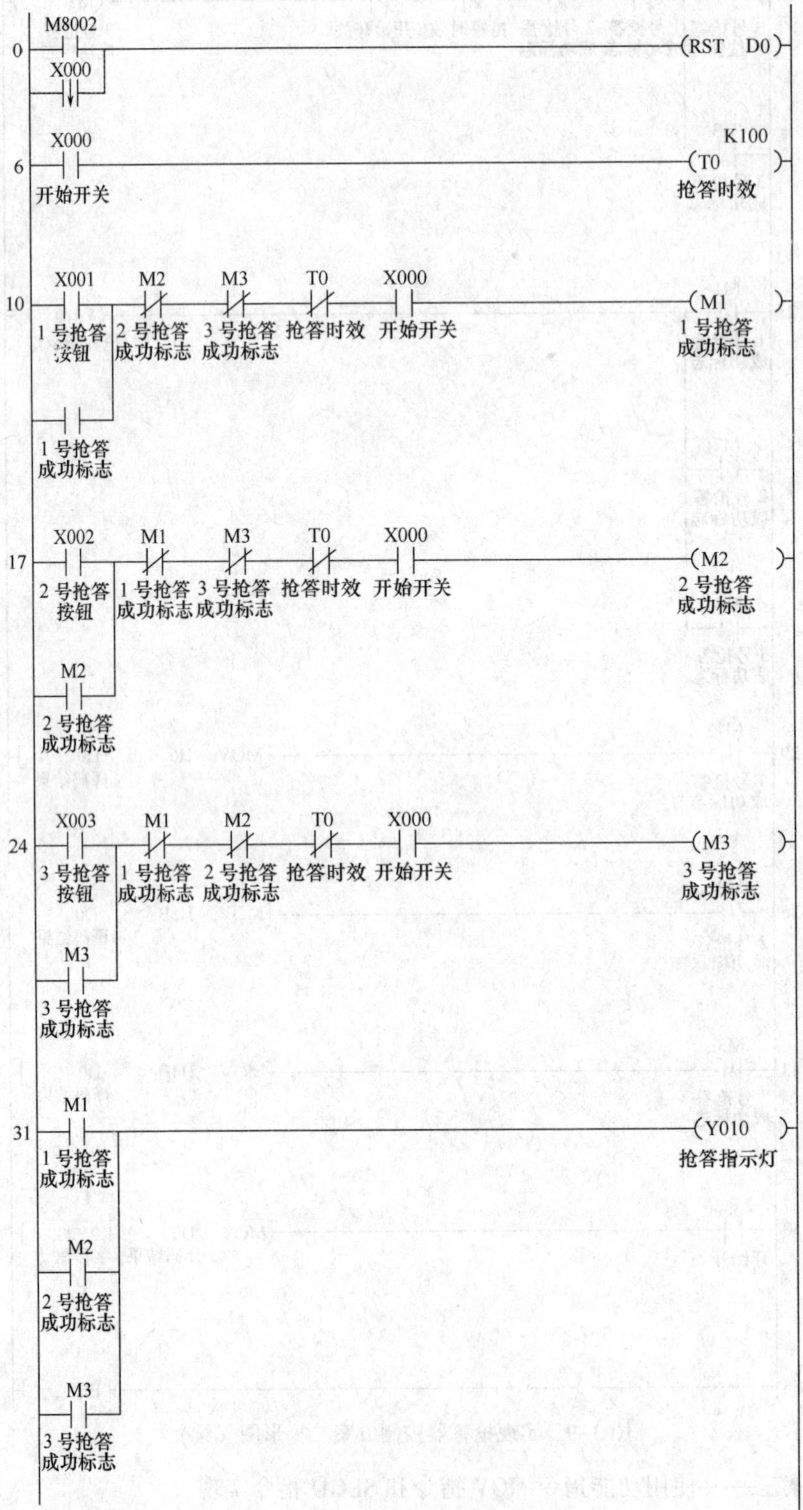

图 3-10　实现抢答器控制方案三梯形图

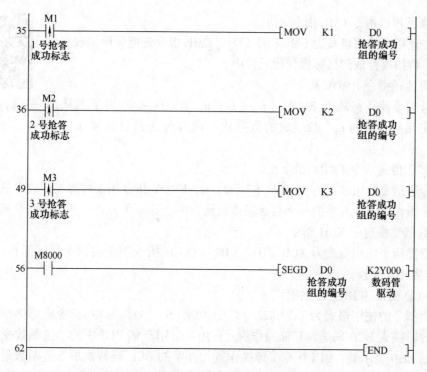

图 3-10 实现抢答器控制方案三梯形图（续）

3. 硬件接线

PLC 的外部硬件接线原理图如图 3-11 所示。

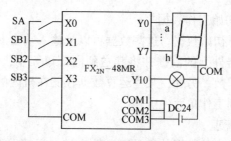

图 3-11 PLC 的外部硬件接线原理图

3.1.5 知识进阶

1. 传送相关指令

传送指令是功能指令中使用最频繁的指令。本节介绍了传送指令 MOV 指令，该指令是传送指令中经常使用的一条指令。在 FX_{2N} 系列可编程序控制器中，传送类指令除了 MOV 指令外，还有以下几条。

（1）移位传送指令 SMOV 指令

移位传送指令使用格式为 SMOV [S] m1 m2 [D] n。SMOV 指令功能是将源操作数中的数据（二进制）自动转换成 4 位 BCD 码，再进行移位传送，传送后的目标操作数元件的 BCD 码自动转换成二进制数。

（2）取反传送指令 CML 指令

取反传送指令使用格式为 CML［S］［D］。CML 指令先把源操作数按位取反，然后将结果存放到目标操作数元件中。

二维码 3-5 CML 指令

（3）块传送指令 BMOV 指令

块传送指令使用格式为 BMOV［S］［D］n。BMOV 指令用于把从源操作数指定元件开始的 n 个数组成的数据块的内容传送到目标操作数元件中。

（4）多点传送指令 FMOV 指令

多点传送指令使用格式为 FMOV［S］［D］n。FMOV 指令用于将源操作数中的数据传送到指定目标操作数元件开始的 n 个目标操作数元件中，这 n 个元件中的数据完全相同。

（5）数据交换指令 XCH 指令

数据交换指令使用格式为 XCH［D1］［D2］。XCH 指令用于将两个目标操作数元件 D1 和 D2 的内容相互交换。

（6）BCD 变换和 BIN 变换指令

这两个指令的使用格式为 BCD［S］［D］，BIN［S］［D］。BCD 指令将源操作数元件中的二进制数转换成 BCD 码送到目标操作数元件中，常用于将 PLC 中的二进制数变换成 BCD 码，以驱动 LED 显示器。BIN 指令将源操作数元件中的 BCD 码转换成二进制数送到目标操作数元件中，注意常数 K 不能作为本指令的操作数元件，BIN 指令常用于将 BCD 数字开关的设定值输入 PLC 中。

关于上述指令更详细的介绍，请参考相关指令的编程手册。

2. 传送指令的基本用途

（1）用以获得程序的初始工作数据

一个控制程序总是需要初始数据。这些数据可以从输入端口上连接的外部器件获得，需要使用传送指令读取这些器件上的数据并将其送到内部单元中；也可以用程序设置初始数据，即向内部单元传送立即数。另外，某些运算数据存储在机内的某个地方，等程序开始运行时通过初始化程序传送到工作单元中。

（2）机内数据的存取管理

在数据运算过程中，机内的数据传送是不可缺少的。运算可能要涉及不同的工作单元，需在它们之间传送数据；运算可能会产生一些中间数据，需要将其传送到适当地方暂时存放；有时机内的数据需要保存备份，即需要找地方把这些数据存储妥当。总之，对一个涉及数据运算的程序，数据管理是很重要的。

此外，二进制和 BCD 码的转换在数据管理中也是很重要的。

（3）将运算处理结果向输出端口传送

运算处理结果总是要通过输出实现对执行器件的控制的，或者输出数据用于显示，或者作为其他设备的工作数据。与输出口连接的离散执行器件，可成组处理后看作是整体的数据单元，按各口的目标状态送入一定的数据，可实现对这些器件的控制。

3.1.6 研讨与训练

1）试使用传送指令实现项目 2.5 三相异步电动机 Y-△降压起动运行控制。

2）将图3-12所示的 MOV 指令梯形图转换成指令表。

3）将下列指令表转换成梯形图，并分析其功能。

LD X000
ANI T1
OUT T0 K20
LD T0
OUT T1 K20
LDI T0
AND X000
MOVP K85 K2Y000
LD T0
AND X000
MOVP K170 K2Y000
END

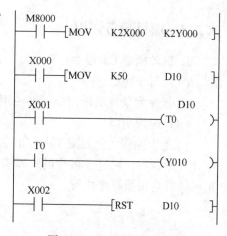

图3-12 MOV 指令梯形图

项目3.2 闪光频率控制——程序流程控制指令

3.2.1 教学目的

1. 基本知识目标

1）掌握跳转指令 CJ 指令。

2）掌握子程序调用的相关指令。

3）掌握交替输出指令 ALT 指令。

2. 技能培养目标

1）会应用 CJ 指令和 CALL 指令编程，以实现闪光频率控制。

2）会使用 ALT 指令实现分频输出和用一个按钮控制多个负载的起动/停止。

3.2.2 项目控制要求与分析

二维码3-6 闪光
频率控制要求

用 PLC 实现闪光频率的控制，要求根据选择的开关，闪光灯以相应频率闪烁。若按下慢闪按钮，闪光灯以4 s 为周期闪烁；若按下中闪按钮，闪光灯以2 s 为周期闪烁；若按下快闪按钮，闪光灯以1 s 为周期闪烁。无论何时按下停止按钮，闪光灯熄灭。

本项目中有3个问题需要考虑：①1 s、2 s 和4 s 的周期闪烁信号如何获得？可以使用定时器组合完成；另外，如果能获得1 s 的脉冲信号，就可以使用分频的方法获得2 s 周期的信号；同样，可以根据获得2 s 周期信号通过分频的方法获得4 s 的周期的信号。②三种不同情况怎么切换？可以直接使用输入开关的不同组合实现，也可以使用跳转指令或者子程序调用的方法实现。③要注意"双线圈"问题，因为三种情况都是对同一个输出元件进行驱动的。

3.2.3 项目预备知识

1. 跳转指令 CJ 指令

（1）指令功能

CJ 指令为条件跳转指令，其使用格式如图 3-13 所示。

（2）编程实例

CJ 指令编程实例如图 3-14 所示。当接通 X020 时，则由 CJ P9 指令跳到标号为 P9 的指令处开始执行，跳过了程序的一部分，减少了扫描周期。如果断开 X020，跳转不会执行，则程序就会按原顺序执行。

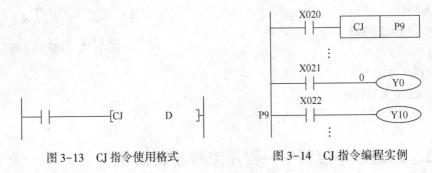

图 3-13　CJ 指令使用格式　　　图 3-14　CJ 指令编程实例

（3）指令使用说明

1）CJ 指令改变程序顺序执行的特点，跳转到由目标操作数确定的指令处执行。

2）目标操作数 ［D］ 的形式只能是指针标号 P0~P127，其中 P63 为 END 所在步序，不需标记。注意在编程时，需将指针标号写在左母线的左边。

3）在一个程序中一个标号只能出现一次，否则将出错。

4）在跳转执行期间，即使被跳过程序的驱动条件改变，其线圈（或结果）仍保持跳转前的状态，因为跳转期间根本没有执行这段程序。

5）如果在跳转开始时定时器和计数器已在工作，则在跳转执行期间它们将停止工作，到跳转条件不满足后又继续工作。但对于正在工作的定时器 T192~T199 和高速计数器 C235~C255 来讲，不管有无跳转，都将连续工作。

6）若定时器和计数器的复位（RST）指令在跳转区外，即使它们的线圈被跳转，对它们的复位仍然有效。

7）在指令后加"P"表示指令为脉冲执行型。

2. 子程序相关指令

（1）指令格式

CALL 指令为子程序调用指令，其使用格式如图 3-15 所示。

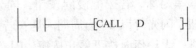

图 3-15　CALL 指令使用格式

SRET 指令为子程序返回指令，无操作数，编程时直接与左母线相连接。

FEND 指令为主程序结束指令，无操作数。FEND 指令表示主程序结束，当执行到 FEND 时，PLC 进行输入/输出处理，监视定时器刷新，完成后返回起始步。使用 FEND 指令时应注意，应将子程序和中断服务程序放在 FEND 之后、指令 END 之前，否则出错。

（2）编程实例

CALL/SRET 指令编程实例如图 3-16 所示。如果接通 X000，则转到标号 P10 处去执行子程序。当执行 SRET 指令时，返回到 CALL 指令的下一步执行。

（3）指令使用说明

1）CALL 指令调用由目标操作数所标记的子程序。

2）目标操作数［D］的形式只能是指针标号 P0 ~ P127，其中 P63 为 END 所在步序，不需标记。注意在编程时，需将指针标号写在左母线的左边。

3. 交替输出指令 ALT 指令

（1）指令格式

ALT 指令为交替输出指令，其使用格式如图 3-17 所示。

（2）编程实例

ALT 指令编程实例如图 3-18 所示，用于实现由一个按钮控制负载的起动和停止。当 X000 由 OFF 到 ON 时，Y000 的状态将改变一次。Y000 的波形相当于对输入信号 X000 进行分频。

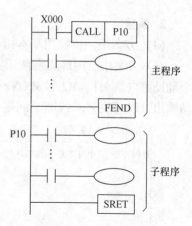

图 3-16　CALL/SRET
指令编程实例

二维码 3-7　ALT
指令

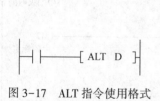

图 3-17　ALT 指令使用格式

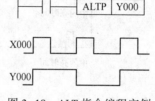

图 3-18　ALT 指令编程实例

（3）指令使用说明

1）当执行条件满足时，ALT 指令将目标操作数的状态取反。

2）目标操作数［D］的形式可以为 Y、M 和 S 等位元件。

3）在指令后加"P"表示指令为脉冲执行型。该指令一般使用脉冲执行方式，若用连续的 ALT 指令，则每个扫描周期目标元件均改变一次状态。

3.2.4　项目实现

1. I/O（输入/输出）分配表

本项目的 I/O 分配如表 3-3 所示。

表 3-3　I/O 分配表

输　入		输　出	
输 入 元 件	输入继电器	输出继电器	输 出 元 件
快闪开关 SA1	X001	Y000	信号灯
中闪开关 SA2	X002		
慢闪开关 SA3	X003		

2. 编程

（1）方案一——使用基本指令实现

在本方案中，闪烁周期使用定时器完成，输出驱动使用 OUT 指令完成，设计中使用三个辅助继电器 M1、M2 和 M3 来保存周期 1 s、周期 2 s 和周期 4 s 的闪烁信号，它们并联后驱动输出，以解决"双线圈"问题。实现闪光频率控制方案一的梯形图 1 如图 3-19 所示。

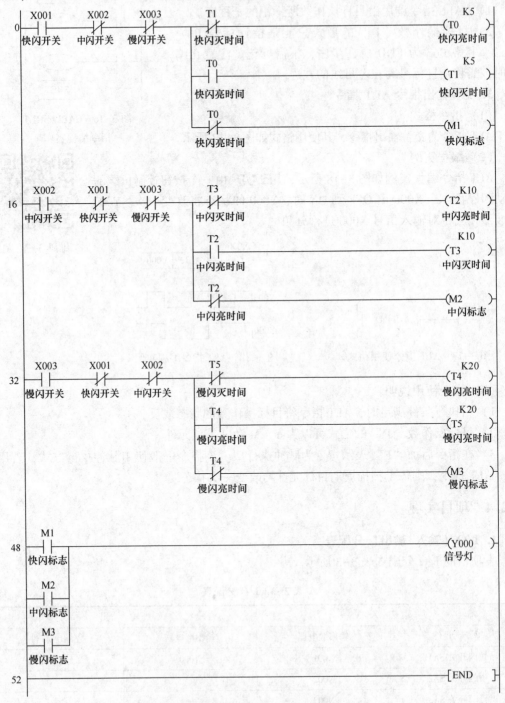

图 3-19 实现闪光频率控制方案一的梯形图 1

94

其实，FX_{2N}系列 PLC 中有一个特殊辅助继电器 M8013，用以秒脉冲输出，故可以使用它达到 1 s 闪烁的目的。2 s 闪烁信号可以由 M8013 使用分频指令获得。图 3-20 所示为一个二分频电路。

在图 3-20 所示的电路中，待分频的脉冲信号被加在 X000 端，在第一个脉冲信号到来时，M0 产生一个扫描周期的单脉冲，使 M0 的常开触点闭合一个扫描周期。这时确定 Y000 状态的前提是 Y000 置 0，M0 置 1。图 3-20 中 Y000 工作条件的两个支路中 1 号支路接通，2 号支路断开，Y000 置 1。第一个脉冲到来一个扫描周期后，M0 置 0，Y000 置 1，在这样的条件下分析 Y000 的状态，2 号支路使 Y000 保持置 1。当第二个脉冲到来时，M0 再产生一个扫描周期的单脉冲，这时 Y000 置 1，M0 也置 1，这使得 Y000 的状态由置 1 变为置 0。第二个脉冲到来一个扫描周期后，Y000 置 0 且 M0 也置 0，Y000 仍旧置 0，直到第三个脉冲到来为止。因第三个脉冲到来时 Y000 及 M0 的状态与第一个脉冲到来时完成相同，Y000 的状态变化将重复前边介绍的过程。通过以上的分析可知，X000 每送入两个脉冲，Y000 产生一个脉冲，这就完成了输入信号的分频。

根据上面的二分频电路的原理，对 M8013 信号进行分频，输出为 M2，对应的分频电路如图 3-21 所示。

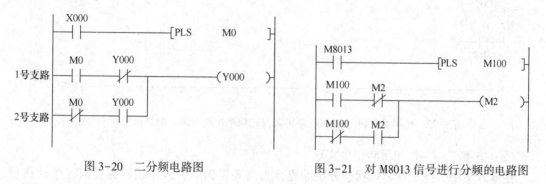

图 3-20　二分频电路图　　　　　图 3-21　对 M8013 信号进行分频的电路图

综上所述，使用 M8013 和分频电路实现闪光频率控制方案一的梯形图 2 如图 3-22 所示。

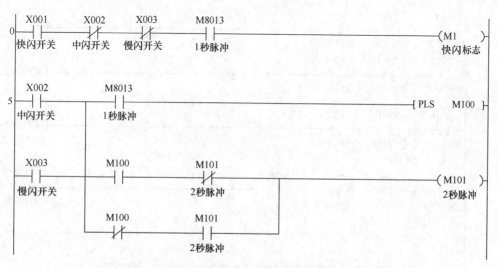

图 3-22　使用 M8013 和分频电路实现闪光频率控制方案一的梯形图 2

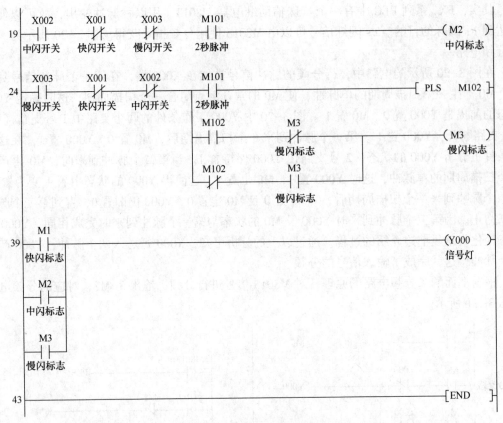

图 3-22　使用 M8013 和分频电路实现闪光频率控制方案一的梯形图 2（续）

（2）方案二——使用跳转指令实现

在本方案中，把三种闪烁状态分别编程，当需要慢闪时，程序跳转到慢闪程序处执行；当需要中闪时，程序跳转到中闪程序执行；当需要快闪时，程序跳转到快闪程序处执行。实现闪光频率控制方案二的梯形图如图 3-23 所示。

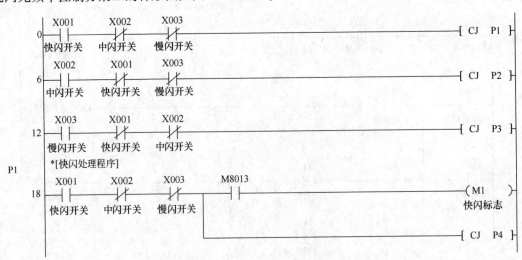

图 3-23　用跳转指令实现闪光频率控制方案二的梯形图

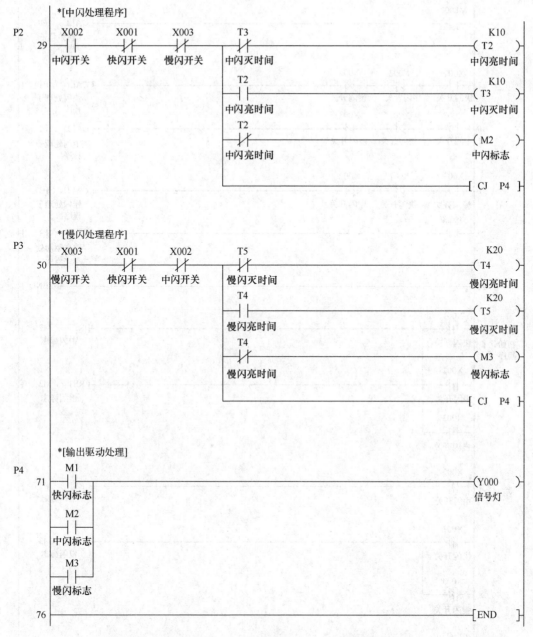

图 3-23 用跳转指令实现闪光频率控制方案二的梯形图（续）

（3）方案三——使用子程序指令实现

在本方案中，使用了 5 个子程序，分别是初始化处理、快闪处理、中闪处理、慢闪处理和输出驱动处理子程序。其中，初始化处理子程序用来解决不同闪烁状态切换时前面状态复位的问题，3 个闪烁处理子程序使用 M8013 和分频电路实现，输出处理子程序用快闪、中闪和慢闪子程序的输出结果驱动输出继电器。实现闪光频率控制方案三的梯形图如图 3-24所示。

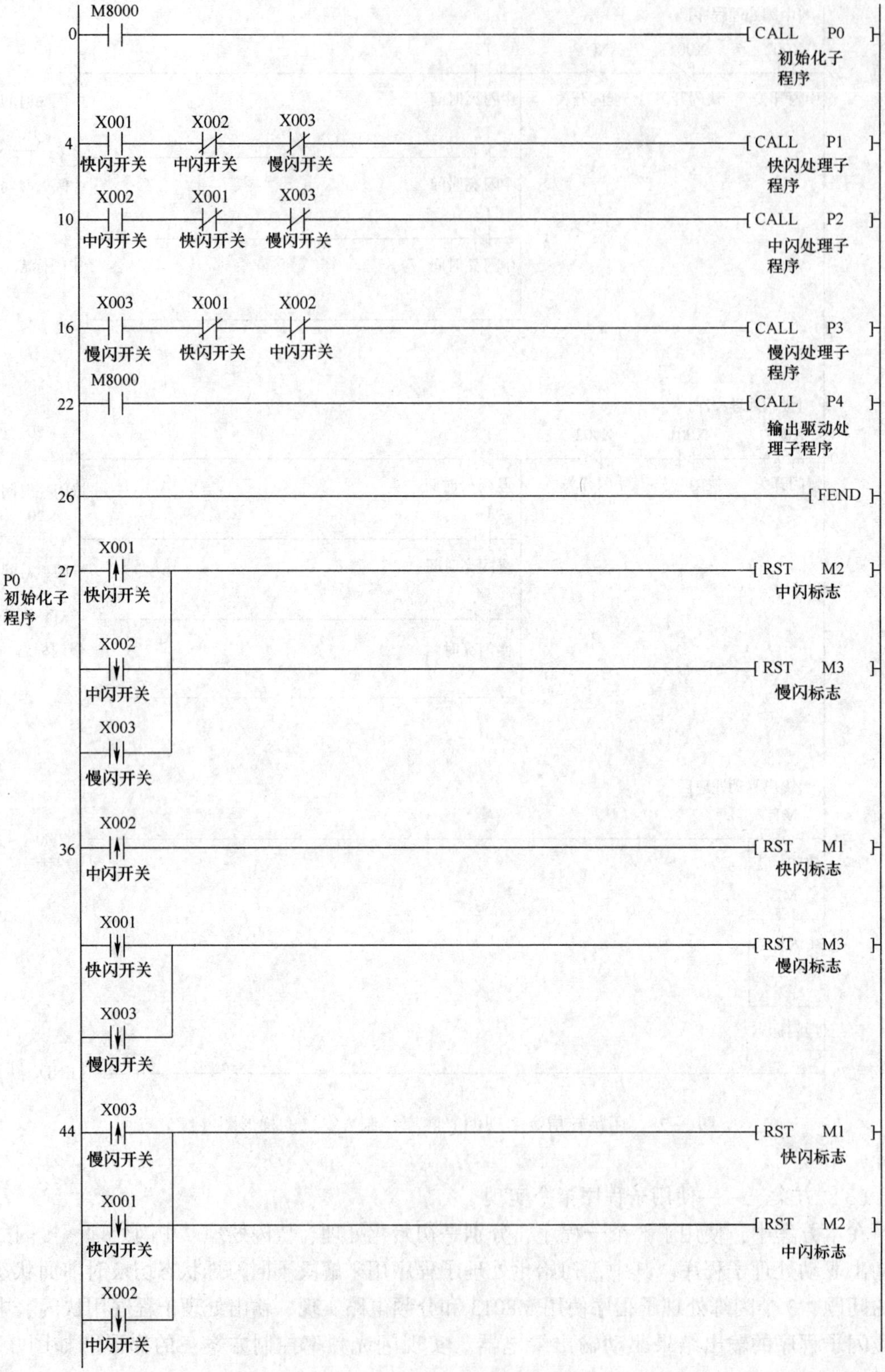

```
        M8000
0    ┤├───────────────────────────────────────────────────────[CALL    P0 ]
                                                                初始化子
                                                                程序

        X001        X002        X003
4    ┤├─────────┤/├─────────┤/├──────────────────────────────[CALL    P1 ]
     快闪开关    中闪开关    慢闪开关                          快闪处理子
                                                                程序
        X002        X001        X003
10   ┤├─────────┤/├─────────┤/├──────────────────────────────[CALL    P2 ]
     中闪开关    快闪开关    慢闪开关                          中闪处理子
                                                                程序
        X003        X001        X002
16   ┤├─────────┤/├─────────┤/├──────────────────────────────[CALL    P3 ]
     慢闪开关    快闪开关    中闪开关                          慢闪处理子
                                                                程序
        M8000
22   ┤├───────────────────────────────────────────────────────[CALL    P4 ]
                                                                输出驱动处
                                                                理子程序

26   ──────────────────────────────────────────────────────────[ FEND ]

P0      X001
初始化子 27 ┤↑├──┬──────────────────────────────────────────────[ RST    M2 ]
程序    快闪开关 │                                               中闪标志
        X002    │
        ┤↑├─────┤──────────────────────────────────────────────[ RST    M3 ]
     中闪开关    │                                               慢闪标志
        X003    │
        ┤↑├─────┘
     慢闪开关

        X002
36   ┤↑├──────────────────────────────────────────────────────[ RST    M1 ]
     中闪开关                                                    快闪标志

        X001
        ┤↑├──┬─────────────────────────────────────────────────[ RST    M3 ]
     快闪开关 │                                                  慢闪标志
        X003 │
        ┤↑├──┘
     慢闪开关

        X003
44   ┤↑├──┬─────────────────────────────────────────────────────[ RST    M1 ]
     慢闪开关 │                                                  快闪标志
        X001 │
        ┤↑├──┤─────────────────────────────────────────────────[ RST    M2 ]
     快闪开关 │                                                  中闪标志
        X002 │
        ┤↑├──┘
     中闪开关
```

图 3-24　使用子程序指令实现闪光频率控制方案三的梯形图

98

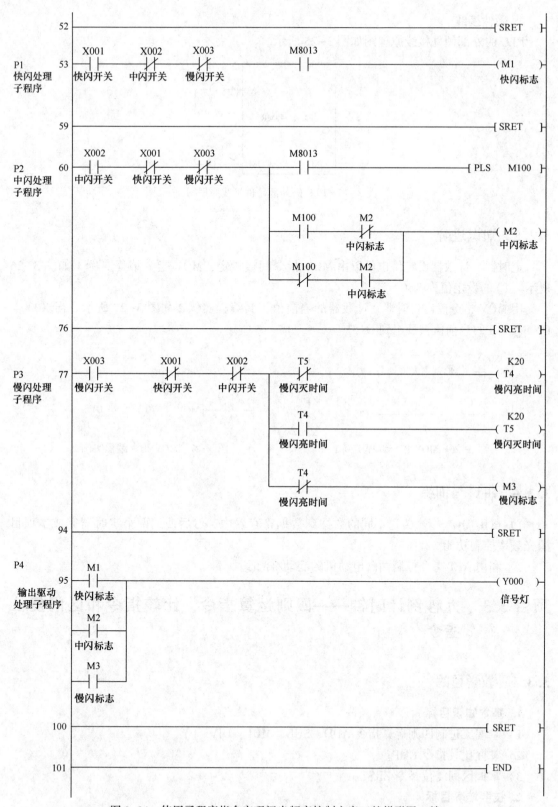

图 3-24 使用子程序指令实现闪光频率控制方案三的梯形图 (续)

3. 硬件接线

PLC 的外部硬件接线原理图如图 3-25 所示。

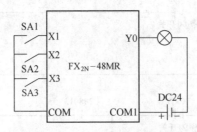

图 3-25 PLC 的外部硬件接线原理图

3.2.5 知识进阶

定时器、计数器设定值也可以由 MOV 指令间接指定，MOV 指令编程实例 1 如图 3-26 所示。T0 的设定值为 K50。

用 MOV 指令读出定时器、计数器的当前值，其编程实例 2 如图 3-27 所示。当 X000 = ON 时，T0 的当前值被读出到 D1 中。

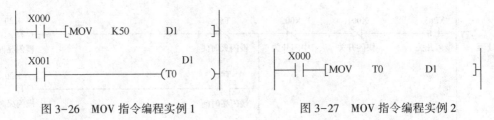

图 3-26 MOV 指令编程实例 1   图 3-27 MOV 指令编程实例 2

3.2.6 研讨与训练

1）试用 MOV 指令传送不同的数据到数据寄存器中，然后使用两个定时器完成本项目闪光频率控制功能。

2）利用 ALT 指令控制两台电动机的起动/停止。

项目 3.3 九秒倒计时钟——四则运算指令、比较指令和区间复位指令

3.3.1 教学目的

1. 基本知识目标

1）掌握二进制四则运算指令 ADD、SUB、MUL、DIV。

2）掌握比较指令 CMP。

3）掌握区间复位指令 ZRST。

2. 技能培养目标

1）会使用二进制四则运算指令实现对数据的处理。

2) 会使用 CMP 指令、ZRST 指令实现常见的比较应用，如密码锁、报时器等。

3.3.2 项目控制要求与分析

设计一个九秒倒计时钟。接通控制开关，数码管显示"9"，随后每隔 1 s，显示数字减"1"，减到"0"时，起动蜂鸣器报警，断开控制开关，停止显示及蜂鸣器报警。

二维码 3-8
九秒倒计时钟
控制要求

本项目中有以下几个问题需要解决：①秒信号的获取，可以使用两种方法，一是使用定时器定时实现，二是直接使用特殊辅助继电器 M8013；②显示的实现，即如何对 7 段数码管进行驱动的问题，也有两种方法：使用基本指令 OUT 实现，或者使用应用指令 SEGD 实现；③倒计时的实现，即每隔 1 s 如何得到"9"→"8"→"7"→…→"0"？④如何判断是否减到"0"？

3.3.3 项目预备知识

1. 加法指令

（1）指令功能

ADD 指令是加法指令。其使用格式如图 3-28 所示。

二维码 3-9
ADD 指令

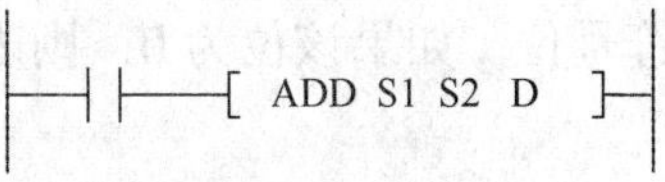

（2）编程实例

ADD 指令编程实例 1 如图 3-29 所示。当 PLC 运行时，将 K123 与 K456 相加，结果存于 D2 中。

图 3-28 ADD 指令使用格式 　　　　图 3-29 ADD 指令编程实例 1

在图 3-30 所示的 ADD 指令编程实例 2 中，当 PLC 运行时，将 K1X000 与 K1X004 的两值相加，结果存放于 D2 寄存器中。

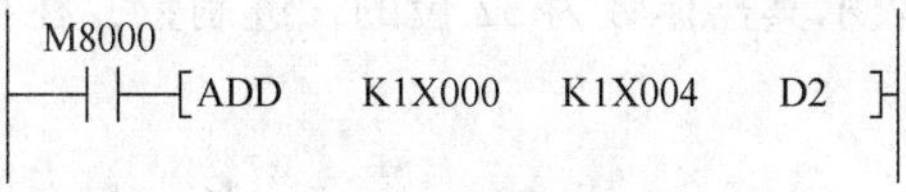

图 3-30 ADD 指令编程实例 2

（3）指令使用说明

1）指令 ADD 将两个源操作数 [S1] 与 [S2] 数据内容相加，然后存放于目标操作数 [D] 中。

2）源操作数 [S1] 与 [S2] 的形式可以为 K，H，KnX，KnY，KnM，KnS，T，C，D，V/Z；而目标操作数的形式可以为 KnY，KnM，KnS，T，C，D，V/Z。

3）指定的源操作数必须是二进制，其最高位为符号位。如果该位为 0，就表示该数为正；如果该位为 1，就表示该数为负。

4）当操作数是 16 位的二进制数时，数据范围为 −32768 ~ +32767；当操作数是 32 位的二进制数时，数据范围为 −2147483648 ~ +2147483647。

5) 当运算结果为零时，零标志 M8020 = ON；当运算结果为负时，借位标志 M8021 = ON；当运算结果溢出时，进位标志 M8022 = ON。

6) 在指令前加"D"表示其操作数为 32 位的二进制数，在指令后加"P"表示指令为脉冲执行型。

2. 减法指令

（1）指令功能

SUB 指令是减法指令。其使用格式如图 3-31 所示。

（2）编程实例

SUB 指令编程实例如图 3-32 所示。当 X000 = ON 时，将 D0 的数值减去 D1 的数值，结果存放在 D2 中。

二维码 3-10
SUB 指令

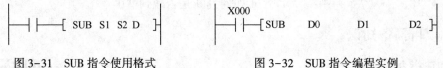

图 3-31　SUB 指令使用格式　　　　图 3-32　SUB 指令编程实例

（3）指令使用说明

1) SUB 指令将两个源操作数［S1］与［S2］的内容相减，然后将结果存放在目标操作数［D］中。

2) 源操作数［S1］与［S2］的形式可以为 K，H，KnX，KnY，KnM，KnS，T，C，D，V/Z；而目标操作数的形式可以为 KnY，KnM，KnS，T，C，D，V/Z。

3) 指定的源操作数必须是二进制数据，最高位为符号位。如果该位为 0，则表示该数为正；如果该位为 1，则表示该数为负。

4) 当操作数是 16 位的二进制数时，数据范围为 −32768 ~ +32767；当操作数是 32 位的二进制数时，数据范围为 −2147483648 ~ +2147483647。

5) 当运算结果为零时，零标志 M8020 = ON；当运算结果为负时，借位标志 M8021 = ON；当运算结果溢出时，进位标志 M8022 = ON。

6) 在指令前加"D"表示其操作数为 32 位的二进制数，在指令后加"P"表示指令为脉冲执行型。

3. 乘法指令

（1）指令功能

MUL 指令是乘法指令。其使用格式如图 3-33 所示。

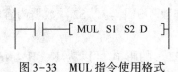

图 3-33　MUL 指令使用格式

（2）编程实例

图 3-34 所示为 MUL 编程实例 1：16 位二进制数乘法。当 X010 = ON 时，［D1］×［D2］=［D4、D3］。

图 3-35 所示为 MUL 编程实例 2:32 位二进制数乘法。当 X010＝ON 时，［D1、D0］×［D3、D2］＝［D7、D6、D5、D4］。

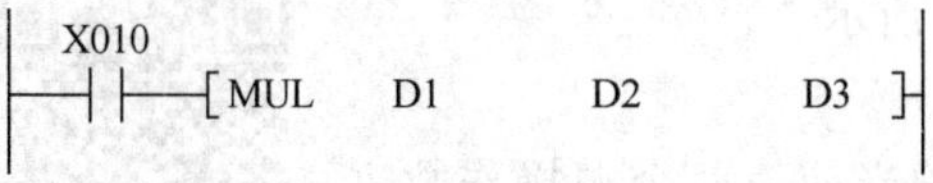

```
     X010
  ├──┤ ├──[ MUL    D1       D2      D3 ]┤
```

```
     X010
  ├──┤ ├──[ DMUL   D0       D2      D4 ]┤
```

图 3-34　MUL 编程实例 1:16 位二进制乘法 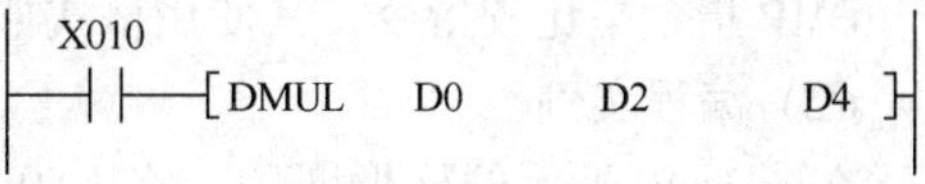　　　　图 3-35　MUL 编程实例 2:32 位二进制乘法

（3）指令使用说明

1）MUL 指令将两个源操作数［S1］与［S2］数据内容相乘，然后将结果存放于目标操作数［D+1］~［D］中。

2）源操作数［S1］与［S2］的形式可以为 K，H，KnX，KnY，KnM，KnS，T，C，D，V/Z；而目标操作数的形式可以为 KnY，KnM，KnS，T，C，D。

3）若［S1］、［S2］为 32 位二进制数，则结果为 64 位，存放在［D+3］~［D］中。

4）在指令前加"D"表示操作数为 32 位数据，在指令后加"P"表示指令为脉冲执行型。

4. 除法指令

（1）指令功能

```
  ├──┤ ├──[ DIV  S1  S2  D ]┤
```
图 3-36　DIV 指令使用格式

DIV 指令是二进制数除法指令。其使用格式如图 3-36 所示。

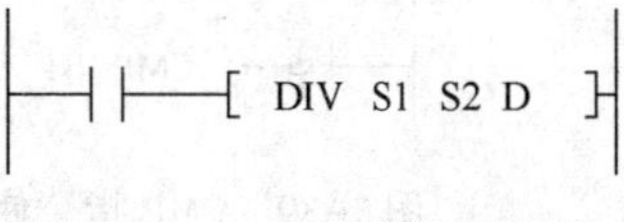

（2）编程实例

图 3-37 所示为 DIV 编程实例 1:两个 16 位二进制数相除。当 X010＝ON 时，［D1］/［D2］＝［D3］…［D4］。

图 3-38 所示为 DIV 编程实例 2:两个 32 位二进制数相除。当 X010＝ON 时，［D1、D0］/［D3、D2］＝［D5、D4］…［D7、D6］。

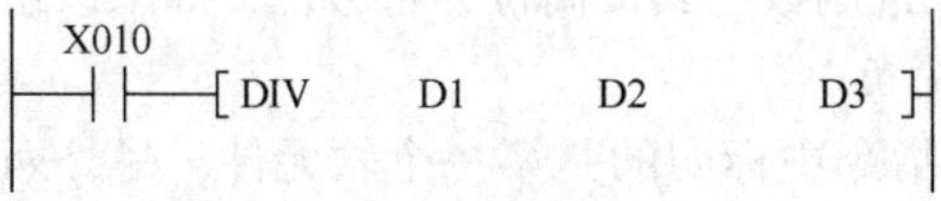

```
     X010
  ├──┤ ├──[ DIV    D1       D2      D3 ]┤
```

```
     X010
  ├──┤ ├──[ DDIV   D0       D2      D4 ]┤
```

图 3-37　DIV 编程实例 1:两个　　　　　　图 3-38　DIV 编程实例 2:两个
16 位二进制相除　　　　　　　　　　　　32 位二进制相除

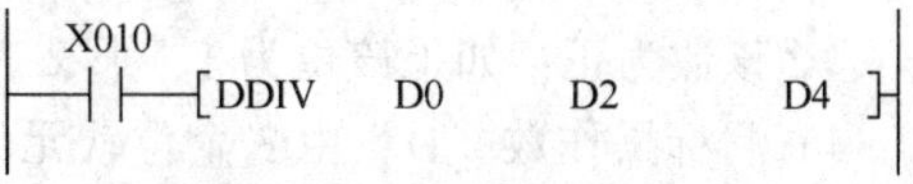

（3）指令使用说明

1）DIV 指令将两个源操作数［S1］与［S2］数据内容相除，然后将商存放于目标操作数［D］中，将余数存放于［D+1］中。

2）源操作数［S1］与［S2］的形式可以为 K，H，KnX，KnY，KnM，KnS，T，C，D，V/Z；而目标操作数的形式可以为 KnY，KnM，KnS，T，C，D。

3）在指令前加"D"表示操作数为 32 位的二进制数，在指令后加"P"表示指令为脉冲执行型。

加法（ADD）指令、减法（SUB）指令、乘法（MUL）指令和除法（DIV）指令又称为四则运算指令。

5. 比较指令

（1）指令功能

CMP 指令是比较指令。其使用格式如图 3-39 所示。

（2）编程实例

在图 3-40 所示的梯形图中，将 K50 与 C20 的当前值两个源操作数进行比较，比较结果存放在 M10~M12 中。当 X010＝OFF 时，CMP 指令不执行，M10~M12 保持比较前的状态；当 X010＝ON 时，若 K50＞C20 的当前值，则 M10＝ON；若 K50＝C20 的当前值时，则 M11＝ON；若 K50＜C20 的当前值时，则 M12＝ON。

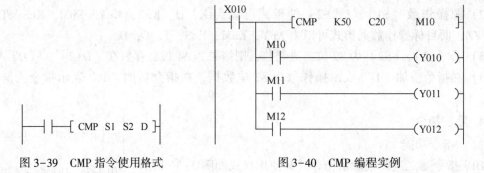

图 3-39　CMP 指令使用格式　　　　图 3-40　CMP 编程实例

（3）指令使用说明

1）CMP 指令比较两个源操作数 [S1] 和 [S2]，并把比较结果送到目标操作数 [D] ~ [D+2] 中。

2）两个源操作数 [S1] 和 [S2] 的形式可以为 K，H，KnX，KnY，KnM，KnS，T，C，D，V、Z；而目标操作数的形式可以为 Y，M，S。

3）两个源操作数 [S1] 和 [S2] 都被看作二进制数，其最高位为符号位，如果该位为 0，那么该数为正；如果该位为 1，那么表示该数为负。

4）目标操作数 [D] 由 3 个位软元件组成，指令中标明的是第一个软元件，另外两个位软元件紧随其后。

5）当执行条件满足时，比较指令执行，每扫描一次该梯形图，就对两个源操作数 [S1] 和 [S2] 进行比较，结果如下：当 [S1] ＞ [S2] 时，[D] ＝ON；当 [S1] ＝ [S2] 时，[D+1] ＝ON；当 [S1] ＜ [S2] 时，[D+2] ＝ON。

6）在指令前加"D"表示操作数为 32 位，在指令后加"P"表示指令为脉冲执行型。

6. 区间复位指令

（1）指令功能

ZRST 指令为区间复位指令。其使用格式如图 3-41 所示。

（2）编程实例

在图 3-42 所示的 ZRST 编程实例中，当 PLC 运行时，M8002 初始脉冲将 ZRST 指令执行，该指令复位清除 M500~M599，C0~C199，S0~S10。

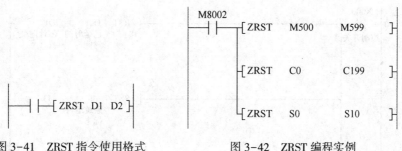

图 3-41 ZRST 指令使用格式　　　　图 3-42 ZRST 编程实例

（3）指令使用说明

1）ZRST 指令可将［D1］～［D2］指定的元件号范围内的同类元件成批复位。

2）操作数［D1］、［D2］必须指定相同类型的元件。

3）［D1］的元件编号必须小于［D2］的元件编号。

4）ZRST 指令只有 16 位形式，但可以指定 32 位的计数器。

5）若要复位单个位元件，则可以使用 RST 指令。

6）在指令后加"P"表示指令为脉冲执行型。

3.3.4 项目实现

1. I/O（输入/输出）分配表

根据控制要求，需要一个输入 X000 作为开关接入端口；数码管需要占用 8 个输出点，可以接在 Y000～Y007；蜂鸣器需要一个输出点，可以接 Y010。故 I/O 分配表如表 3-4 所示。

表 3-4　I/O 分配表

输　入			输　出		
输入继电器	输入元件	作　用	输出继电器	输出元件	作　用
X000	控制开关	控制开关	Y000～Y007	7 段数码管	译码信号
			Y010	蜂鸣器	声音报警

2. 编程

（1）方案一——使用定时器+SEGD 指令+DIV 指令+SUB 指令+CMP 指令实现

在本方案中，秒信号的获取是通过定时器 T0；使用 DIV 指令获取从"0~9"的整数；再使用 SUB 指令获取从"9~0"的整数；使用 SEGD 指令显示"9~0"的整数；使用 CMP 指令将倒计时数据与"0"比较作为蜂鸣器的驱动条件。实现九秒倒计时钟控制方案一的梯形图如图 3-43 所示。

（2）方案二——使用"特殊辅助继电器 M8013+计数器+SEGD 指令+DIV 指令+SUB 指令+CMP 指令"实现

本方案二与方案一的区别是，使用特殊辅助继电器 M8013 来获取秒信号，使用计数器获取从"0~9"的整数。实现九秒倒计时钟控制方案二梯形图如图 3-44 所示。

3. 硬件接线

九秒倒计时钟的原理接线图如图 3-45 所示。

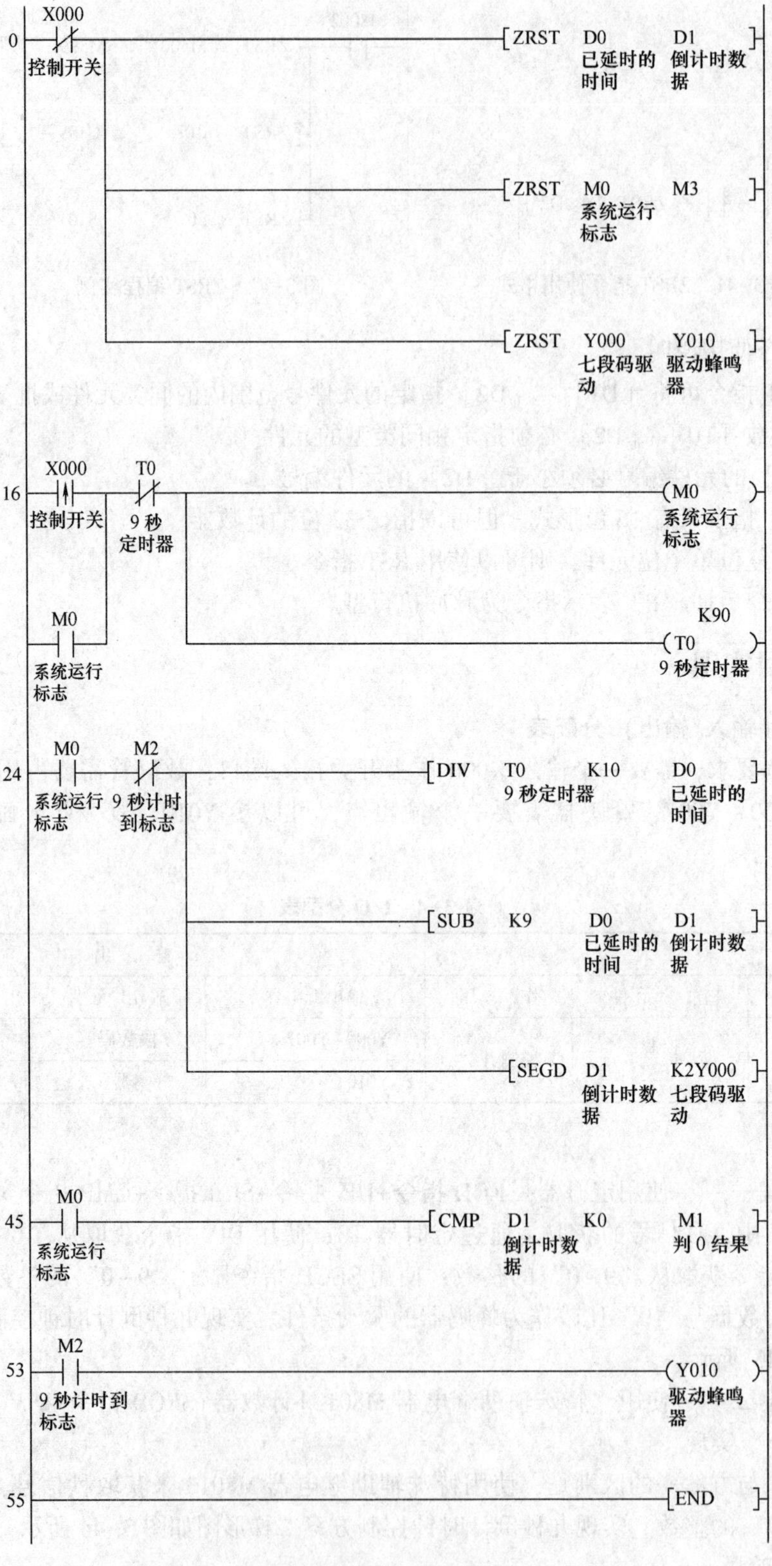

图 3-43 实现九秒倒计时钟控制方案一的梯形图

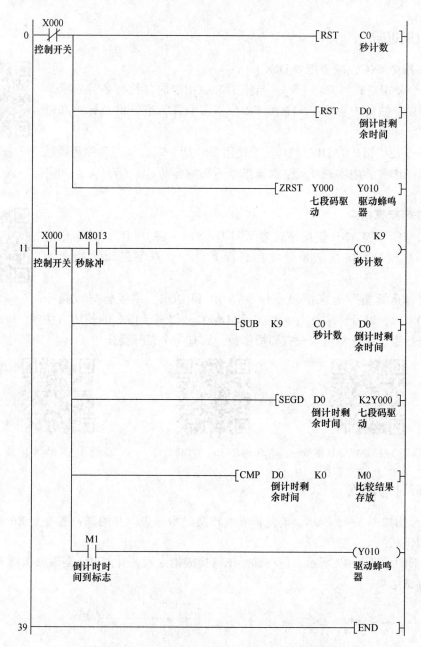

图 3-44 实现九秒倒计时钟控制方案二的梯形图

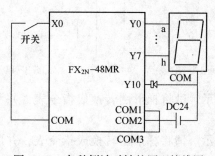

图 3-45 九秒倒计时钟的原理接线图

3.3.5 知识进阶

1. 加 1 指令 INC、减 1 指令 DEC

INC 指令使用格式为 INC [D]。当使用 INC 指令时，执行条件每满足一次，目标操作数的内容加 1。注意该指令不影响零标志、借位标志和进位标志。

DEC 指令使用格式为 DEC [D]。当使用 INC 指令时，执行条件每满足一次，目标操作数的内容减 1。注意该指令不影响零标志、借位标志和进位标志。

二维码 3-13
INC 指令

2. 字逻辑运算指令

字逻辑与指令 WAND 使用格式为 WAND [S1] [S2] [D]。该指令将两个源操作数相与，将其结果存放到目标元件中。双字逻辑与指令为 DAND。

其他逻辑运算指令为字逻辑或指令 WOR 和 DOR，字逻辑异或指令 WXOR 和 DXOR，以及字求补指令 NEG 和 DNEG。前两条指令的使用方法同字逻辑或指令。字求补指令没有源操作数，只有一个目标操作数。

二维码 3-14
DEC 指令

二维码 3-15　WAND 指令　　二维码 3-16　WOR 指令　　二维码 3-17　WXOR 指令

3.3.6　研讨与训练

1）梯形图如图 3-46 所示。请将梯形图转换成指令表，并测试；若改变 K6 和 K8 的数值，重新测试结果。

2）梯形图如图 3-47 所示。请将梯形图转换成指令表，并测试；若改变 K18 和 K8 的数值，重新测试结果。

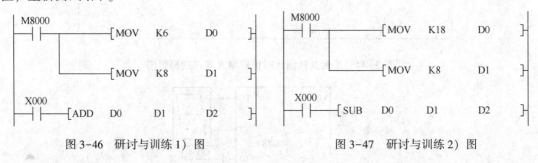

图 3-46　研讨与训练 1）图　　　　　　　图 3-47　研讨与训练 2）图

3）梯形图如图 3-48 所示。试将梯形图转换成指令表，并测试；若改变常数数值，重新测试结果。

4）梯形图如图 3-49 所示。请将梯形图转换成指令表，并测试；若改变常数数值，重新测试结果。

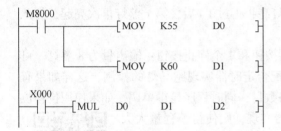

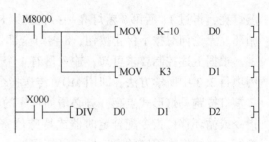

图 3-48　研讨与训练 3）图　　　　　　图 3-49　研讨与训练 4）图

5）编程实现如下的运算，即 $Y = \dfrac{18X}{4} - 23$。

6）用乘除法指令实现灯组的移位循环。有一组灯共有 15 只，分别接于 Y000～Y016，要求：当 X000＝ON 时，灯正序每隔 1 s 单个移位，并循环；当 X001＝ON 并且 Y000＝OFF 时，灯反序每隔 1 s 单个移位，至 Y000 为 ON 时停止。

7）将图 3-50 所示的梯形图转换成指令表，并分析其功能。

8）设计程序实现下列功能：当 X001 接通时，计数器每隔 1 s 计数。当计数数值小于 50 时，Y010 为 ON，当计数数值等于 50 时，Y011 为 ON，当计数数值大于 50 时，Y012 为 ON。当 X001 为 OFF 时，计数器和 Y010～Y012 均复位。

9）设计程序实现下列功能：密码锁有 3 个置数开关（12 个按钮），分别代表 3 个十进制数，如所拨数据与密码锁设定值相等，则 3 s 后开锁，20 s 后重新上锁。

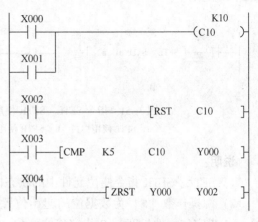

图 3-50　研讨与训练 5）图

项目 3.4　跑马灯控制——位移指令与循环移位指令

3.4.1　教学目的

1. 基本知识目标

1）掌握位移位指令 SFTL、SFTR。

2）掌握循环移位指令 ROR、ROL。

2. 技能培养目标

会利用位移位指令和循环移位指令编写梯形图，并利用指令实现灯光控制等实际应用。

3.4.2　项目控制要求与分析

用 PLC 对 8 盏灯控制，要求按下开始按钮后，第 1 盏灯亮，1 s 后第 2

二维码 3-18
跑马灯控制
要求

盏灯亮,再过1s后第3盏灯亮……直到第8盏灯亮;再过1s后,第1盏灯再次亮起,如此循环。无论何时按下停止按钮,8盏灯全部熄灭。

根据上述控制要求可知,输入量有1个开始按钮和1个停止按钮;输出量为8盏灯。可用项目3.3中所学方法,即用MOV传送指令再配合定时器实现跑马灯的控制,这样如果有多盏灯按跑马灯形式点亮,势必增加程序的网络数目,同时程序显得单调。如果使用位移位指令或循环移位指令配合定时器或特殊位寄存器实现,则使得编程量大大缩短,并能提高程序的可读性和可拓展性。

二维码3-19

SFTL指令

3.4.3 项目预备知识

1. 位左移、位右移移位指令(SFTL、SFTR)

(1)指令功能

SFTL、SFTR指令分别为位数据左移、右移指令。其使用格式如图3-51所示。

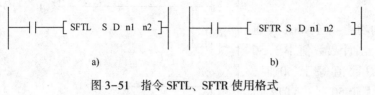

图3-51 指令SFTL、SFTR使用格式

a) SFTL使用格式 b) SFTR使用格式

二维码3-20

SFTR指令

说明:

1)SFTL、SFTR指令使位元件中的状态向左、向右移位。

2)源操作数[S]为数据位的起始位置,目标操作数[D]为移位后数据位的起始位置,n1指定位元件长度,n2指定移位位数(n2<n1<1024)。

3)源操作数[S]的形式可以为:X,Y,M,S;目标操作数[D]的形式可以为:Y,M,S;n1、n2的形式可以为:K,H。

4)SFTL、SFTR指令通常使用脉冲执行型,即使用时在指令后加"P"。

5)SFTLP、SFTRP在执行条件的上升沿时执行;用连续指令时,当执行条件满足时,则每个扫描周期执行一次。

(2)编程实例

在图3-52中,当X010=ON时,由M10开始的K16位数据(即M25~M10)向右移动K4位,移出的低K4位(M13~M10)溢出,空出的高K4位(M25~M22)分别由X000开始的K4位数据(X003~X000)补充进去。若M25~M10的状态为1100 1010 1100 0011,X003~X000的状态为0100,则M25~M10执行移位后的状态为0100 1100 1010 1100。

图3-53与图3-52功能类似,只是移位方向为向左移动,不再赘述。

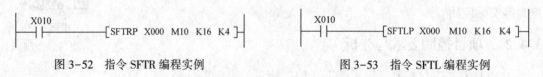

图3-52 指令SFTR编程实例   图3-53 指令SFTL编程实例

2. 循环移位指令（ROR、ROL）

（1）指令功能

ROR、ROL 指令分别为循环右移、循环左移移位指令。其使用格式如图 3-54 和图 3-55 所示。

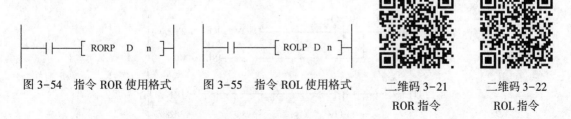

图 3-54 指令 ROR 使用格式　　图 3-55 指令 ROL 使用格式

二维码 3-21　　　　二维码 3-22
ROR 指令　　　　　ROL 指令

说明：

1）ROR、ROL 用来对目标操作数［D］中的数据以 n 位为单位进行循环右移、左移。

2）目标操作数［D］可以是如下的形式：KnY，KnM，KnS，T，C，D，V、Z；操作数 n 用来指定每次移位的"位"数，其形式可以为 K 或 H。

3）目标操作数［D］可以是 16 位或者 32 位数据。若为 16 位操作，n<16，若为 32 位操作，需在指令前加"D"，并且此时的 n<32。

4）若［D］使用位组合元件，则只有 K4（16 位指令）或 K8（32 位指令）有效，即形式如 K4Y10，K8M0 等。

5）指令通常使用脉冲执行型操作，即在指令后加字母"P"；若连续执行，则循环移位操作每个周期都执行一次。

（2）编程实例

在图 3-56 中，当 X002 的状态由 OFF 向 ON 变化一次时，D1 中的 16 位数据往右移动 4 位，并将最后一位（即从最右位移出的状态）送入进位标识位

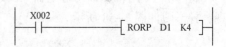

图 3-56 指令 ROR 编程实例

（M8022）中。若 D1＝1111 0000 1111 0000，则执行上述移位后，D1＝0000 1111 0000 1111，M8022＝0。循环左移的功能与循环右移类似，只是移位方向是向左移位，不再举例。

3.4.4 项目实现

1. I/O 分配表

本项目的 I/O 分配表见表 3-5。

表 3-5　I/O 分配表

输入		输出	
输入继电器	作用	输出继电器	作用
X000	起动按钮	Y000~Y007	驱动跑马灯 L1~L8
X001	停止按钮		

2. 编程

1）用 SFTL 指令实现

当起动按钮被按下，跑马灯 L1~L8 以正序每隔 1 s 点亮，此时 Y007~Y000 的状态依次应该是 0000 0001、0000 0010、…、1000 0000、0000 0001，可以使用位左移移位指令实现，每隔 1 s 和循环周期 8 s 均用定时器实现，梯形图如图 3-57 所示。

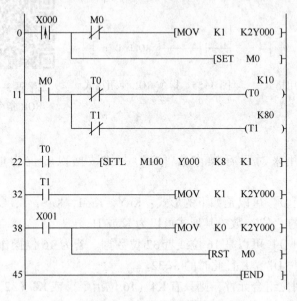

图 3-57　跑马灯控制梯形图 1

2）用 ROL 指令实现

将每隔 1 s 用特殊辅助继电器 M8013 来实现，8 s 后自动循环中通过循环左移移位指令实现，梯形图如图 3-58 所示。

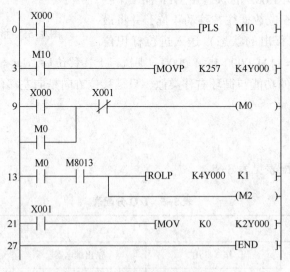

图 3-58　跑马灯控制梯形图 2

3.4.5 知识进阶

FX 系列 PLC 中，移位指令分为：位移位指令、循环移位指令、字移位指令、先入先出写入和读出指令。下面介绍剩下的这两类移位指令。

（1）字右移位指令 WSFR、字左移位指令 WSFL

该指令使用格式为：WSFR［S］［D］n1 n2 或者 WSFL［S］［D］n1 n2。WSFR 或者 WSFL 指令使字元件中的数据移位，n1 指定字元件的长度，n2 指定移位的字数，n2<n1<512。

（2）先入先出写入指令 SFWR、先入先出读出指令 SFRD

该指令使用格式为：SFWR［S］［D］n 或者 SFRD［S］［D］n。本类指令常用于按产品入库顺序取出产品的场合。

3.4.6 研讨与训练

当 X000＝ON 时，HL1～HL16 共计 16 盏灯每隔 1 s 点亮 1 次，点亮顺序为 HL2、HL1→HL3、HL2→……→HL16、HL15→HL15、HL14→……→HL2、HL1，如此循环，当 X001＝OFF 时，停止工作。

项目 3.5 交通灯控制——编解码指令、区间比较指令与触点比较指令

3.5.1 教学目的

1. 基本知识目标
掌握编码指令 ENCO、译码指令 DECO；区间比较指令；触点比较指令。

2. 技能培养目标
会利用位移位指令、区间比较指令、编码指令和译码指令、触点比较指令进行梯形图编程，并能灵活利用指令进行 PLC 应用系统设计。

3.5.2 项目控制要求与分析

用 PLC 设计交通信号灯控制系统。要求在 PLC 运行后，东西、南北方向的交通信号灯按照如下的时序运行。

二维码 3-23
交通灯控制要求

东西方向：绿灯亮 8 s，闪动 4 s 后熄灭，接着黄灯亮 4 s 后熄灭，红灯亮 16 s 后熄灭；与此同时，南北方向：红灯亮 16 s 后熄灭，绿灯亮 8 s，闪动 4 s，接着黄灯亮 4 s 后熄灭，如此循环下去。

按控制要求，可画出交通灯控制时序图，如图 3-59 所示。从图中看出，交通灯的控制是一个典型的由时间控制顺序进行的循环过程。可以使用多种方法实现控制功能。

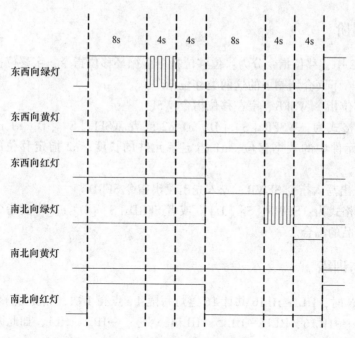

图 3-59　交通灯控制时序图

3.5.3　项目预备知识

1. 区间比较指令

（1）指令功能

ZCP 指令为区间比较指令，其使用格式如图 3-60 所示。

说明：

二维码 3-24
区间比较指令

1）ZCP 指令将 [S1]、[S2] 的值与 [S] 的值进行比较，然后用目标操作数[D]~[D+2]来反映比较的结果。

2）源操作数 [S1]、[S2] 与 [S] 的形式可以为 K、H、KnX、KnY、KnM、KnS、T、C、D、V、Z；目标操作数 [D] 的形式可以为 Y，M，S。

3）源操作数 [S1] 和 [S2] 确定区间比较范围，不论[S1]>[S2]还是[S1]<[S2]，在执行 ZCP 指令时，总是将较大的那个数看作 [S2]。例如，[S1]=K200，[S2]=K100；在执行 ZCP 指令时，将 K100 视为 [S1]，K200 视为 [S2]。因此，为了使程序清晰易懂，使用时还需要使[S1]<[S2]。

```
─┤├─         ZCP  S1  S2  S  D ─┤
```

图 3-60　指令 ZCP 使用格式

4）所有源操作数都被看作二进制数，其最高位为符号位，如果该位为 0，那么该数为正；如果该位为 1，那么该数为负。

5）目标操作数 [D] 由 3 个位作元件组成，梯形图中表明的是目标操作数的第 1 个位元件，另外两个位元件紧随其后。若指令中指明目标操作数 [D] 为 M0，则实际目标操作数还包括紧随其后的 M1、M2。

6）当 ZCP 指令执行时，每扫描一次该梯形图，就将［S］与源操作数［S1］和［S2］进行比较，结果如下：当［S1］>［S］时，［D］= ON；当［S1］≤［S］≤［S2］时，［D+1］= ON；当［S］>［S2］时，［D+2］= ON。

7）在执行比较操作后，即使其执行条件被破坏，目标操作数的状态也仍保持不变，除非用 RST 指令将其复位。

8）在指令前加"D"表示其操作数为 32 位的二进制数，在指令后加"P"表示指令为脉冲执行型。

（2）编程实例

ZCP 指令编程实例如图 3-61 所示。当 X010 = OFF 时，ZCP 指令不被执行，M10 ~ M12 保持以前的状态；当 X010 = ON 时，ZCP 指令执行区间比较，比较结果为：

若 C10<K10，则 M10 = ON。

若 K10≤C10≤K20，则 M11 = ON。

若 C10>K20，则 M12 = ON。

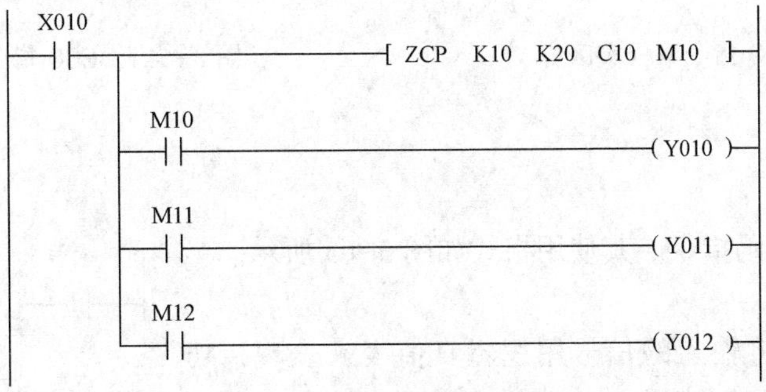

```
     X010
     ─┤├─                          ─[ ZCP  K10  K20  C10  M10 ]─
      M10
     ─┤├─                                              ─( Y010 )─
      M11
     ─┤├─                                              ─( Y011 )─
      M12
     ─┤├─                                              ─( Y012 )─
```

图 3-61　ZCP 指令编程实例

2. 译码指令

（1）指令功能

DECO 指令为译码指令。其使用格式如图 3-62 所示。

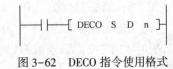

图 3-62　DECO 指令使用格式

说明：

1）DECO 指令将输入的信号进行真值表式的展开，功能如同将二进制数转换成十进制数一样。

2）源操作数［S］的形式可以为 K，H，T，C，D，V、Z，X，Y，M，S；目标操作数［D］的形式可以为 T，C，D，Y，M，S；n 的形式可以为 K，H。

3）如果目标操作数［D］为位元件，且以［S］为首地址的 n 位连续的位元件所表示的十进制数为 N，那么 DECO 指令就把以［D］为首地址的目标元件的第 N 位（不含目标元件位本身）置位，其他位清零。

4）如果目标操作数［D］为位元件，那么 n≤8；n=0 时不处理，n<0 或 n>8 时会出现错误运算；n=8 时，其点数是 2^8 =256 点。

5）如果目标操作数［D］为字元件，那么 n≤4；源操作数地址的低 n 位被译码至目标地址，目标元件的高位都变为 0；n=0 时不处理，n<0 或 n>4 时运算错误。

6）若执行条件不满足，则 DECO 指令不执行，正在动作的译码输出保持动作。

7）若需要在执行条件满足时仅执行一次，则可以使用脉冲执行型 DECOP 指令；否则指令为连续执行型，在每个扫描周期指令都会被执行一次。

（2）编程实例

在图 3-63 中，目标操作数为位元件。当 X010 = ON 时，将 X000 开始的 K4 个元件（X003 ~ X000）译码，然后指定以 M0 开始的 2^4 位（M15 ~ M0）对应的辅助继电器为 ON。若 X003 ~ X000 的状态为 1010，则其十进制数值应为 10，DECO 指令被执行后，会将 M10 位置位，其余位清零。

在图 3-64 中，目标操作数为字元件。当 X010 = ON 时，从 D0 的低位算起的 3 位进行译码，然后将 D1 的对应位置位，当 n < 3 时，D1 的高 8 位全部为零。若 D0 的状态为 0011 0101 0011 0011，即其低 3 位为 011，对应的十进制数值是 3，故 DECO 指令执行时，会将 D1 的第 4 位置为 1，其余为 0，即 D1 的状态变为 0000 0000 0000 1000。

```
    X010
----| |----------------------[ DECO  X000   M0  K4 ]-
```

图 3-63 DECO 指令编程实例 1

```
    X010
----| |----------------------[ DECO  D0   D1  K3 ]-
```

图 3-64 DECO 指令编程实例 2

3. 编码指令

（1）指令功能

ENCO 指令为编码指令。其使用格式如图 3-65 所示。

说明如下。

1）ENCO 指令将输入的信号用逻辑真值表来表现，功能如同将十进制数用二进制形式来表示一样。

```
----| |------------[ ENCO  S  D  n ]-
```

图 3-65 ENCO 指令使用格式

2）源操作数［S］的形式可以为 T，C，D，V、Z、X，Y，M，S；目标操作数［D］的形式可以为 T，C，D，V、Z；n 的形式可以为 K，H。

3）如果源操作数［S］为位元件，在以［S］为首地址、长度为 2^n 位连续的位元件中，最高位为 1 的位置编号被编码，然后存放到目标［D］所指定的元件中，［D］中数值的范围就由 n 确定。

4）若源操作数［S］为位元件，并且第一个位元件（第 0 位）为 1，则目标操作数［D］中全部存放"0"。当源操作数中没有"1"时，运算出错。

5）若［S］为位元件，并且 n = 0，则指令不执行；n < 0 或 n > 8 时，会出现运算错误。n = 8 时，源操作数的位数是 $2^8 = 256$ 位。

6）若［S］为字元件，则 ENCO 指令将其最低的 2^n 位连续的位元件中最高位为 1 的位置编号编码，然后存放到目标［D］所指定的元件中。

7）若执行条件不满足，则 ENCO 指令不执行，正在动作的编码输出保持动作。

8）若需要在执行条件满足时仅执行一次，则可以使用脉冲执行型指令 ENCOP；否则指令为连续执行型，在每个扫描周期指令都会执行一次。

（2）编程实例

在图 3-66 中，源操作数为位元件。当 X000 = ON 时，对 M0 的低 2^3 位连续的位元件（即 M7 ~ M0）进行编码，然后在 D0 的对应位显示。若 M7 ~ M0 的状态为 0000 1000，则在其最高位为"1"的位置编号是"3"（最低位的位置编号是"0"），对应的二进制编码是011，故应将 D0 的状态置为 0000 0000 0000 0011。

在图 3-67 中，源操作数为字元件。当 X000=ON 时，对 D0 的低 2^3 位进行编码，然后在 D1 的对应位显示。若 D0 的状态为 0101 0101 0000 1011，其低 2^3 位状态是 0000 1011，最高位位为 1 的位置编号是"3"，对应的二进制编码是 011，故应将 D1 的状态置为 0000 0000 0000 0011。

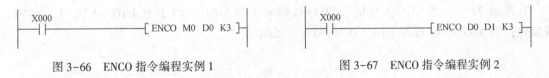

图 3-66 ENCO 指令编程实例 1　　　　　　图 3-67 ENCO 指令编程实例 2

4. 触点比较类指令

（1）指令功能

本类指令有多条。触点比较指令一览表见表 3-6。触点比较指令相当于一个触点，在执行指令时，比较两个操作数 [S1]、[S2]，若满足比较条件，则触点闭合。

表 3-6　触点比较指令一览表

分　类	指令助记符	指　令　功　能
LD 类	LD =	[S1]=[S2]时，运算开始的触点接通
	LD>	[S1]>[S2]时，运算开始的触点接通
	LD <	[S1]<[S2]时，运算开始的触点接通
	LD<>	[S1]≠[S2]时，运算开始的触点接通
	LD<=	[S1]≤[S2]时，运算开始的触点接通
	LD>=	[S1]≥[S2]时，运算开始的触点接通
AND 类	AND=	[S1]=[S2]时，串联触点接通
	AND>	[S1]>[S2]时，串联触点接通
	AND<	[S1]<[S2]时，串联触点接通
	AND<>	[S1]≠[S2]时，串联触点接通
	AND<=	[S1]≤[S2]时，串联触点接通
	AND>=	[S1]≥[S2]时，串联触点接通
OR 类	OR =	[S1]=[S2]时，并联触点接通
	OR >	[S1]>[S2]时，并联触点接通
	OR<	[S1]<[S2]时，并联触点接通
	OR<>	[S1]≠[S2]时，并联触点接通
	OR<=	[S1]≤[S2]时，并联触点接通
	OR>=	[S1]≥[S2]时，并联触点接通

从 3-6 可以看出，触点比较类指令分为 3 类：LD 类（含 LD=，LD>，LD<，LD<>，LD<=，LD>=这 6 条指令）、AND 类（含 AND=，AND>，AND<，AND<>，AND<=，AND>=这 6 条指令）以及 OR 类（含 OR=，OR>，OR<，OR<>，OR<=，OR>=这 6 条指令），其

使用格式分别如图3-68~图3-70所示。

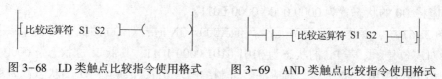

图3-68　LD类触点比较指令使用格式　　　　图3-69　AND类触点比较指令使用格式

（2）编程实例

在图3-71中，当C10＝K20时，Y000被驱动；当X010＝ON并且D100>K58时，Y010被复位；当X001＝ON或者K10>C0时，Y001被驱动。

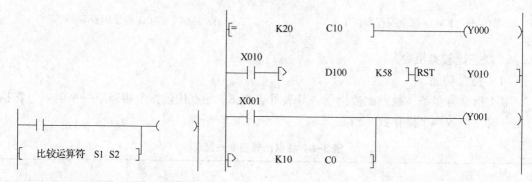

图3-70　OR类触点比较指令使用格式　　　　图3-71　触点比较指令编程实例

（3）指令使用说明

1）触点比较类指令，当［S1］、［S2］满足比较条件时，触点被接通。

2）比较运算符包括=，>，<，<>，<=，>=这6种形式。

3）两个操作数［S1］、［S2］的形式可以是K，H，KnX，KnY，KnM，KnS，T，C，D，V、Z等字元件，以及X，Y，M，S等位元件。

4）在指令前加"D"表示其操作数为32位的二进制数，在指令后加"P"表示指令为脉冲执行型。

3.5.4　项目实现

1. 用SET和RST指令实现

（1）输出分配表（见表3-7）

表3-7　输出分配表

输　　出		输　　出	
输出继电器	作　　用	输出继电器	作　　用
Y000	东西向绿灯	Y003	南北向绿灯
Y001	东西向黄灯	Y004	南北向黄灯
Y002	东西向红灯	Y005	南北向红灯

（2）编程

因为绿灯时间加上黄灯时间等于红灯时间，所以东西向绿灯亮时用SET指令把南北向红灯置位，用 RST 指令把东西向红灯复位；南北向绿灯亮时用 SET 指令把东西向红灯置位，用 RST 指令把南北向红灯复位，这样就不用另外考虑红灯了。设计出的交通灯控制梯形图 1 如图 3-72 所示。

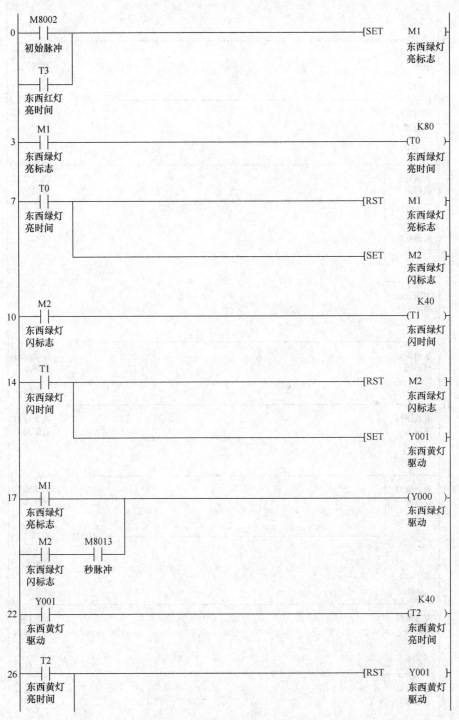

图 3-72　交通灯控制梯形图 1

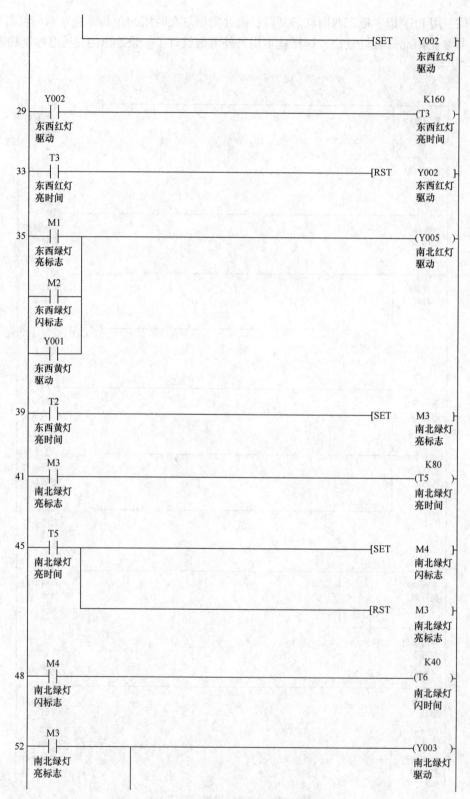

图 3-72　交通灯控制梯形图 1（续）

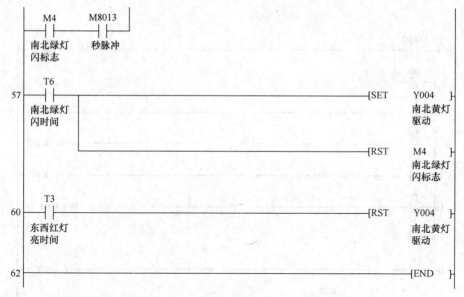

图 3-72 交通灯控制梯形图 1（续）

2. 用移位指令 SFTL 实现

（1）输出分配表（见表 3-8）

表 3-8 输出分配表

输 出		输 出	
输出继电器	作 用	输出继电器	作 用
Y000	东西向绿灯	Y003	南北向绿灯
Y001	东西向黄灯	Y004	南北向黄灯
Y002	东西向红灯	Y005	南北向红灯

（2）编程

可以把交通灯的运行看成一个流水灯问题。交通灯的点亮顺序为东西向绿灯—东西向黄灯—南北向绿灯—南北向黄灯。在这里可以用 M0、M1、M2 和 M3 来控制这 4 个阶段。首先可以用 SET 指令对 M0 置位，就可以使用 SFTL 指令对 M3~M0 组成的位组合元件执行左移，然后依次切换到 M1、M2 和 M3 这 3 个阶段。通过比较发现，东西向和南北向交通灯的运行情况完全一致，只是南北向的灯比东西向的灯延迟了 16 s，因此可以在东西向和南北向使用相同的定时器，只不过需要使用另外一个定时器重新起动它们。又因为绿灯时间加上黄灯时间等于红灯时间，因此，东西向绿灯亮时用 SET 指令把南北向红灯置位，用 RST 指令把东西向红灯复位；南北向绿灯亮时用 SET 指令把东西向红灯置位，用 RST 指令把南北向红灯复位。画出的交通灯控制梯形图 2 如图 3-73 所示。

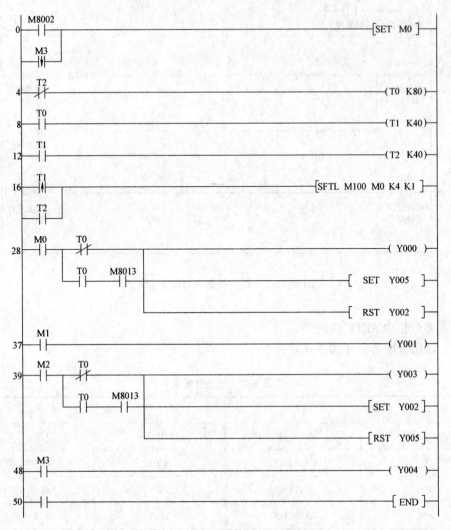

图 3-73　交通灯控制梯形图 2

3. 用译码指令 DECO 实现

（1）输出分配表（见表 3-9）

表 3-9　输出分配表

输　　出		输　　出	
输出继电器	作　　用	输出继电器	作　　用
Y000	东西向绿灯	Y003	南北向黄灯
Y001	东西向黄灯	Y004	东西向红灯
Y002	南北向绿灯	Y005	南北向红灯

（2）编程

采用译码指令，把交通灯控制看成一个流水灯问题来解决。交通灯的顺序为东西向绿灯
—东西向黄灯—南北向绿灯—南北向黄灯。因为绿灯时间加上黄灯时间等于红灯时间，因
此，东西绿灯亮时用 SET 指令把南北向红灯置位，用 RST 指令把东西向红灯复位；南北向
绿灯亮时用 SET 指令把东西向红灯置位，用 RST 指令把南北向红灯复位。设计出的交通灯
控制梯形图 3 如图 3-74 所示。

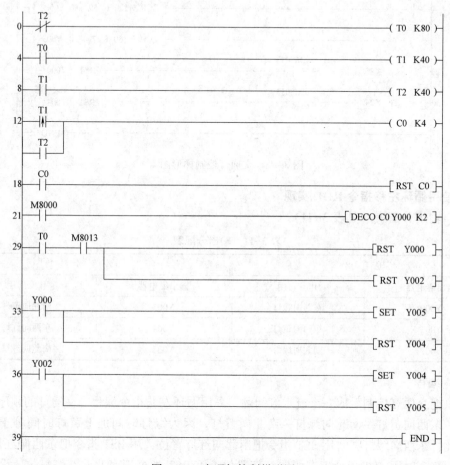

图 3-74　交通灯控制梯形图 3

4. 用区间比较指令 ZCP 实现

（1）输出分配表（见表 3-10）

表 3-10　输出分配表

输　　出		输　　出	
输出继电器	作　　用	输出继电器	作　　用
Y000	东西向绿灯	Y003	南北向红灯
Y001	东西向黄灯	Y004	南北向绿灯
Y002	东西向红灯	Y005	南北向黄灯

（2）编程

采用区间比较指令，东西、南北两边的交通灯分别采用两条区间比较指令。东西向交通灯的顺序为绿灯—黄灯—红灯；南北向交通灯的顺序为红灯—绿灯—黄灯。设计出的交通灯控制梯形图 4 如图 3-75 所示。

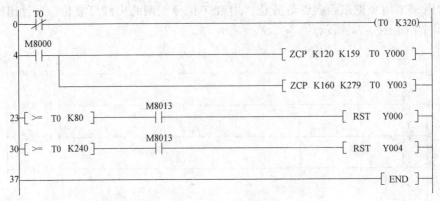

图 3-75　交通灯控制梯形图 4

5. 使用循环左移指令 ROL 实现

（1）输出分配表（见表 3-11）

表 3-11　输出分配表

输　出		输　出	
输出继电器	作　用	输出继电器	作　用
Y000	东西向绿灯	Y003	南北向黄灯
Y001	东西向黄灯	Y004	东西向红灯
Y002	南北向绿灯	Y005	南北向红灯

（2）编程

可以把交通灯控制看成一个流水灯问题，采用循环左移指令编程。交通灯的顺序为东西向绿灯—东西向黄灯—南北向绿灯—南北向黄灯。因为绿灯时间加上黄灯时间等于红灯时间，因此，东西向绿灯亮时用 SET 指令把南北向红灯置位，用 RST 指令把东西向红灯复位；南北向绿灯亮时用 SET 指令把东西向红灯置位，用 RST 指令把南北向红灯复位。设计出的交通灯控制梯形图如图 3-76 所示。

6. 用触点比较指令实现

（1）输出分配表（见表 3-12）

表 3-12　输出分配表

输　出		输　出	
输出继电器	作　用	输出继电器	作　用
Y000	东西向绿灯	Y003	南北向绿灯
Y001	东西向黄灯	Y004	南北向黄灯
Y002	东西向红灯	Y005	南北向红灯

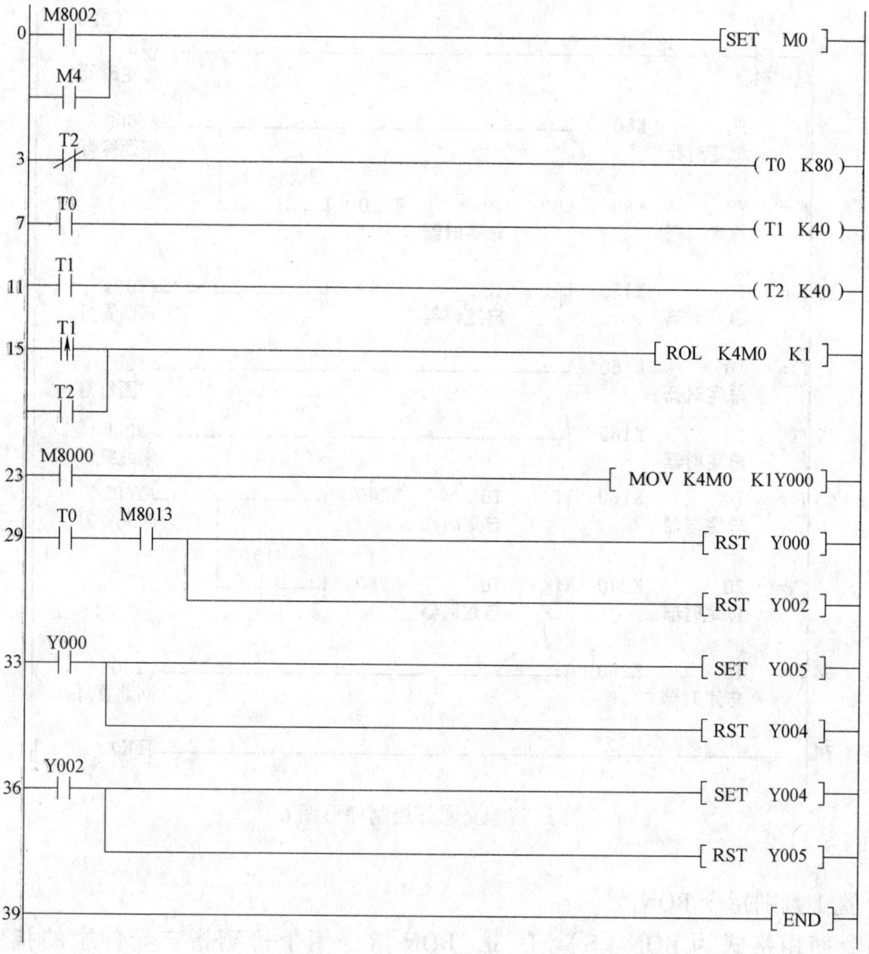

图 3-76　交通灯控制梯形图 5

（2）编程

从交通灯运行时序图上可以看到，交通灯每个周期的运行时间是固定的，可以使用一个定时器来进行控制。并且每个交通灯都是在固定的时间区间里运行的，如东西向绿灯，在时间区间 [0，8]s 内点亮，南北向红灯在 [0，16]s 内点亮……使用触点比较指令判断定时器的当前值在哪个区间里，从而进行控制。

设计出的交通灯控制梯形图 6 如图 3-77 所示。

3.5.5　知识进阶

在数据处理指令中，除了前面介绍过的区间复位指令 ZRST、编码指令 ENCO、译码指令 DECO 外，还有以下几条比较常用的指令。

（1）置 1 位数总和指令 SUM

该指令使用格式为 SUM [S] [D]。SUM 指令统计源操作数中置 1 的位的个数，并存放到目标操作数中。

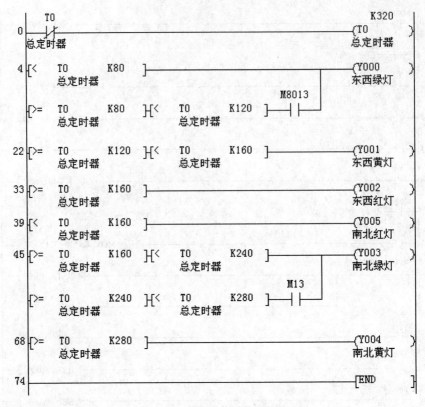

图 3-77　交通灯控制梯形图 6

（2）置 1 判别指令 BON

该指令使用格式为 BON［S］［D］n。BON 指令用于检测指定元件中的指定位是否为 1。

（3）平均值指令 MEAN

该指令使用格式为 MEAN［S］［D］n。MEAN 指令将 n 个源操作数的平均值送到指定的目标操作数中。

（4）平方根指令 SQR

该指令使用格式为 SQR［S］［D］。SQR 指令用于求源操作数的算术平方根。

3.5.6　研讨与训练

1）梯形图如图 3-78 所示，试分析程序功能；变更常数，分析结果如何变化。

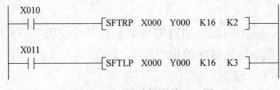

图 3-78　研讨与训练 1）图

2）梯形图如图 3-79 所示，试分析程序功能；将 SFTRP 指令改为 SFTLP 指令，分析结果如何变化。

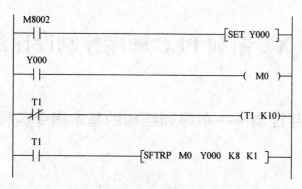

图 3-79　研讨与训练 2）图

3）梯形图如图 3-80 所示，试分析程序功能。

4）梯形图如图 3-81 所示，试分析程序功能；若将 K4 改成 K3，再分析程序。

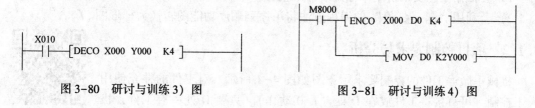

图 3-80　研讨与训练 3）图　　　　　　　图 3-81　研讨与训练 4）图

模块4 FX$_{2N}$系列PLC顺序控制设计法的应用

项目4.1 机械手控制——单序列结构的基本指令编程方法

4.1.1 教学目的

1. 基本知识目标

掌握顺序功能图的组成要素和基本结构。

2. 技能培养目标

1）会根据工艺要求绘制单序列顺序功能图。

2）会利用"起–保–停"的编程方法将单序列顺序功能图转换为梯形图。

4.1.2 项目控制要求与分析

机械手搬运工件的控制要求示意图如图4-1所示。对工件的补充使用人工控制，可直接将工件放在D处（LS0动作）。只要D处一有工件，机械手即先下降（B缸动作）将工件夹紧（C缸动作）后上升（B缸复位），再将它搬运（A缸动作）到E处上方，机械手再次下降（B缸动作）后松开（C缸复位）工件，机械手上升（B缸复位），最后机械手再回到原点（A缸复位）。A、B、C缸均为单动气缸，使用电磁控制方式。C缸在夹紧或松开工件后，分别需要5 s和3 s的延迟时间，机械手才能动作。

二维码4-1
机械手控制
要求与分析

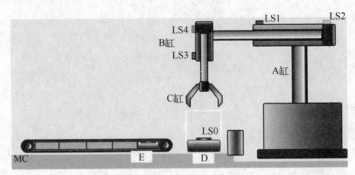

图4-1 机械手控制要求示意图

LS0—有无工件检测开关 LS1—A缸左移限位开关 LS2—A缸右移限位开关

LS3—B缸下降限位开关 LS4—B缸上升限位开关

根据上述控制要求可知，输入量为5个限位开关，输出量为3个电磁阀。可以看出，此项目中的机械手工作过程具有一定的顺序性，要求用顺序控制设计法来完成。

4.1.3 项目预备知识

1. 顺序控制设计法

在模块 2 和模块 3 中介绍的各梯形图的设计方法一般称为经验设计法，经验设计法试图用输入信号 X 直接控制输出信号 Y，当 X 无法直接控制 Y 或为了实现记忆、联锁和互锁功能，只好被动地增加一些辅助元件和辅助触点。各系统输出量 Y 与输入量 X 之间的关系和对联锁、互锁的要求千变万化，当然不可能找出一种简单通用的设计方法。

顺序控制设计法实际上是用输入信号 X 控制代表各步的编程元件（如辅助继电器 M 和状态继电器 S），再用它们控制输出信号 Y，"步"是根据输出信号 Y 的状态来划分的。顺序控制设计法又称为步进控制设计法，它是一种先进的设计方法，很容易被初学者接受，程序的调试、修改和阅读也很容易，并且大大缩短了设计周期，提高了设计效率。所谓顺序控制，就是按照生产工艺预先规定的顺序，在各个输入信号的作用下，根据内部状态和时间的顺序，在生产过程中各个执行机构自动有秩序地进行操作。

2. 顺序功能图的组成要素

在使用顺序控制设计法时，首先应根据系统的工艺过程，画出顺序功能图，然后根据顺序功能图画出梯形图。顺序功能图主要由步、有向连线、转换、转换条件和动作（或命令）5 大要素组成，如模块 1 中的图 1-5 所示。

（1）步及其划分

顺序控制设计法最基本的思想是分析被控制对象的工作过程及控制要求，根据控制系统输出状态的变化将系统的一个工作周期划分为若干个顺序相连的阶段，这些阶段称为步（Step），可以用编程元件（如辅助继电器 M 和状态继电器 S）来代表各步。步是根据 PLC 输出量的状态变化来划分的，在每一步内各输出量的 "ON/OFF" 状态均保持不变，但是相邻两步输出量总的状态是不同的。只要系统的输出量状态发生变化，系统就从原来的步进入新的步。

总之，步的划分应以 PLC 输出量状态的变化来划分。如果 PLC 输出状态没有变化，就不存在程序的变化，步的这种划分方法使代表各步的编程元件的状态与各输出量的状态之间有着极为简单的逻辑关系。

1）初始步。与系统的初始状态相对应的步称为初始步，初始状态一般是系统等待起动命令的相对静止的状态。初始步用双线框表示，每一个顺序功能图至少应该有一个初始步。

2）活动步。当系统处于某一步所在的阶段时，该步处于活动状态，该步称为活动步。当步处于活动状态时，相应的动作被执行；当步处于不活动状态时，相应的非存储型命令被停止执行。

图 4-2a 所示为送料小车工作过程示意图。小车开始停在右侧限位开关 X001 处，按下起动按钮 X003，打开储料斗的闸门，开始装料（Y002），8 s 后关闭储料斗的闸门，小车开始左行（Y001）。碰到左侧限位开关 X002 后停下来卸料（Y003），10 s 后开始右行（Y000），碰到限位开关 X001 后返回初始状态。分析送料小车的工作过程，可得出其一个工作周期可以分为装料（M1）、左行（M2）、卸料（M3）和右行（M4）4 个工作步，另外还应设置等待起动的初始步（M0）。其对应的顺序功能图如图 4-2b 所示。

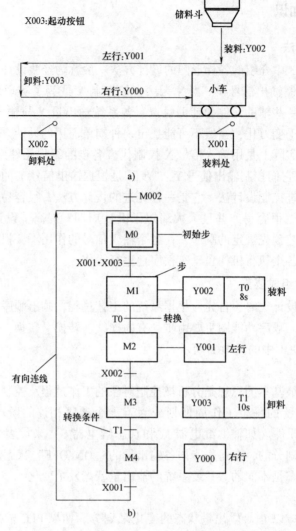

图 4-2　送料小车的工作过程

a) 示意图　b) 顺序功能图

（2）与步对应的动作或命令

可以将一个控制系统划分为被控系统和施控系统，如在数控车床系统中，数控装置是施控系统，而车床是被控系统。对于被控系统，在某一步中要完成某些"动作"；对于施控系统，在某一步中则要向被控系统发出某些"命令"。为了叙述方便，将命令或动作统称为动作。

步并不是 PLC 的输出触点动作，步只是控制系统中的一个稳定状态。在这个状态，可以有一个或多个 PLC 的输出触点动作，但是也可以没有任何输出触点动作。

"动作"是指某步活动时，PLC 向被控系统发出的命令或被控系统应执行的动作。动作用矩形框中的文字或符号表示，该矩形框应与相应步的矩形框相连接。如果某一步有多个动作，就可以用如图 4-3 所示的两种画法来表示，但是并不隐含这些动作之间的任何顺序。

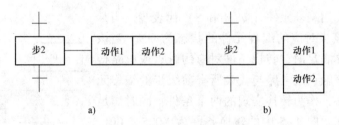

图 4-3　多个动作的两种画法
a) 画法一　b) 画法二

在图 4-2b 中，定时器 T0 的线圈应在 M1 为活动步时得电，在 M1 为不活动步时失电，从这个意义上来说，T0 的线圈相当于步 M1 的一个动作，因此将 T0 放在步 M1 的动作框内。

当步处于活动状态时，相应的动作被执行。但是应注意标注该动作是保持型还是非保持型的。保持型的动作是指该步活动时执行该动作，该步变为不活动后继续执行该动作。非保持型动作是指该步活动时执行该动作，该步变为不活动步后停止执行该动作。对一般保持型的动作，在顺序功能图中应该用文字或指令标注，而对非保持型动作不必标注。

（3）有向连线、转换和转换条件

如图 4-2b 所示，步与步之间用有向连线连接，并且用转换将步分隔开。步的活动状态进展按有向连线规定的路线进行。在有向连线上无箭头标注时，其进展方向是从上而下，从左到右。如果不是上述方向，就应在有向连线上用箭头标注方向。

步的活动状态进展是由转换来完成的。转换用与有向连线垂直的短画线来表示，步与步之间不允许直接相连，必须由转换隔开，而转换与转换之间也同样不能直接相连，必须由步隔开。

转换条件是与转换相关的逻辑命题。转换条件可以用文字语言、布尔代数式或图形符号标注在表示转换的短画线旁边，如图 4-4 所示。

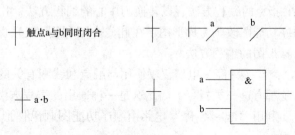

图 4-4　转换与转换条件

转换条件 $\overline{X}$ 和 X，分别表示当二进制逻辑信号 X 为 "1" 和 "0" 状态时，条件成立；转换条件 X↓ 和 X↑ 分别表示当 X 从 "1"（接通）到 "0"（断开）和从 "0" 到 "1" 状态时，条件成立。

在顺序功能图中，步的活动状态的进展是由转换来实现的。转换的实现必须同时满足两个条件：①该转换所有的前级步都是活动步；②相应的转换条件得到满足。

当同时具备以上两个条件时，才能实现步的转换。转换实现时应完成以下两个操作：①使所有由有向连线与相应转换符号相连的后续步都变为活动步；②使所有由有向连线与相应转换符号相连的前级步都变为不活动步。例如，在图 4-2b 中步 M2 为活动步的情况下，若转换条件 X002 成立，则转换实现，即步 M3 变为活动步，而步 M2 变为不活动步。

如果转换的前级步或后续步不止一个，那么转换的实现称为同步实现，如图 4-5 所示。为了强调同步实现，有向连线的水平部分用双横线表示。

在梯形图中，用编程元件（如 M 和 S）代表步，当某步为活动步时，该步对应的编程元件的状态为 ON。当该步之后的转换条件满足时，转换条件对应的触点或电路接通，因此可以将该触点或电路与代表所有前级步的编程元件的常开触点串联，作为转换实现的两个条件，同时满足对应的电路。例如，图 4-5 中的转换条件为 X005+X001，它的两个前级步为步 M10 和步 M11，应将逻辑表达式（X005+X001）·M10·M11 对应的触点串联电路作为转换实现的两个条件，同时满足对应的电路。在梯形图中，该电路接通时，应使代表前级步的编程元件 M10 和 M11 复位，同时使代表后续步的编程元件 M12 和 M13 置位（变为 ON 并保持）。

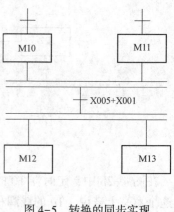

图 4-5　转换的同步实现

3. 单序列结构形式的顺序功能图

根据步与步之间转换的不同情况，顺序功能图有 3 种不同的基本结构形式，即单序列结构、选择序列结构和并行序列结构。本项目所应用的顺序功能图为单序列结构，如图 4-6 所示。

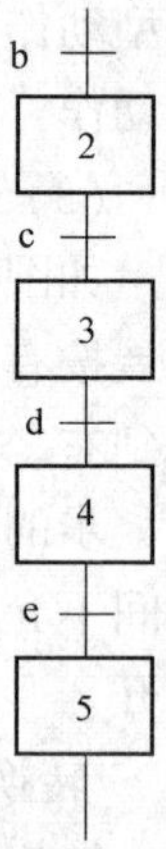

顺序功能图的单序列结构形式没有分支，它由一系列按顺序排列、相继激活的步组成。每一步的后面只有一个转换，每一个转换后面只有一步。

4. 用"起-保-停"电路实现的单序列的编程方法

根据系统的顺序功能图设计出梯形图的方法，称为顺序控制功能图的编程方法。目前常用的编程方法有 3 种，即使用"起-保-停"电路的编程方法、使用 STL 指令的编程方法、以转换为中心的编程方法。用户可以自行选择编程方法将顺序功能图改画为梯形图。在此先介绍利用"起-保-停"电路由顺序功能图画出梯形图的编程方法。

图 4-6　单序列结构

"起-保-停"电路仅仅使用与触点和线圈有关的指令，任何一种 PLC 的指令系统都有这一类指令，因此这是一种通用的编程方法，可用于任意型号的 PLC。

利用"起-保-停"电路由顺序功能图画出梯形图，要从步的处理和输出电路两方面来考虑。

（1）步的处理

用辅助继电器 M 来代表步，某一步为活动步时，对应的辅助继电器为 ON 状态，某一转换实现时，该转换的后续步变为活动步，前级步变为不活动步。由于很多转换条件都是短信号，即它存在的时间比它激活后续步为活动步的时间短，因此，应使用有记忆（或称保持）功能的电路（如"起-保-停"电路和置位/复位指令组成的电路）来控制代表步的辅助继电器。

图 4-7 所示的步 M(i-1)、M(i)、M(i+1) 是顺序功能图中顺序相连的 3 步，X(i) 是步 M(i) 之前的转换条件。设计"起-保-停"电路的关键是找出它的起动条件和停止条件。由于转换实现的条件是它的前级步为活动步，并且满足相应的转换条件，所以步 M(i) 变为活动步的条件是它的前级步 M(i-1) 为活动步，且转换条件 X(i)＝1。在"起-保-停"电路中，则应将前级步 M(i-1) 与转换条件 X(i) 对应的常开触点串联，作为控制 M(i) 的"起动"电路。

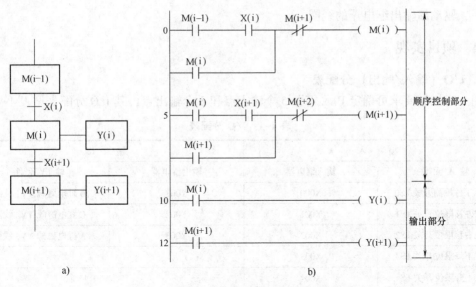

图 4-7   使用"起-保-停"电路的编程方法
a) 顺序功能图   b) 梯形图

当 M（i）和 X（i+1）均为"ON"时，步 M（i+1）变为活动步，这时步 M（i）应变为不活动步，因此，可以将 M（i+1）=1 作为使辅助继电器 M（i）变为 OFF 的条件，即将后续步 M（i+1）的常闭触点与 M（i）的线圈串联，作为"起-保-停"电路的停止电路。图 4-7 所示的梯形图可以用逻辑代数式表示为

$$M(i) = (M(i-1) \cdot X(i) + M(i)) \cdot \overline{M(i+1)}$$

图 4-7 中所示的常闭触点 M（i+1）也可以用 X（i+1）的常闭触点来代替。但是，当转换条件由多个信号经逻辑"与、或、非"运算组合而成时，应将它的逻辑表达式求反，再将对应的触点串并联电路作为"起-保-停"电路的停止电路。但这样不如使用后续步的常闭触点简单方便。

在采用"起-保-停"电路编程方法进行编程时，相应步成为活动步和成为非活动步的条件在一个梯级中实现。该步相应的命令或动作则安排在该梯级之后，或集中安排在输出段（见图 4-7）。

（2）输出电路

步是根据输出量的状态变化划分的，它们之间的关系极为简单，可以分为以下两种情况来处理。

1）如果某一输出量仅在某一步中为 ON 时，一种方法就是将它们的线圈分别与对应的辅助继电器的常开触点串联；另一种方法就是将它们的线圈分别与对应步的辅助继电器的线圈并联。

有些人会认为，既然如此，不如用这些输出继电器来代表该步，这样做可以节省一些编程元件。但是由于辅助继电器是完全够用的，多用一些不会增加硬件费用，在设计和输入程序时也不会花费很多时间。全部用辅助继电器来代表步具有概念清楚、编程规范、梯形图易于阅读和查错的优点。

2）某一输出继电器在几步中都为 ON 时，应将代表各有关步的辅助继电器的常开触点并联后，驱动该输出继电器的线圈。

4.1.4 项目实现

1. I/O（输入/输出）分配表

由上述控制要求可确定 PLC 需要 5 个输入点和 3 个输出点，其 I/O 分配表见表 4-1。

表 4-1　I/O 分配表

输　　　入		输　　　出	
输 入 元 件	输入继电器	输出继电器	输 出 元 件
有无工件检测开关 LS0	X000	Y001	B 缸电磁阀 YV1 线圈
A 缸左移限位开关 LS1	X001	Y002	C 缸电磁阀 YV2 线圈
A 缸右移限位开关 LS2	X002	Y003	A 缸电磁阀 YV3 线圈
B 缸下降限位开关 LS3	X003		
B 缸上升限位开关 LS4	X004		

2. 编程

分析机械手的工作流程，机械手的一个工作周期可划分为 9 个顺序相连的阶段，分别为原位、下降、夹紧、上升、左移、下降、放松、上升和右移；在每个阶段，输出状态均有变化，其工作流程图如图 4-8 所示。

二维码 4-2
机械手顺序
功能图设计

二维码 4-3
机械手控制
梯形图的转换
设计与运行调试

图 4-8　机械手控制工作流程图

图 4-8 中的 9 个阶段即顺序控制设计法中的 9 步，分别用 M0 ~ M8 来代表这 9 步；LS0 ~ LS4、5 s、3 s 作为转换条件，根据表 4-1 输入元件与输入继电器的对应关系，用 X000 ~

X004 替换 LS0~LS4，5 s 和 3 s 分别用定时器 T1 和 T2 来替换；初始步 M0 是系统等待工作的静止状态，用初始化脉冲 M8002 进行驱动激活；每一步的对应动作分别用相应的 PLC 编程指令中的置位和复位指令来完成，每一步的执行元件 YV1~YV3，根据表 4-1 输出元件与输出继电器的对应关系，用 Y001~Y003 替换；若同一步内有多个动作须并行输出，如 M2 步中除了要夹紧工件还要进行计时 5 s，那么在 M2 步还要同时输出定时器 T1，同理，放松工作步 M6 步中要同时输出定时器 T2。另外需注意的是，机械手在初始原位时，LS2 和 LS4 处于接通状态并且机械手未夹紧工件，为了确保机械手控制系统是从原位出发，进入第一步 M1 的转换条件中要添加 X002、X004 和 $\overline{Y002}$ 这 3 个约束条件。由此画出机械手控制顺序功能图，如图 4-9 所示。

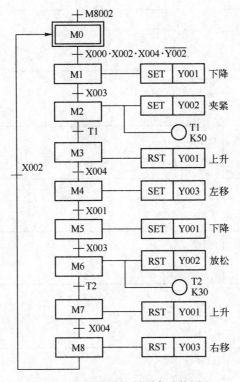

图 4-9 机械手控制顺序功能图

根据上述的"起-保-停"电路编程方法和顺序功能图，转换的机械手控制的梯形图如图 4-10 所示。

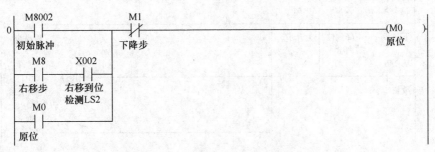

图 4-10 机械手控制的梯形图

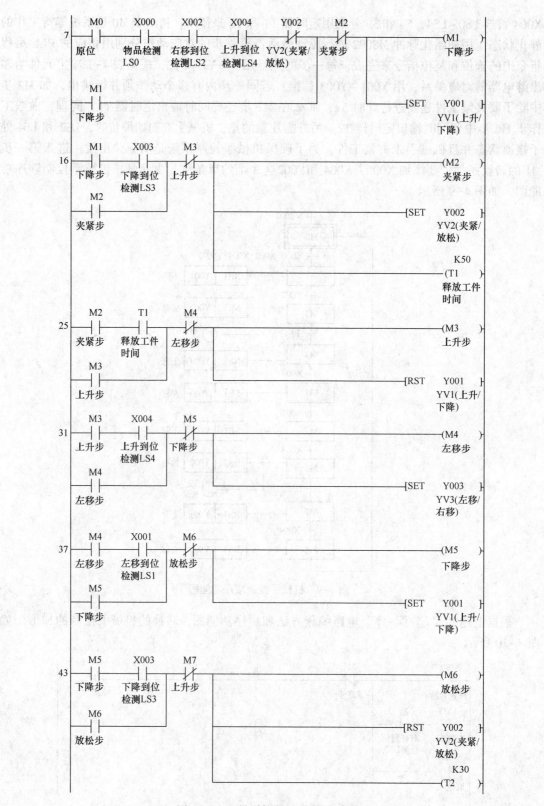

图 4-10 机械手控制的梯形图（续）

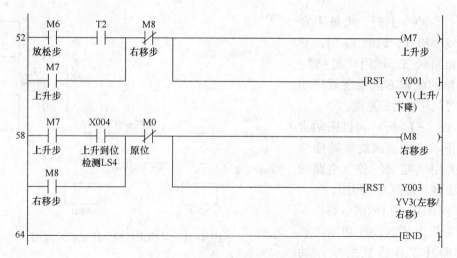

图 4-10 机械手控制的梯形图（续）

3. 硬件接线（略）

4.1.5 知识进阶

绘制顺序功能图时应注意以下事项。

1）两个步绝对不能被直接相连，必须用一个转换将它们隔开。

2）两个转换也不能被直接相连，必须用一个步将它们隔开。

3）一个顺序功能图至少有一个初始步。初始步一般对应于系统等待起动的初始状态，初始步可能没有任何输出动作，但初始步是必不可少的。

4）自动控制系统应能多次重复执行同一工艺过程，因此在顺序功能图中一般应包含由步和有向连线组成的闭环，即在完成一次工艺过程的全部操作之后，应从最后一步返回初始步，系统停留在初始状态（单周期操作，见图 4-2b），在连续循环工作方式时，将从最后一步返回下一工作周期开始运行的第一步。

5）在顺序功能图中，只有当某一步的前级步是活动步时，该步才有可能变成活动步。如果用没有断电保持功能的编程元件代表各步，那么在进入"RUN"工作方式时，它们均处于"OFF"状态，必须用初始化脉冲 M8002 的常开触点作为转换条件，将初始步预置为活动步（见图 4-10），否则因顺序功能图中没有活动步，系统将无法工作。如果系统由自动、手动工作方式进入自动工作方式时，可用一个适当的信号将初始步置为活动步。

4.1.6 研讨与训练

1）设计连续循环工作方式的顺序功能图。由图 4-9 所示的顺序功能图可知，机械手在完成一次工艺过程的全部操作之后，从最后一步返回初始步，然后停留在初始状态单周期操作。试设计一个具有连续循环工作方式的机械手往复运动控制的顺序功能图。

2）设计带有存储型命令的顺序功能图。在机械加工中经常使用冲床，某冲床机械手运动的示意图如图 4-11 所示。初始状态时机械手在最左边，X004 为 ON；冲头在最上面，X003 为 ON；机械手松开时，Y000 为 OFF。按下起动按钮 X000，Y000 变为 ON，工件被夹紧并保持，2s 后 Y001 被置位，机械手右行，直到碰到 X001，以后将顺序完成以下动作：

冲头下行，冲头上行，机械手左行，机械手松开，延时1s后，系统返回初始状态。试用"起-保-停"电路的编程方法绘制顺序功能图并将其转换为梯形图。

3）图4-12所示为机床动力头的工作示意图。试绘制顺序功能图，并用"起-保-停"电路的编程方法将其转换为梯形图。

4）将图4-2所示的运料小车单周期工作方式的顺序功能图改成连续循环工作方式的顺序功能图。

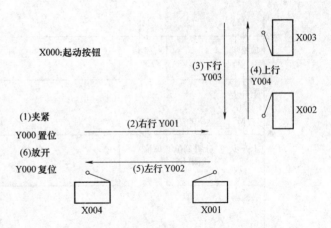

图4-11　某冲床机械手运动的示意图

5）一组彩灯由"团结、勤奋、求实、创新"4组字型灯构成。要求4组灯轮流各亮5s后，停2s，再4组灯齐亮5s，然后全部灯熄灭2s后再循环。试绘制彩灯控制的顺序功能图。

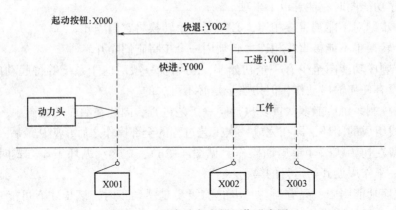

图4-12　机床动力头的工作示意图

项目4.2　液体混合控制系统——选择序列结构的基本指令编程方法

4.2.1　教学目的

1. 基本知识目标

掌握选择序列顺序功能图的结构。

2. 技能培养目标

1）会根据工艺要求绘制选择序列顺序功能图。

2）会利用"起-保-停"电路的编程方法，将选择序列顺序功能图转换为梯形图。

4.2.2 项目控制要求与分析

图 4-13 所示为液体混合控制装置示意图，适合如饮料的生产、酒厂的配液、农药厂的配比等。SL1、SL2、SL3 分别为高、中、低液面传感器，液面淹没时接通，两种液体的输入阀门和混合液体放液阀门分别由电磁阀 YV1、YV2 和 YV3 控制，M 为搅拌电动机。

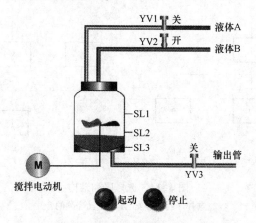

图 4-13 液体混合控制装置示意图

开始时，容器是空的，各阀门均关闭，各传感器均为 OFF。按下起动按钮后，打开阀 YV1，液体 A 流入容器，中液位传感器 SL2 变为 ON 时，关闭阀 YV1；打开阀 YV2，液体 B 流入容器，当高液位传感器 SL1 变为 ON 时，关闭阀 YV2；搅拌电动机 M 开始运行，搅拌液体 1 min 后停止搅拌，打开阀 YV3，放出混合液体；当低液位传感器 SL3 变为 ON 时，再过 5S，容器放空，关闭阀 YV3；打开阀 YV1，又开始重复下一周期的操作。

在工作过程中，按下停车按钮，并不立即停止工作，而要将当前容器内的混合工作处理完毕后（当前周期内执行到底），才能停止操作，即停在初始状态上，否则会造成浪费。

根据上述控制要求可知，输入量共 5 个，分别为起动按钮、停止按钮和 3 个液位传感器；输出量共 4 个，为 3 个电磁阀和搅拌电动机。需注意的是，在控制要求中，停止按钮的按下并不是按顺序进行的，在任何时候都可能按下，而且不管何时按下停止按钮，都要等到当前工作周期结束后才能响应。

4.2.3 项目预备知识

1. 选择序列结构形式的顺序功能图

顺序过程进行到某步，若该步后面有多个转移方向，而当该步结束后，只有一个转换条件被满足以决定转移的去向，即只允许选择其中的一个分支执行，这种顺序控制过程的结构就是选择序列结构。

选择序列有开始和结束之分。选择序列的开始称为分支，各分支画在水平单线之下，各分支中表示转换的短画线只能画在水平单线之下的分支上。选择序列的结束称为合并，选择序列的合并是指几个选择分支合并到一个公共序列上，各分支也都有各自的转换条件。各分支画在水平单线之上，各分支中表示转换的短画线只能画在水平单线之上的分支上。

图 4-14a 所示为选择序列的分支。假设步 4 为活动步,如果转换条件 a 成立,则步 4 向步 5 实现转换;如果转换条件 b 成立,则步 4 向步 7 转换;如果转换条件 c 成立,则步 4 向步 9 转换。分支中一般只允许选择其中一个序列。图 4-14b 所示为选择序列的合并。无论哪个分支的最后一步成为活动步,当转换条件满足时,都要转向步 11。如果步 6 为活动步,转换条件 d 成立,则由步 6 向步 11 转换;如果步 8 为活动步,转换条件 e 成立,则由步 8 向步 11 转换;如果步 10 为活动步,转换条件 f 成立,则由步 10 向步 11 转换。

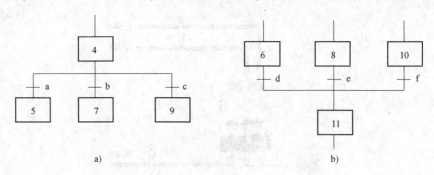

图 4-14　选择序列结构

a) 选择序列的分支　b) 选择序列的合并

2. 用"起-保-停"电路实现选择序列的编程方法

(1) 选择序列分支的编程方法

如果某一步的后面有一个由 N 条分支组成的选择序列,该步可能转换到不同的分支去,就应将这 N 个后续步对应的辅助继电器的常闭触点与该步的线圈串联,作为结束该步的条件。如图 4-15a 所示,步 M2 之后有一个选择序列的分支,当它的后续步 M3、M4 或者 M5 变为活动步时,它应变为不活动步,所以需将 M3、M4 和 M5 的常闭触点串联作为步 M2 的停止条件,如图 4-15b 所示。

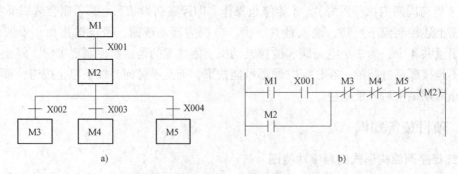

图 4-15　选择序列分支的编程方法示例

a) 顺序功能图　b) 梯形图

(2) 选择序列合并的编程方法

对于选择序列的合并,如果某一步之前有 N 个转换(即有 N 条分支在该步之前合并后进入该步),那么代表该步的辅助继电器的起动电路由 N 条支路并联而成,各支路由某一前级步对应的辅助继电器的常开触点与相应转换条件对应的触点或电路串联而成。

如图 4-16a 所示，步 M4 之前有一个选择序列的合并。只要步 M1 为活动步并且转换条件 X001 满足，或步 M2 为活动步并且转换条件 X002 满足，或步 M3 为活动步并且转换条件 X003 满足，步 M4 都应变为活动步，即控制步 M4 的"起-保-停"电路的起动条件应为 M1·X001+M2·X002+M3·X003，对应的起动条件由 3 条并联支路组成，每条支路分别由 M1、X001 和 M2、X002 以及 M3、X003 的常开触点串联而成，如图 4-16b 所示。

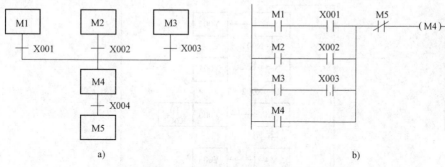

图 4-16　选择序列合并的编程方法示例
a）顺序功能图　b）梯形图

4.2.4　项目实现

1. I/O（输入/输出）分配表

由上述控制要求可确定 PLC 需要 5 个输入点和 4 个输出点，其 I/O 分配表见表 4-2。

表 4-2　I/O 分配表

输　入		输　出	
输入元件	输入继电器	输出继电器	输出元件
起动按钮 SB1	X000	Y000	电动机 M 线圈
停止按钮 SB2	X001	Y001	电磁阀 YV1 线圈
高液位传感器 SL1	X002	Y002	电磁阀 YV2 线圈
中液位传感器 SL2	X003	Y003	电磁阀 YV3 线圈
低液位传感器 SL3	X004		

2. 编程

根据液体混合控制的工作流程，其工作周期可划分为 6 步，除了初始步外，还包括液体 A 流入容器、液体 B 流入容器、搅拌液体、放出混合液和放空容器这 5 步。用 M0 表示初始步，分别用 M1～M5 表示液体 A 流入容器、液体 B 流入容器、搅拌液体、放出混合液和放空容器。搅拌液体时间和放空容器时间分别用 T0 和 T1 来表示。用各限位液位传感器、按钮和定时器提供的信号表示各步之间的转换条件。各工作步的动作相应地用 Y0～Y3、T0 和 T1 线圈来表示。另外需注意的是，项目要求不管何时按下停止按钮都要等到当前工作周期结束后才能响应。所以停止按钮 X001 的操作不能在顺序功能图中直接反映出来，可以用 M10 间接表示出来。M10 用"起-保-停"电路和起动按钮 X000、停止按钮 X001 来控制，按下起动按钮 X000，M10 变为 ON 状态并保持，按下停止按钮 X001，M10 变为 OFF 状态，但是系统不会马上返回初始步，M10 只是在步 M5 之后起作用。液体混合控制的顺序功能图如图 4-17 所示。

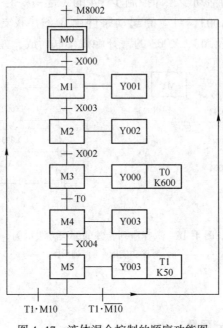

图 4-17　液体混合控制的顺序功能图

　　根据"起-保-停"电路编程方法和顺序功能图，所转换的液体混合控制的梯形图如图 4-18 所示。

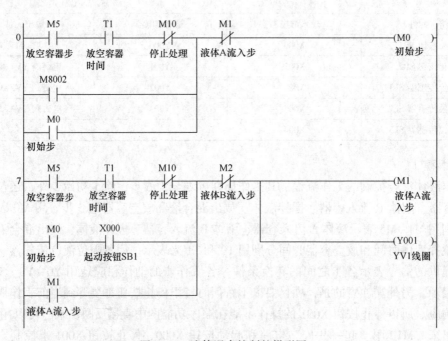

图 4-18　液体混合控制的梯形图

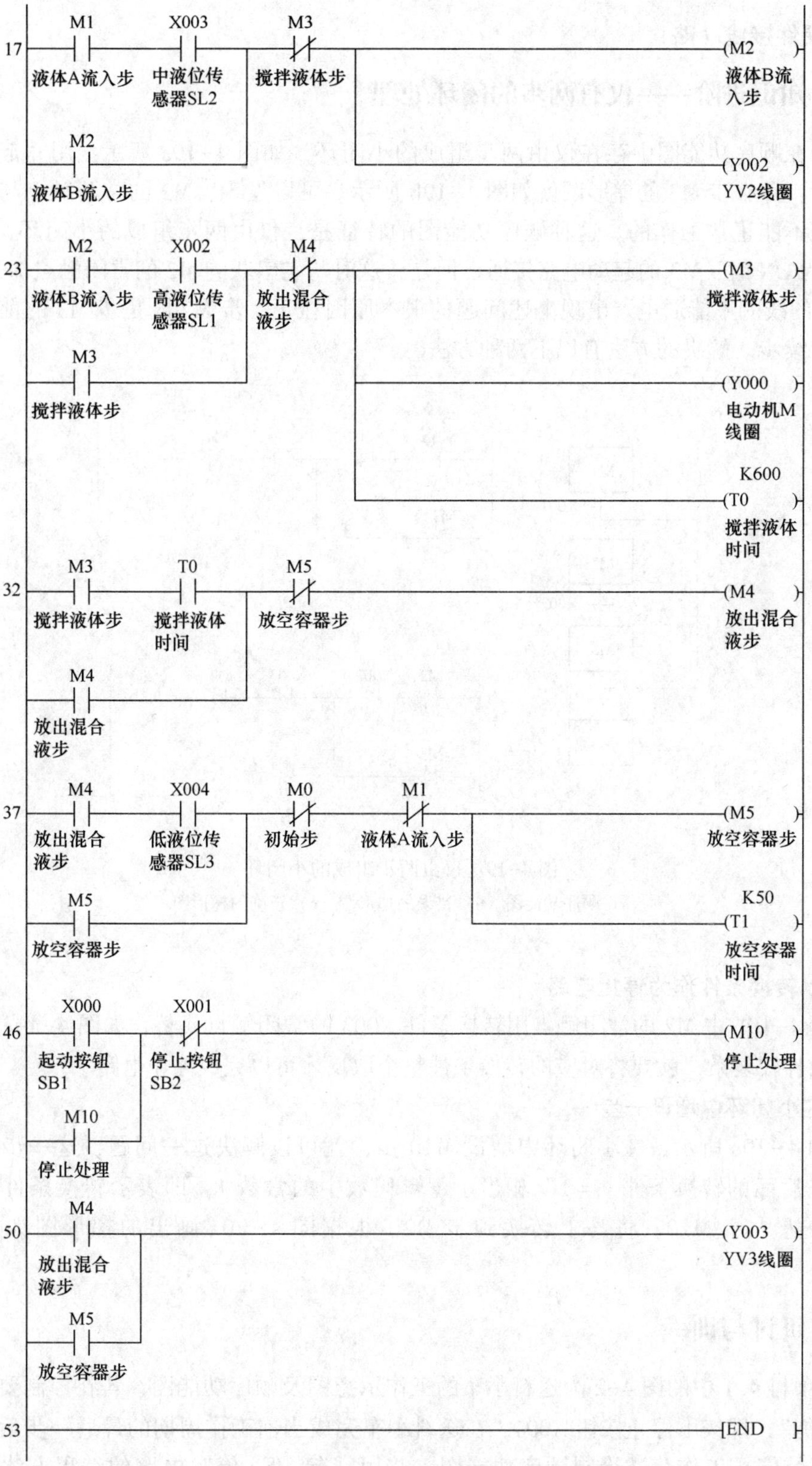

17 M1 / X003 / M3 ──(M2)
液体A流入步　中液位传感器SL2　搅拌液体步　　　液体B流入步

M2 ──(Y002)
液体B流入步　　YV2线圈

23 M2 / X002 / M4 ──(M3)
液体B流入步　高液位传感器SL1　放出混合液步　　搅拌液体步

M3 ──(Y000)
搅拌液体步　　电动机M线圈

K600
(T0)
搅拌液体时间

32 M3 / T0 / M5 ──(M4)
搅拌液体步　搅拌液体时间　放空容器步　　放出混合液步

M4
放出混合液步

37 M4 / X004 / M0 / M1 ──(M5)
放出混合液步　低液位传感器SL3　初始步　液体A流入步　　放空容器步

M5
放空容器步

K50
(T1)
放空容器时间

46 X000 / X001 ──(M10)
起动按钮SB1　停止按钮SB2　　停止处理

M10
停止处理

50 M4 ──(Y003)
放出混合液步　　YV3线圈

M5
放空容器步

53 ──[END]

图 4-18　液体混合控制的梯形图（续）

3. 硬件接线（略）

4.2.5 知识进阶——仅有两步的闭环处理

如果在顺序功能图中存在仅由两步组成的小闭环，如图4-19a所示，用"起-保-停"电路设计，那么步M3的梯形图就如图4-19b所示。可以发现，M2的常开触点与常闭触点串联，是不能正常工作的。这种顺序功能图的特征是，仅由两步组成的小闭环，在M2和X002均为ON时，M3的起动电路接通。但是，这时与它串联的M2的常闭触点却是断开的，所以M3的线圈不能通电。出现上述问题的根本原因在于，步M2既是步M3的前级步，又是它的后续步。解决的方法有以下两种方法。

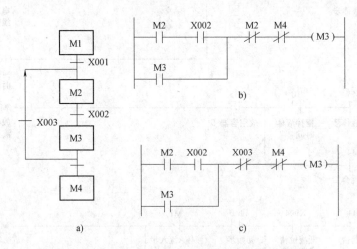

图4-19 仅由两步组成的小闭环

a）顺序功能图 b）错误的梯形图 c）正确的梯形图

1. 以转换条件作为停止电路

将图4-19b中M2的常闭触点用转换条件X003的常闭触点代替，如图4-19c所示。如果转换条件较复杂，就要将对应的转换条件整个取反才可以完成停止电路。

2. 在小闭环中增设一步

如图4-20a所示，在小闭环中增设M10步，就可以解决这一问题，这一步没有什么操作，它后面的转换条件"=1"相当于逻辑代数中的常数1，即表示转换条件总是满足的，只要进入步M10，将马上转换到步M2。根据图4-20a画出的梯形图如图4-20b所示。

4.2.6 研讨与训练

1）项目4.1中的图4-2为送料小车的工作示意图及顺序功能图，若在控制要求中增加"停止功能"，即按下停止按钮X004，在送料小车完成当前工作周期的最后一步后，返回初始步，系统停止工作。试绘制顺序功能图，并用"起-保-停"电路的编程方法来设计梯形图。

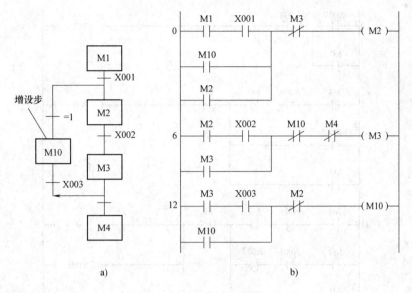

图 4-20　在小闭环中增设一步

a) 顺序功能图　b) 梯形图

编程分析如下：在控制要求中，停止按钮 X004 的按下并不是按顺序进行的，在任何时候都可能按下停止按钮，而且不管什么时候按下停止按钮，都要等到当前工作周期结束后才能响应。所以停止按钮 X004 的操作不能在顺序功能图中直接反映出来，可以用辅助继电器 M7 间接表示出来，如图 4-21 所示。

为了实现按下停止按钮 X004 后，在步 M4 之后结束工作，这就需要在梯形图中设置用"起-保-停"电路控制的辅助继电器 M7，即按下起动按钮 X003 后，M7 变为 ON。它只是在步 M4 之后的转换条件中出现，所以在按了停止按钮 X004，M7 变为 OFF 后，系统不会马上停止运行。在送料小车返回限位开关 X001 处时，如果没有按停止按钮，转换条件 X001·M7 满足，系统就将返回步 M1，开始下一周期的

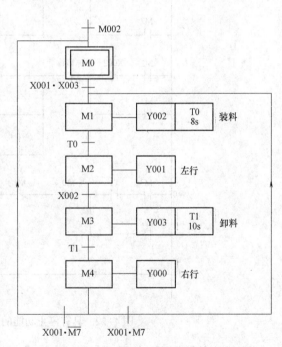

图 4-21　具有停止功能的送料小车的顺序功能图

工作。如果已经按了停止按钮，M7 为 OFF，右限位开关 X001 为 ON 时，转换条件 X001·$\overline{M7}$ 满足，系统就将返回初始步 M0，停止运料。

用"起-保-停"电路的编程方法设计的具有停止功能的送料小车的梯形图如图 4-22 所示。

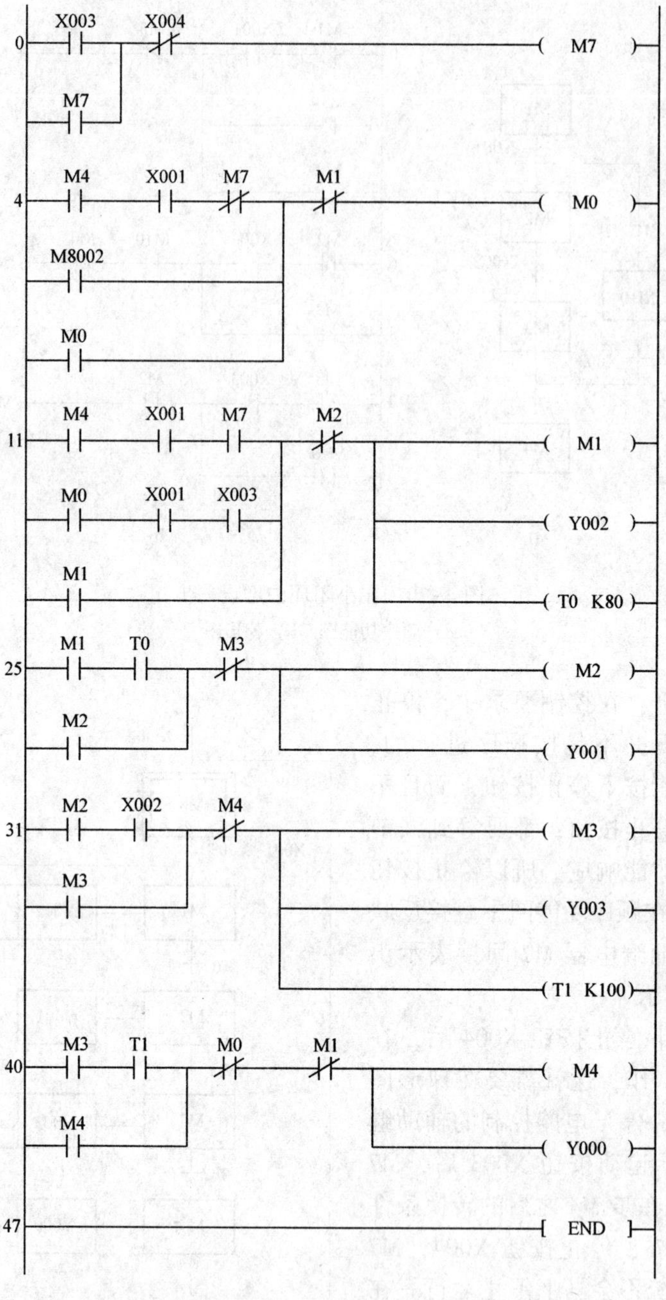

图 4-22　具有停止功能的送料小车的梯形图

试画出硬件接线图并上机进行调试。

2）地下停车场的交通灯控制示意图如图 4-23 所示。为了节省空间，在地下停车场的出入口处，同时只允许一辆车进出，在进出通道的两端设置有红绿灯，光电开关 X000 和 X001 用于检测是否有车经过，光线被车遮住时，X000 或 X001 为 ON。有车进入通道时（光电开关检测到车的前沿）两端的绿灯灭，红灯亮，以警示两方后来的车辆不可再进入通道。车开出通道时，光电开关检测到车的后沿，两端的红灯灭，绿灯亮，其他车辆可以进入通道。

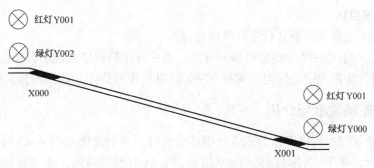

图 4-23 地下停车场的交通灯控制示意图

用顺序控制设计法来实现地下停车场交通灯控制的顺序功能图如图 4-24 所示。

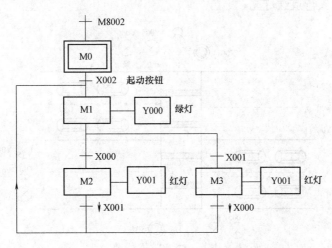

图 4-24 地下停车场交通灯的顺序功能图

试用"起-保-停"电路的编程方法将图 4-24 转换成梯形图,并画出在没有起动按钮情况下的顺序功能图。

3）抢答器控制。抢答器系统可实现 4 组抢答,每组两人。共有 8 个抢答按钮,各按钮对应的输入信号为 X000、X001、X002、X003、X004、X005、X006、X007;主持人的控制按钮的输入信号为 X010;各组对应指示灯的输出控制信号分别为 Y001、Y002、Y003、Y004。前 3 组中任意一人按下抢答按钮即获得答题权;最后一组必须同时按下抢答按钮才可以获得答题权;主持人可以对各输出信号复位。试设计抢答器控制系统的顺序功能图。

项目 4.3 按钮式人行横道交通灯控制——并行序列结构的基本指令编程方法

4.3.1 教学目的

1. 基本知识目标
掌握并行序列顺序功能图的结构。

2. 技能培养目标

1）会根据工艺要求绘制并行序列顺序功能图。

2）会利用"起-保-停"电路的编程方法，将并行序列顺序功能图转换为梯形图。

3）会利用以转换为中心的电路编程方法，将并行序列顺序功能图转换为梯形图。

4.3.2 项目控制要求与分析

在道路交通管理上有许多按钮式人行横道交通灯，其示意图如图 4-25 所示。在正常情况下，汽车通行，即 Y003 绿灯亮，Y005 红灯亮；行人想过马路，就按按钮。在按下按钮 X000（或 X001）之后，主干道交通灯变化为绿（5 s）→绿闪（3 s）→黄（3 s）→红（20 s），当主干道红灯亮时，人行道从红灯亮转为绿灯亮，15 s 以后，人行道绿灯开始闪烁，闪烁 5 s 后主干道绿灯亮，人行道红灯亮。

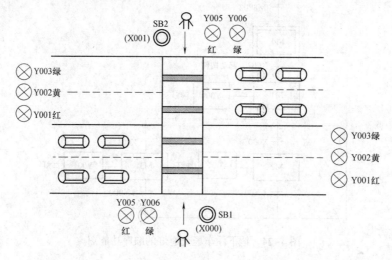

图 4-25　按钮式人行横道交通灯的示意图

本项目要求用 PLC 控制按钮式人行横道交通灯，用并行序列的顺序功能图编程。

4.3.3 项目预备知识

1. 并行序列结构形式的顺序功能图

顺序过程进行到某步，该步后面有多个分支，在该步结束后，若转移条件满足，则同时开始所有分支的顺序动作，全部分支的顺序动作同时结束后，汇合到同一状态，这种顺序控制过程的结构就是并行序列结构。

并行序列也有开始和结束之分。并行序列的开始称为分支，并行序列的结束称为合并。图 4-26a 所示为并行序列的分支。它是指当转换实现后将同时使多个后续步激活，每个序列中活动步的进展将是独立的。为了区别于选择序列顺序功能图，强调转换的同步实现，水平连线用双线表示，转换条件放在水平双线之上。如果步 3 为活动步，且转换条件 e 成立，则步 4、6、8 同时变成活动步，而步 3 变为不活动步。当步 4、6、8 被同时激活后，每一序列接下来的转换将是独立的。

图 4-26b 所示为并行序列的合并。用双线表示并行序列的合并，将转换条件放在水平

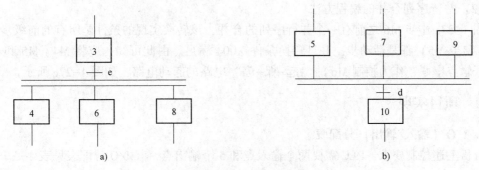

图 4-26　并行序列结构

a）并行序列的分支　b）并行序列的合并

双线之下。当直接连在水平双线上的所有前级步5、7、9都为活动步时，步5、7、9的顺序动作全部执行完成后，且转换条件d成立，才能使转换实现，即步10变为活动步，而步5、7、9同时变为不活动步。

2. 用"起-保-停"电路实现的并行序列的编程方法

（1）并行序列分支的编程方法

并行序列中各单序列的第一步同时变为活动步。对控制这些步的"起-保-停"电路使用同样的起动电路，就可以实现这一要求。图4-27a中步M1之后有一个并行序列的分支，当步M1为活动步并且转换条件满足时，步M2和步M3同时变为活动步，即M2和M3应同时变为ON，图4-27b中步M2和步M3的起动电路相同，都为逻辑关系式M1·X001。

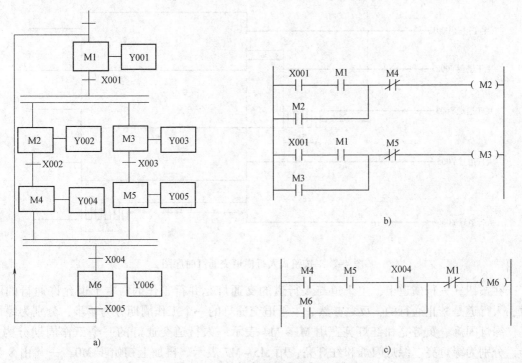

图 4-27　并行序列的编程方法示例

a）顺序功能图　b）并行序列分支的起动梯形图　c）并行序列合并的起动梯形图

（2）并行序列合并的编程方法

图 4-27a 中步 M6 之前有一个并行序列的合并，该转换实现的条件是所有的前级步（即步 M4 和步 M5）都是活动步，并且转换条件 X004 满足。由此可知，应将 M4、M5 和 X004 的常开触点串联，作为控制 M6 的"起-保-停"电路的起动电路，如图 4-27c 所示。

4.3.4 项目实现

1. I/O（输入/输出）分配表

分析上述控制要求，PLC 需要两个输入点和 5 个输出点，其 I/O 分配表见表 4-3。

表 4-3 I/O 分配表

输　入		输　出	
输入继电器	作　用	输出继电器	作　用
X000	SB1 按钮	Y001	主干道红灯
X001	SB2 按钮	Y002	主干道黄灯
		Y003	主干道绿灯
		Y005	人行道红灯
		Y006	人行道绿灯

2. 编程

由提出的控制要求可画出按钮式人行横道交通灯时序图，如图 4-28 所示。

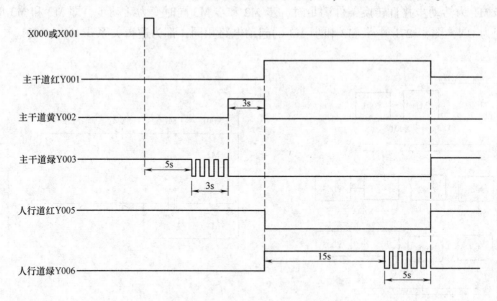

图 4-28 按钮式人行横道交通灯时序图

在按钮式人行横道上，主干道与人行道的交通灯是并行工作的，主干道允许通行的同时，人行道是禁止通行的，反之亦然。主干道交通灯的一个工作周期分为 4 步，分别为绿灯亮、绿灯闪烁、黄灯亮和红灯亮，用 M1 ~ M4 表示。人行道交通灯的一个工作周期分为 3 步，分别为绿灯亮、绿灯闪烁和红灯亮，用 M5 ~ M7 表示。再加上初始步 M0，一共由 8 步构成。各按钮和定时器提供的信号是各步之间的转换条件，由此画出此项目的顺序功能图如图 4-29 所示，用"起-保-停"电路编程方法画出的梯形图如图 4-30 所示。

150

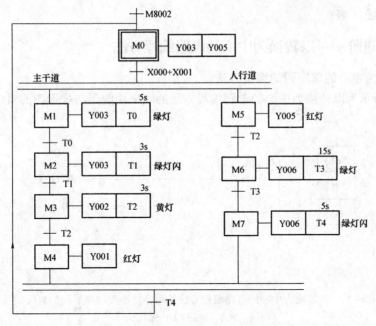

图 4-29　按钮式人行道交通灯顺序功能图

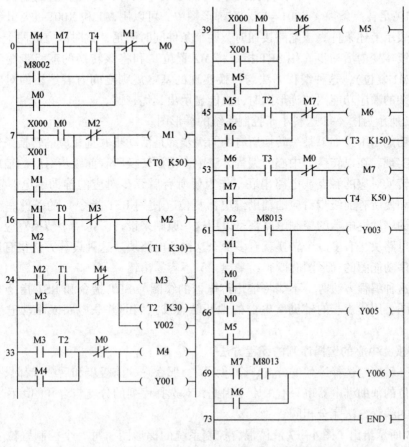

图 4-30　采用 "起-保-停" 电路编程方法的梯形图

3. 硬件接线（略）

4.3.5 知识进阶——以转换为中心的电路编程方法

1. 以转换为中心的单序列的编程方法

图4-31所示为以转换为中心的电路编程方法的顺序功能图与梯形图的对应关系。

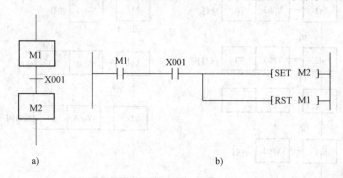

图4-31 以转换为中心的电路编程方法的顺序功能图与梯形图的对应关系
a) 顺序功能图　b) 梯形图

实现图4-31中X001对应的转换需要同时满足两个条件，即该转换的前级步是活动步（M1=1）和满足转换条件（X001=1）。在梯形图中，可以用M1和X001的常开触点组成的串联电路来表示上述条件。该电路接通时，两个条件同时满足，此时应完成两个操作，即将该转换的后续步变为活动步（用SET指令将M2置位）和将该转换的前级步变为不活动步（用RST将M1复位），这种编程方法与转换实现的基本规则之间有着严格的对应关系，当用它编制复杂的顺序功能图的梯形图时，更能显示出其优越性。

图4-32所示为图4-2送料小车控制系统的梯形图。

在顺序功能图中，如果某一转换所有的前级步都是活动步并且相应的转换条件满足，则转换就可以实现。在以转换为中心的编程方法中，用该转换所有前级步对应的辅助继电器的常开触点与转换对应的触点或电路串联，作为使所有后续步对应的辅助继电器置位（使用SET指令）和使所有前级步对应的辅助继电器复位（使用RST指令）的条件。在任何情况下，代表步的辅助继电器的控制电路都可以用这一原则来设计，每一个转换对应一个控制置位和复位的电路块，有多少个转换就有多少个这样的电路块。这种设计方法很有规律，在设计复杂的顺序功能图的梯形图时既容易掌握，又不容易出错。

当使用这种编程方法时，不能将输出继电器的线圈与SET指令和RST指令并联。应根据顺序功能图，用代表步的辅助继电器的常开触点或它们的并联电路来驱动输出继电器的线圈。

2. 以转换为中心的选择序列的编程方法

如果某一转换与选择序列的分支、合并无关，那么它的前级步和后续步都只有一个，需要置位、复位的辅助继电器也只有一个，因此，对选择序列的分支与合并的编程方法实际上与对单序列的编程方法完全相同。

图4-33所示给出了图4-17液体混合控制系统的梯形图。每一个控制置位、复位的电路块都由串联电路（前级步对应的辅助继电器的常开触点和转换条件的常开触点组成）、一

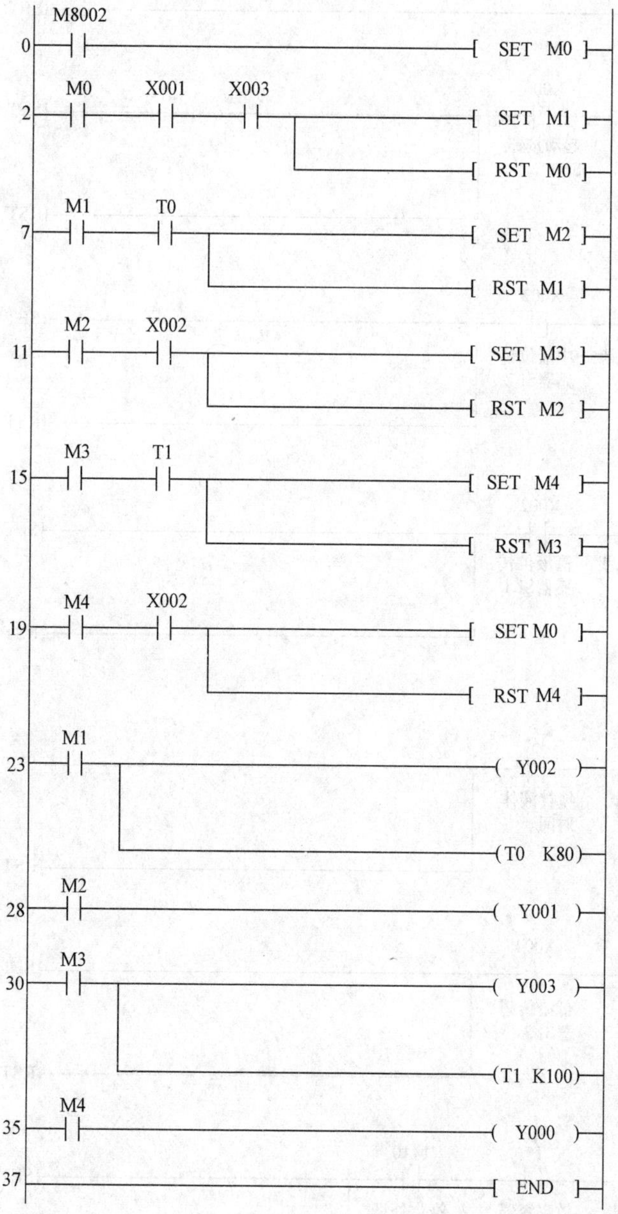

图 4-32 送料小车控制系统的梯形图

条 SET 指令和一条 RST 指令组成。

3. 以转换为中心的并行序列的编程方法

图 4-34 给出了图 4-27a 所示顺序功能图的梯形图。

在图 4-27a 中步 M1 之后有一个并行序列的分支，当 M1 是活动步时，并且转换条件 X001 满足，步 M2 和步 M3 应同时变为活动步，需将 M1 和 X001 的常开触点串联，作为使 M2 和 M3 同时置位和 M1 复位的条件（见图 4-34）。

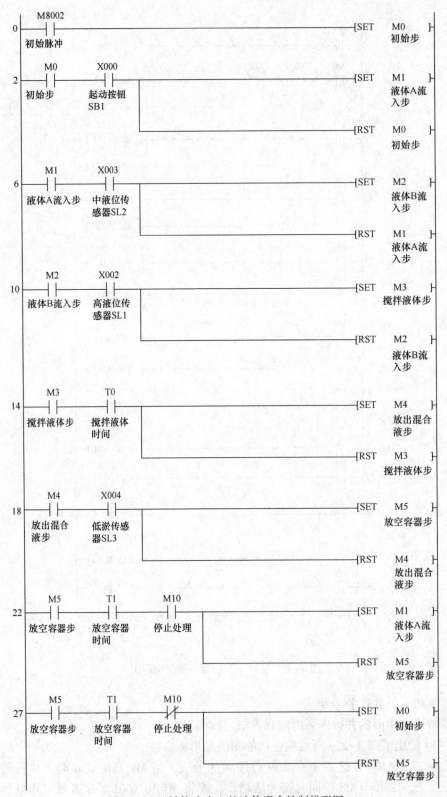

图4-33 以转换为中心的液体混合控制梯形图

154

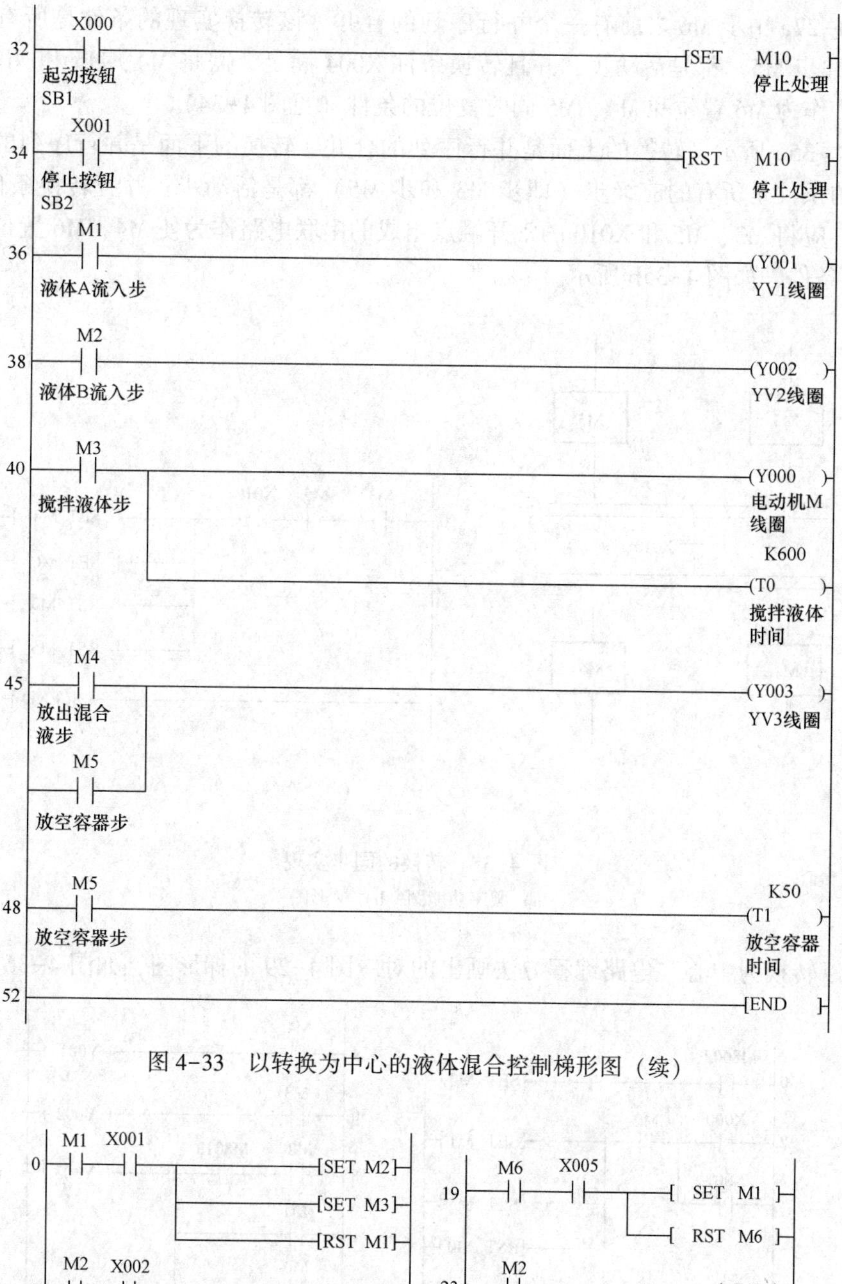

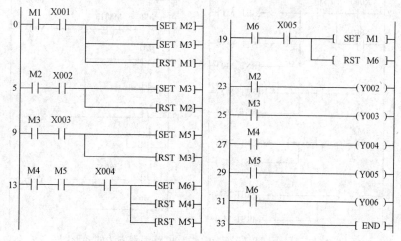

```
32   X000                                              ┌SET    M10 ┐
     ─┤├──────────────────────────────────────────────┤           ├
     起动按钮                                                停止处理
     SB1
34   X001                                              ┌RST    M10 ┐
     ─┤├──────────────────────────────────────────────┤           ├
     停止按钮                                                停止处理
     SB2
36    M1                                                    ─(Y001 )
     ─┤├──────────────────────────────────────────────────
     液体A流入步                                            YV1线圈
38    M2                                                    ─(Y002 )
     ─┤├──────────────────────────────────────────────────
     液体B流入步                                            YV2线圈
40    M3                                                    ─(Y000 )
     ─┤├──┬───────────────────────────────────────────────
     搅拌液体步 │                                          电动机M
                │                                          线圈
                │                                          K600
                └──────────────────────────────────────────(T0  )
                                                           搅拌液体
                                                           时间
45    M4                                                    ─(Y003 )
     ─┤├──┬───────────────────────────────────────────────
     放出混合 │                                            YV3线圈
     液步     │
      M5      │
     ─┤├──────┘
     放空容器步
48    M5                                                    K50
     ─┤├──────────────────────────────────────────────────(T1  )
     放空容器步                                            放空容器
                                                           时间
52   ───────────────────────────────────────────────────┤END┤
```

图 4-33　以转换为中心的液体混合控制梯形图（续）

```
    M1 X001                            M6 X005
0  ─┤├─┤├─┬────────────[SET M2]   19 ─┤├─┤├─┬──────[ SET  M1 ]
           │            [SET M3]              │      [ RST  M6 ]
           └────────────[RST M1]
    M2 X002                             M2
5  ─┤├─┤├─┬────────────[SET M3]   23 ─┤├────────────(Y002 )
           └────────────[RST M2]
    M3 X003                             M3
9  ─┤├─┤├─┬────────────[SET M5]   25 ─┤├────────────(Y003 )
           └────────────[RST M3]
    M4 M5 X004                          M4
13 ─┤├─┤├──┤├─┬─────────[SET M6]   27 ─┤├────────────(Y004 )
              │         [RST M4]
              │         [RST M5]        M5
                                   29 ─┤├────────────(Y005 )
                                        M6
                                   31 ─┤├────────────(Y006 )
                                   33 ──────────────[ END ]
```

图 4-34　图 4-27a 对应的梯形图

在图 4-27a 中步 M6 之前有一个并行序列的合并，该转换实现的条件是所有的前级步（即步 M4 和步 M5）都是活动步，并且转换条件 X004 满足，需将 M4、M5 和 X004 的常开触点串联，作为 M6 置位和 M4、M5 同时复位的条件（见图 4-34）。

如图 4-35a 所示，转换的上面是并行序列的合并，转换的下面是并行序列的分支，该转换实现的条件是所有的前级步（即步 M3 和步 M5）都是活动步，并且转换条件 X010 满足，所以，应将 M3、M5 和 X010 的常开触点组成的串联电路作为使 M4、M6 置位和使 M3、M5 复位的条件，如图 4-35b 所示。

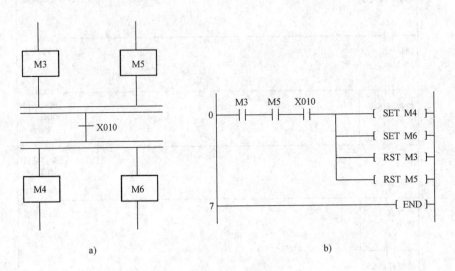

a)   b)

图 4-35 转换的同步实现

a) 顺序功能图   b) 梯形图

用"以转换为中心"电路编程方法画出的对应图 4-29 的梯形图，如图 4-36 所示。

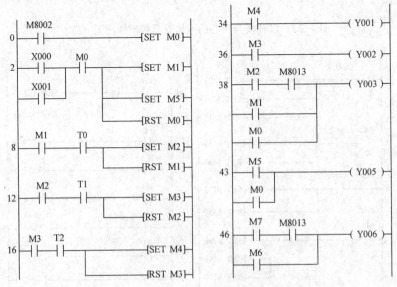

图 4-36 采用"以转换为中心"电路编程方法的梯形图

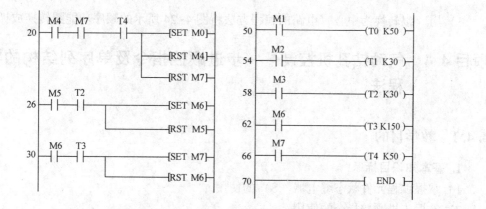

图 4-36 采用"以转换为中心"电路编程方法的梯形图（续）

4.3.6 研讨与训练

1）步的转换与闪烁同步。用 M8013 的常开触点实现指示灯的闪烁时，M8013 的工作与系统中的定时器并不同步，在指示灯开始闪烁和结束闪烁时，不能保证指示灯点亮和熄灭的时间刚好是 0.5 s，试解决这一问题。

2）某十字路口交通灯的顺序功能图如图 4-37 所示，试分别用"起-保-停"电路和"以转换为中心"电路的编程方法来设计梯形图。

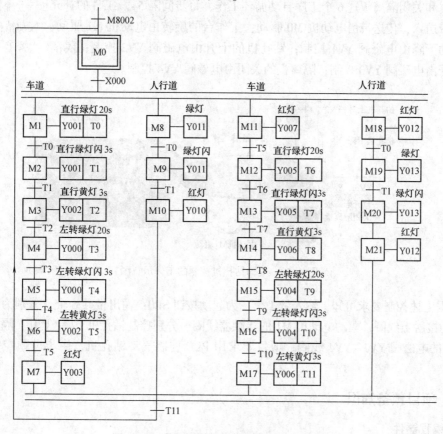

图 4-37 某十字路口交通灯的顺序功能图

3）用"以转换为中心"电路的编程方法将图4-24所示的顺序功能图转换成梯形图。

项目4.4　气动钻孔机控制——步进顺控指令及单序列结构的状态编程法

4.4.1　教学目的

1. 基本知识目标

1）掌握编程元件状态继电器（S）的使用。

2）掌握步进顺控指令的使用。

2. 技能培养目标

1）会根据工艺要求绘制用状态继电器表示步的顺序功能图。

2）会利用步进顺控指令将顺序功能图转换为梯形图。

4.4.2　项目控制要求与分析

图4-38所示为气动钻孔机控制的工作示意图。按下起动按钮SB0后，气动钻孔机按照传送工件、旋转工作台、钻孔机下降、钻孔机上升、打开隔离板卸料和关闭隔离板这6个工序自动循环工作，每步间隔5 s。工件的补充由传送带送入，传送带由电动机M0驱动；工作台的旋转由电动机M1驱动；钻孔机的下降由电磁阀YV1控制；钻孔机的上升由电磁阀YV2控制；隔离板的打开由电磁阀YV3控制；隔离板的关闭由电磁阀YV4控制。

二维码4-5
气动钻孔机控制
要求与分析

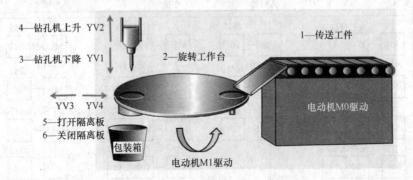

图4-38　气动钻孔机控制的工作示意图

　　根据上述控制要求可知，输入量1个，为起动按钮SB0；输出量共6个，分别为驱动电动机M0的接触器线圈、驱动电动机M1的接触器线圈、分别控制钻孔机下降/上升、隔离板的打开/关闭的电磁阀YV1～YV4线圈。项目要求用PLC控制气动钻孔机，用步进顺控指令编程实现。

4.4.3　项目预备知识

1. 编程器件

状态继电器（S）用来记录系统运行中的状态，是编制顺序控制程序的重要编程元件。状态继电器与步进顺控指令 STL 配合应用。FX$_{2N}$系列 PLC 内部的状态继电器的类型和编号见表 4-4。

在使用状态继电器时，需要注意以下几点。

1）必须在指定的类别范围内使用状态继电器的编号。

2）状态继电器与辅助继电器一样有无数的常开触点和常闭触点。

3）当不使用步进顺控指令时，可将状态继电器与辅助继电器一样使用。

表 4-4　状态继电器的类型和编号

类　型	编　号	数　量	备　注
初始状态继电器	S0~S9	10	供初始化使用
回零状态继电器	S10~S19	10	供返回原点使用
通用状态继电器	S20~S499	480	没有断电保持功能，但是可以用程序将它们设定为有断电保持功能
断电保持状态继电器	S500~S899	400	具有停电保持功能，断电再起动后，可继续执行
报警用状态继电器	S900~S999	100	用于故障诊断和报警

4）供报警用的状态继电器可用于外部故障诊断的输出。

5）可通过改变参数给通用状态继电器和断电保持状态继电器分配地址编号。

2. 基本指令

（1）指令功能

STL 指令：步进开始指令，与母线直接相连，表示步进顺控开始。STL 是步进顺控指令或步进梯形指令的简称。

RET 指令：步进结束指令，表示步进顺控结束，用于状态流程结束返回主程序。

STL 指令的操作器件为 S0~S899；RET 指令无操作器件。

（2）编程实例

使用 STL 指令的状态继电器的常开触点称为 STL 触点。图 4-39 所示为顺序功能图、步进梯形图和指令表。需注意的是，STL 指令在 FXGP 编程软件和 GX 编程软件中表示形式不同。

（3）指令使用说明

1）每一个状态继电器具有 3 种功能，即对负载的驱动处理、指定转换条件和转换目标，如图 4-39a 所示。

2）STL 触点与左母线连接，与 STL 相连的起始触点要使用 LD 指令或 LDI 指令。使用 STL 指令后，相当于母线右移至 STL 触点的右侧，形成子母线，直到出现下一条 STL 指令或者出现 RET 指令为止。RET 指令使右移后的子母线返回到原来的母线，表示顺控结束。使用 STL 指令使新的状态置位，前一状态自动复位。步进触点指令只有常开触点。

每一状态的转换条件由 LD 指令或 LDI 指令引入，当转换条件有效时，该状态由置位指令激活，并通过步进指令进入该状态，接着列出该状态下的所有基本顺控指令及转换条件，在 STL 指令后出现 RET 指令表明步进顺控过程结束。

3）STL 触点可以直接驱动或通过别的触点驱动 Y、M、S、T 等元件的线圈和应用指令。

4）由于 CPU 只执行活动步对应的电路块，所以使用 STL 指令时允许双线圈输出，即不同的 STL 触点可以分别驱动同一编程元件的一个线圈。但是，同一元件的线圈不能在同时在活动步的 STL 区内出现，在有并行序列的顺序功能图中，应特别注意这一问题。

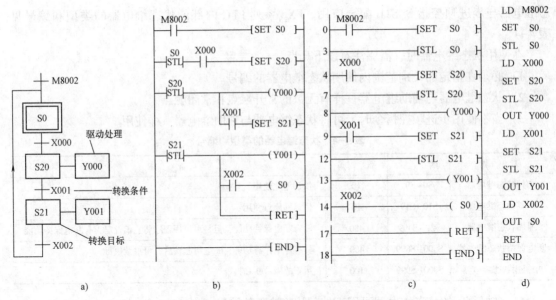

图 4-39 顺序功能图、步进梯形图和指令表

a）顺序功能图 b）用 FXGP 所编的步进梯形图 c）用 GX 所编的步进梯形图 d）指令表

5）在步进顺控程序中使用定时器时，不同状态内可以重复使用同一编号的定时器，但相邻状态不可以使用同一编号的定时器。

3. 步进顺控指令的单序列结构的编程方法

如图 4-39 所示，该系统的一个周期由 3 步组成。它们可分别对应 S0、S20 和 S21，步 S0 代表初始步。

PLC 上电进入"RUN"状态，初始化脉冲 M8002 的常开触点闭合一个扫描周期，梯形图的第一行的 SET 指令将初始步 S0 置为活动步。除初始状态外，其余的状态都必须用 STL 指令来引导。

在梯形图中，每一个状态的转换条件由 LD 指令或 LDI 指令引入，当转换条件有效时，该状态由置位指令 SET 激活，并通过步进指令进入该状态。接着列出该状态下的所有基本顺控指令及转换条件。

在梯形图的第二行，S0 的 STL 触点与转换条件 X000 的常开触点组成的串联电路代表转换实现的两个条件。当初始步 S0 为活动步时，X000 的常开触点闭合，转换实现的两个条件同时满足，置位指令 SET S20 被执行，后续步 S20 变为活动步，同时 S0 自动复位为不活动步。

S20 的 STL 触点闭合后，该步的负载被驱动，Y000 线圈通电。当转换条件 X001 的常开触点闭合时，转换条件得到满足，下一步的状态继电器 S21 被置位，同时状态继电器 S20 被自动复位。

在 S21 的 STL 触点闭合后，该步的负载被驱动，Y001 线圈通电。当转换条件 X002 的常开触点闭合时，用 OUT S0 指令使 S0 变为"ON"并保持，系统返回到初始步。

注意，在上述程序中的一系列 STL 指令之后要有 RET 指令，含义为返回母线上。

4.4.4 项目实现

1. I/O（输入/输出）分配表

由上述控制要求可确定PLC需要个输入点和6个输出点，其I/O分配表见表4-5。

表4-5 I/O分配表

输 入		输 出	
输入元件	输入继电器	输出继电器	输出元件
起动按钮 SB0	X000	Y000	电动机 M0 线圈
		Y001	电动机 M1 线圈
		Y002	电磁阀 YV1 线圈
		Y003	电磁阀 YV2 线圈
		Y004	电磁阀 YV3 线圈
		Y005	电磁阀 YV4 线圈

2. 编程

根据气动钻孔机控制的工作流程，其工作周期可划分为7步，除了初始步外，还包括传送工件、旋转工作台、钻孔机下降、钻孔机上升、打开隔离板卸料和关闭隔离板这个6工作步。用S0表示初始步，分别用S20~S25表示上述6个工作步。每步之间的间隔时间用T0~T5来表示；用按钮和定时器提供信号表示各步之间的转换条件；各工作步的动作相应的用Y0~Y5和T0~T5的线圈来表示；气动钻孔机控制的顺序功能图如图4-40所示。

根据步进顺控指令的编程设计方法所设计的气动钻孔机控制的梯形图如图4-41所示。

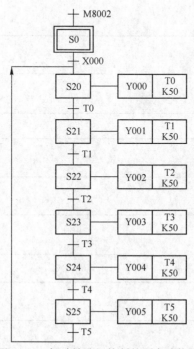

图 4-40 气动钻孔机控制的顺序功能图

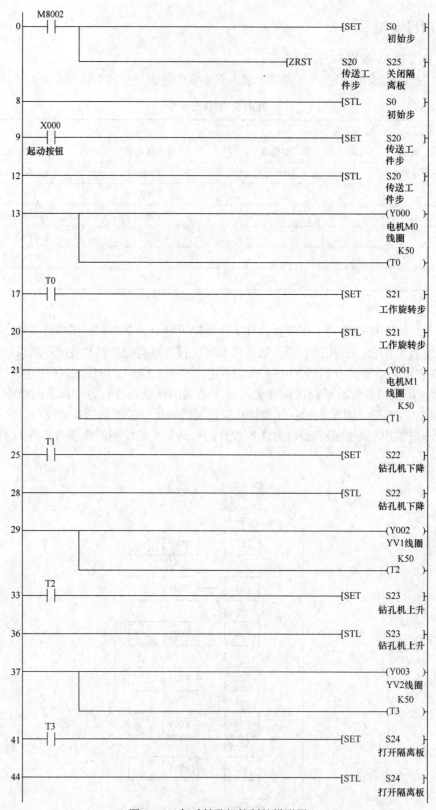

图 4-41　气动钻孔机控制的梯形图

162

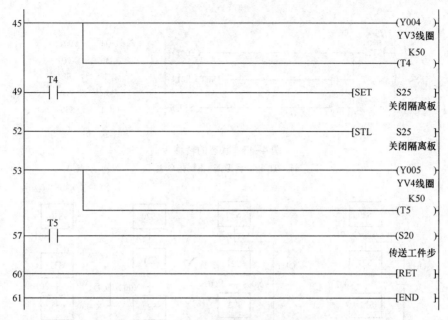

图 4-41 气动钻孔机控制的梯形图 (续)

3. 硬件接线 (略)

4.4.5 知识进阶

1. 栈操作指令在 STL 指令梯形图中的使用

在 STL 触点后不可以直接使用 MPS 栈操作指令，只有在 LD 指令或 LDI 指令后才可以使用。栈操作指令在 STL 指令梯形图中的使用如图 4-42 所示。

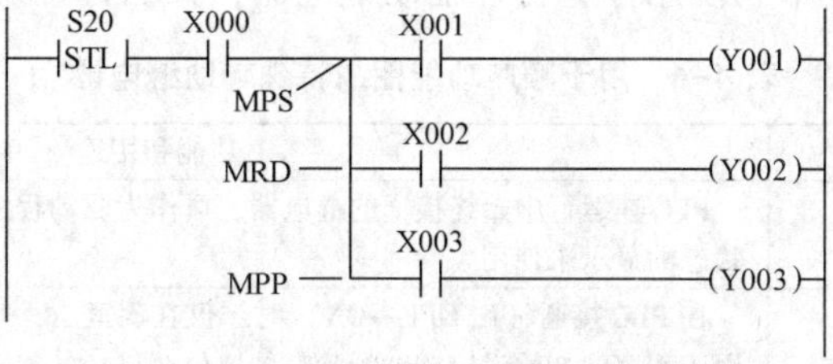

图 4-42　栈操作指令在 STL 指令梯形图中的使用

2. OUT 指令在 STL 区内的使用

OUT 指令和 SET 指令对 STL 指令后的状态继电器具有相同的功能，都会将原来的活动步对应的状态继电器自动复位。但在 STL 中，分离状态 (非相连状态) 的转移必须使用 OUT 指令，如图 4-43 所示。

在 STL 区内的 OUT 指令还用于顺序功能图中的闭环和跳步，如果想跳回已经处理过的步，或向前跳过若干步，就可对状态继电器使用 OUT 指令，如图 4-44 所示。OUT 指令还可以用于远程跳步，即从顺序功能图中的一个序列跳到另外一个序列。以上情况虽然可以使用 SET 指令，但最好使用 OUT 指令。

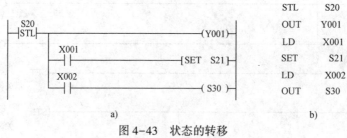

图 4-43 状态的转移

a) STL 指令梯形图　b) 指令表

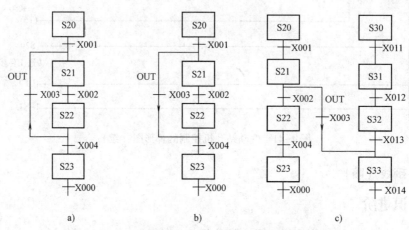

图 4-44　对 STL 区内的闭环和跳步时使用 OUT 指令

a) 往前跳步　b) 往后跳步　c) 远程跳步

3. 用于顺序功能图的特殊辅助继电器

在顺序功能图中，经常会使用一些特殊辅助继电器，其名称、功能和用途见表 4-6。

表 4-6　用于顺序功能图的特殊辅助继电器

元件编号	名　称	功能和用途
M8000	RUN 运行	PLC 在运行中始终接通的继电器，可作为驱动程序的输入条件或作为 PLC 运行状态的显示来使用
M8002	初始脉冲	在 PLC 接通（由 OFF→ON）时，仅在瞬间（一个扫描周期）接通的继电器，用于程序的初始设定或初始状态的置位/复位
M8040	禁止转移	该继电器接通后，则禁止在所有状态之间转移。在禁止转移状态下，各状态内的程序继续运行，输出不会断开
M8046	STL 动作	任一状态继电器接通时，M8046 自动接通。用于避免与其他流程同时启动或者用于工序的动作标志
M8047	STL 监视有效	该继电器接通，编程功能可自动读出正在工作的元件的状态，并加以显示

4. 单操作标志及应用

M2800~M3071 是单操作标志。单操作标志及应用如图 4-45 所示。当图 4-45 中的 M2800 的线圈通电时，只有它后面第一个 M2800 的边沿检测触点（2 号触点）能工作，而 M2800 的 1 号和 3 号脉冲触点不会动作。M2800 的 4 号触点是使用 LD 指令的普通触点，当 M2800 的线圈通电时，该触点闭合。

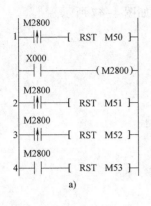
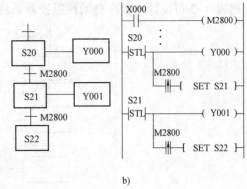

图 4-45 单操作标志及应用

a）单操作标志　b）单操作标志的使用

　　借助单操作标志可以用一个转换条件实现多次转换，如图 4-45b 所示。当 S20 为活动步，X000 的常开触点闭合时，M2800 的线圈通电，M2800 的第一个上升沿检测触点闭合一个扫描周期，实现了步 S20 到步 S21 的转换。X000 的常开触点下一次由断开变为接通时，因为 S20 是不活动步，所以没有执行图中的第一条 LDP M2800 指令，而 S21 的 STL 触点之后的触点是 M2800 线圈之后遇到的它的第一个上升沿检测触点，所以该触点闭合一个扫描周期，系统由步 S21 转换到步 S22。

4.4.6　研讨与训练

　　1）台车自动往返控制系统的工作示意图如图 4-46 所示。其控制要求如下。

　　① 按下起动按钮 SB0，电动机 M 正转，台车前进；碰到限位开关 SQ1 后，电动机 M 反转，台车后退。

　　② 台车后退碰到限位开关 SQ2 后，电动机 M 停转，台车停车 5s 后，第二次前进，碰到限位开关 SQ3，再次后退。

　　③ 当后退再次碰到限位开关 SQ2 时，台车停止。

　　对上述台车自动往返控制系统的控制要求进行分析可知，其一个工作周期有 5 个工序，每个工序中状态继电器的分配、功能与作用以及转换条件见表 4-7。

图 4-46　台车自动往返控制系统的工作示意图

表 4-7　每个工序中状态继电器的分配、功能与作用、转换条件

工　　序	分配的状态继电器	功能与作用	转换条件
0（初始状态）	S0	为 PLC 上电做好准备	M8002
1（第一次前进）	S20	驱动输出线圈 Y001，M 正转	X000（SB0）
2（第一次后退）	S21	驱动输出线圈 Y002，M 反转	X001（SQ1）
3（暂停 5s）	S22	驱动定时器 T0 延时 5s	X002（SQ2）
4（第二次前进）	S23	驱动输出线圈 Y001，M 正转	T0
5（第二次后退）	S24	驱动输出线圈 Y002，M 反转	X003（SQ3）

根据表4-7可设计出台车自动往返控制系统顺序功能图，如图4-47所示。

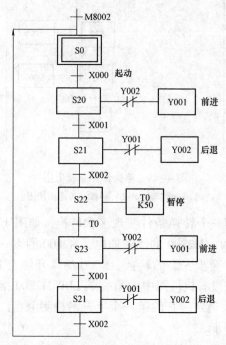

图4-47 台车自动往返控制系统顺序功能图

试将图4-47所示的台车自动往返控制系统顺序功能图转换成梯形图，再写出指令表。

2）喷泉控制系统。喷泉组示意图和时序图如图4-48所示。其中 X001 为起动输入信号。Y001、Y002 和 Y003 分别为 A 组、B 组和 C 组喷头的输出控制信号。试设计喷泉控制系统的顺序功能图，并将其转换成梯形图。

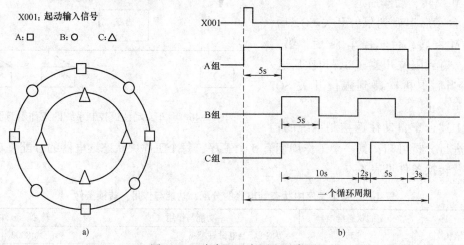

图4-48 喷泉组示意图和时序图

a）喷泉组示意图 b）时序图

3）十字路口交通信号控制。图4-49所示为十字路口交通信号灯示意图。在十字路口的东、南、西、北4个方向分别装设红、绿、黄3种信号灯，按照图4-50所示时序图的要求轮流接通，要求用步进顺控指令进行编程。

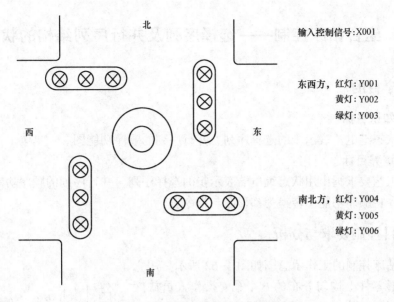

图 4-49　十字路口交通信号灯示意图

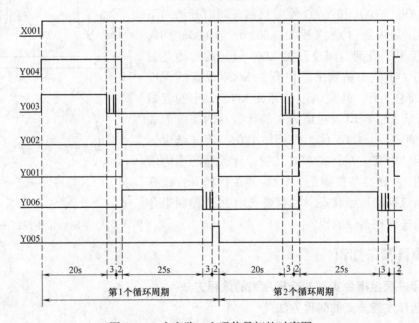

图 4-50　十字路口交通信号灯的时序图

4）在机械加工时，很多场合会用到旋转工作台，用凸轮实现的旋转工作台运动示意图如图 4-51 所示。旋转工作台用凸轮和限位开关来实现其运动控制。在初始状态时，左限位开关 X003 为"ON"，按下起动按钮 X000，电动机驱动工作台沿顺时针正转，转到右限位开关 X004 所在位置时暂停 5 s，之后旋转工作台反转，回到限位开关 X003 所在的初始位置时停止转动，系统回到初始状态，要求用步进顺控指令进行编程。

图 4-51　用凸轮实现的旋转工作台
运动示意图

项目 4.5 组合钻床控制——选择序列及并行序列结构的状态编程法

4.5.1 教学目的

1. 基本知识目标

掌握用状态继电器表示步的选择序列、并行序列的顺序功能图。

2. 技能培养目标

会根据工艺要求画出用状态继电器表示步的选择序列、并行序列的顺序功能图，并利用步进顺控指令将顺序功能图转换为梯形图与指令表。

4.5.2 项目控制要求与分析

某组合钻床控制的工作示意图如图 4-52 所示。用它来加工圆盘形零件上均匀分布的 6 个孔。操作人员放好工件后，按下起动按钮，工件被夹紧，夹紧后压力继电器 X001 为 ON，Y001 和 Y003 使两只钻头同时开始向下进给。大钻头钻到由限位开关 X002 设定的深度时，Y002 使它上升，升到由限位开关 X003 设定的起始位置时停止上行。小钻头钻到由限位开关 X004 设定的深度时，Y004 使它上升，升到由限位开关 X005 设定的起始位置时停止上行，同时设定值为 3 的计数器的当前值加 1。两个都到位后，Y005 使工件旋转 120°，旋转结束后又开始钻第二对孔。在钻完 3 对孔后，计数器的当前值等于设定值 3，转换条件满足。Y006 使工件松开，松开到位后，系统返回初始状态。项目要求用 PLC 控制组合钻床，用步进顺控指令编程。

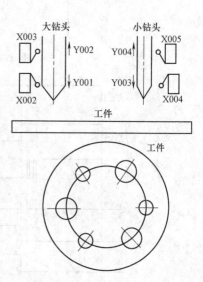

图 4-52 某组合钻床控制的工作示意图

4.5.3 项目预备知识

1. 用步进顺控指令实现的选择序列的编程方法

（1）选择序列分支的编程方法

图 4-53 所示的步 S20 之后有一个选择序列的分支。当步 S20 为活动步时，如果转换条件 X002 满足，将转换到步 S21；如果转换条件 X003 满足，将转换到步 S22；如果转换条件 X004 满足，将转换到步 S23。

如果某一步的后面有 N 条选择序列的分支，则该步的 STL 触点开始的电路中就应有 N 条分别指明各转换条件和转换目标的并联电路。对于图 4-53 中步 S20 之后的这 3 条支路有 3 个转换条件 X002、X003 和 X004，可能进入步 S21、S22 和步 S23，所以在 S20 的 STL 触点开始的电路块中，有 3 条由 X002、X003 和 X004 作为置位条件的并联电路。STL 触点具有与主控指令（MC）相同的特点，即 LD 点移到了 STL 触点的右端，对于选择序列分支对应的电路的设计是很方便的。用 STL 指令设计复杂系统的梯形图时更能体现其优越性。

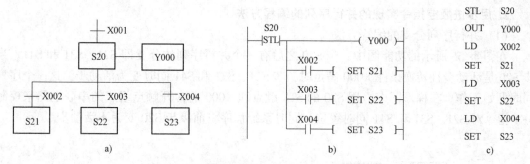

图 4-53　选择序列分支的编程方法实例
a) 顺序功能图　b) 梯形图　c) 指令表

（2）选择序列合并的编程方法

图 4-54a 所示的步 S24 之前有一个由 3 条支路组成的选择序列的合并。当步 S21 为活动步、转换条件 X001 得到满足时；或者当步 S22 为活动步、转换条件 X002 得到满足时；或者当步 S23 为活动步、转换条件 X003 得到满足时，都将使步 S24 变为活动步，同时将步 S21、S22 和步 S23 变为不活动步。

在梯形图中，由 S21、S22 和 S23 的 STL 触点驱动的电路块中均有转换目标 S24，对它们后续步 S24 的置位是用 SET 指令来实现的，对相应的前级步的复位是由系统程序自动完成的。其实在设计梯形图时，没有必要特别留意选择序列的合并如何处理，只要正确地确定每一步的转换条件和转换目标，就能自然地实现选择序列的合并。

注意在分支、合并的处理程序中，不能用 MPS、MRD、MPP、ANB、ORB 等指令。

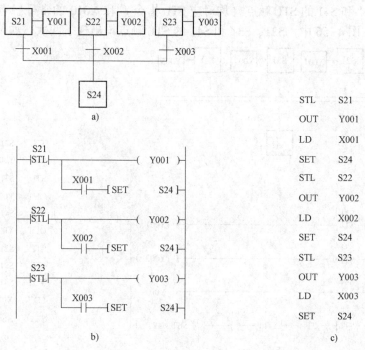

图 4-54　选择序列合并的编程方法实例
a) 顺序功能图　b) 梯形图　c) 指令表

2. 用步进顺控指令实现的并行序列的编程方法

（1）并行序列分支的编程方法

在图 4-55 所示的功能图中，步 S20 之后有一个并行序列的分支即 S21、S31 和 S41。当步 S20 是活动步且转换条件 X000 满足时，步 S21、S31 和 S41 同时变为活动步，这 3 个序列同时开始工作。在梯形图中，用 S20 的 STL 触点和 X000 的常开触点组成的串联电路来控制 SET 指令对 S21、S31 和 S41 同时置位，同时系统程序将前级步 S20 变为不活动步。

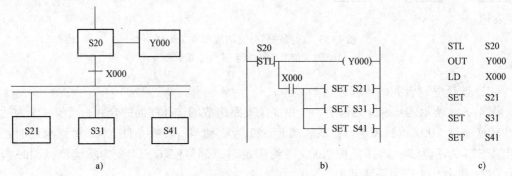

图 4-55 并行序列分支的编程方法实例

a）顺序功能图 b）梯形图 c）指令表

（2）并行序列合并的编程方法

图 4-56 所示并行序列合并处的转换有 3 个前级步 S21、S31 和 S41，根据转换实现的基本规则，当它们均为活动步并且转换条件 X010 满足时，将实现并行序列的合并。在梯形图中，用 S21、S31 和 S41 的 STL 触点（均对应 STL 指令）和 X010 的常开触点组成串联电路使 S42 置位。在图 4-56 中，S21、S31 和 S41 的 STL 触点均出现了两次，如果不涉及并行序

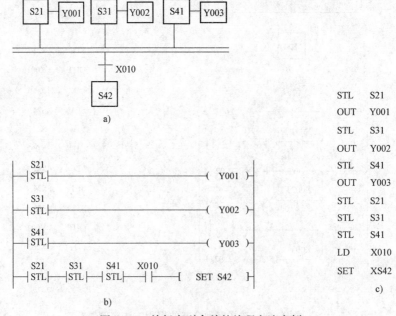

图 4-56 并行序列合并的编程方法实例

a）顺序功能图 b）梯形图 c）指令表

170

列的合并，那么同一状态继电器的 STL 触点只能在梯形图中使用一次。串联的 STL 触点的个数不能超过 8 个，换句话说，一个并行序列中的序列数不能超过 8 个。

4.5.4 项目实现

1. I/O（输入/输出）分配表

分析上述控制要求，PLC 需要 8 个输入点和 7 个输出点，其 I/O 分配表见表 4-8。

表 4-8 I/O 分配表

输 入		输 出	
输入继电器	作　用	输出继电器	作　用
X000	起动按钮	Y000	工件夹紧
X001	夹紧压力继电器	Y001	大钻下进给
X002	大钻下限位开关	Y002	大钻退回
X003	大钻上限位开关	Y003	小钻下进给
X004	小钻下限位开关	Y004	小钻退回
X005	小钻上限位开关	Y005	工件旋转
X006	工件旋转限位开关	Y006	工件松开
X007	松开到位限位开关		

2. 编程

按控制要求可设计出组合钻床的顺序功能图，如图 4-57 所示。其对应的梯形图如图 4-58 所示。

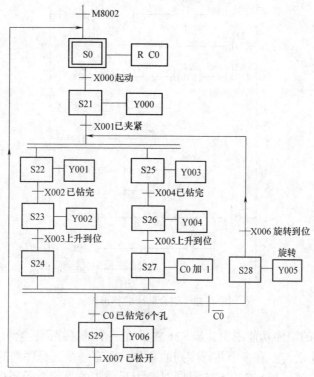

图 4-57　组合钻床的顺序功能图

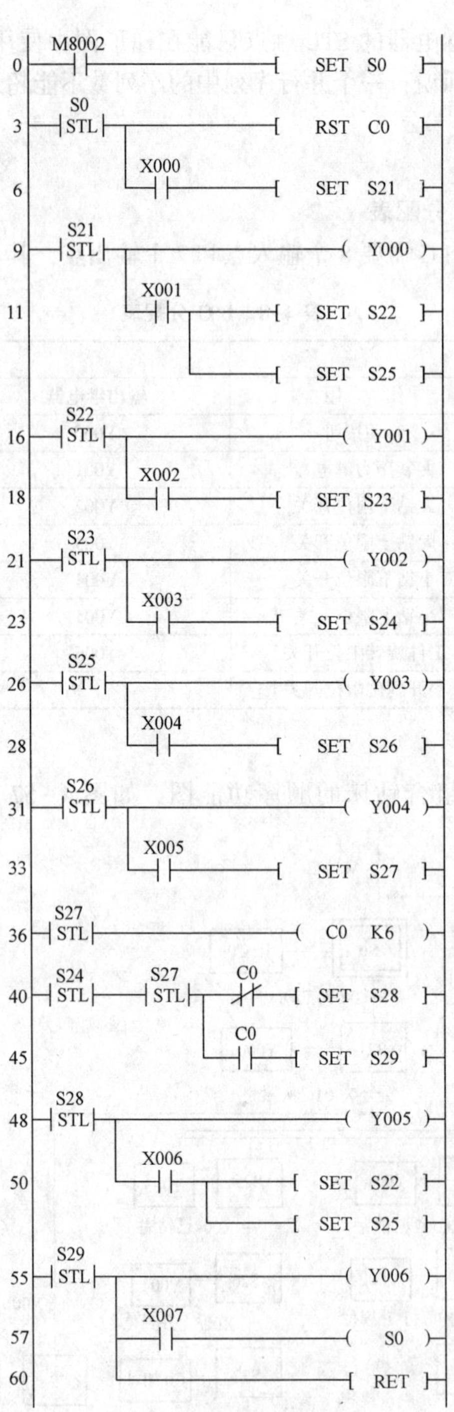

```
     M8002
0    ─┤├──────────────────────────[ SET  S0 ]

     S0
3    ─┤STL├────────────────────────[ RST  C0 ]

       X000
6      ─┤├──────────────────────────[ SET  S21 ]

     S21
9    ─┤STL├───────────────────────( Y000 )

       X001
11     ─┤├──────────────────────────[ SET  S22 ]

                                  ─[ SET  S25 ]

     S22
16   ─┤STL├───────────────────────( Y001 )

       X002
18     ─┤├──────────────────────────[ SET  S23 ]

     S23
21   ─┤STL├───────────────────────( Y002 )

       X003
23     ─┤├──────────────────────────[ SET  S24 ]

     S25
26   ─┤STL├───────────────────────( Y003 )

       X004
28     ─┤├──────────────────────────[ SET  S26 ]

     S26
31   ─┤STL├───────────────────────( Y004 )

       X005
33     ─┤├──────────────────────────[ SET  S27 ]

     S27
36   ─┤STL├───────────────────────( C0  K6 )

     S24    S27    C0
40   ─┤STL├─┤STL├──┤/├────────────[ SET  S28 ]

                   C0
45                 ─┤├────────────[ SET  S29 ]

     S28
48   ─┤STL├───────────────────────( Y005 )

       X006
50     ─┤├──────────────────────────[ SET  S22 ]

                                  ─[ SET  S25 ]

     S29
55   ─┤STL├───────────────────────( Y006 )

       X007
57     ─┤├──────────────────────────( S0 )

60                                ─[ RET ]
```

图 4-58　组合钻床的梯形图

在图 4-57 所示的顺序功能图中，步 S21 之后有一个选择序列的合并，还有一个并行序列的分支。在步 S29 之前，有一个并行序列的合并，还有一个选择序列的分支。在并行序列中，两个子序列中的第一步 S22 和 S25 是同时变为活动步的，两个子序列中的最后一步 S24 和 S27 是同时变为不活动步的。因为两个钻头上升到位有先有后，故设置了步 S24 和步 S27

作为等待步，它们用来同时结束两个并行序列。当两个钻头均上升到位时，限位开关 X003 和 X005 分别为 ON，大、小钻头两个子系统分别进入两个等待步，并行序列将会立即结束。每钻一对孔计数器 C0 加 1；当未钻完 3 对孔时，C0 的当前值小于设定值，其常闭触点闭合，转换条件 C0 不满足，将从步 S27 转换到步 S28。如果已钻完 3 对孔，C0 的当前值就等于设定值，其常开触点闭合，转换条件 C0 不满足，将从步 S24 和 S27 转换到步 S29。

3. 硬件接线

PLC 的外部硬件接线原理图如图 4-59 所示。

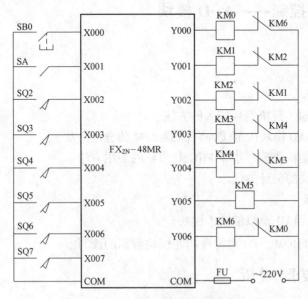

图 4-59　PLC 的外部硬件接线原理图

4.5.5　研讨与训练

1）试分析图 4-57 中选择序列和并行序列是如何用步进顺控指令来进行编程的。

2）用步进顺控指令实现多台电动机顺序起停控制。控制要求如下：现有 4 台电动机，起动顺序为 M1 起动 2 s 后起动 M2，M2 起动 3 s 后起动 M3，M3 起动 4 s 后起动 M4；停止顺序为 M4 首先停止，M4 停止 4 s 后 M3 停止，M3 停止 3 s 后 M2 停止，M2 停止 2 s 后 M1 停止。

3）用步进顺控指令实现"4.2.6 研讨与训练"中第 3）题的抢答器控制，画出顺序功能图。

4）用步进顺控指令实现项目 4.3 中的按钮式人行横道交通灯的控制，画出顺序功能图。

模块 5 FX$_{2N}$ 系列 PLC 模拟量模块及通信的应用

项目 5.1 炉温控制——A-D 模块

5.1.1 教学目的

1. 基本知识目标

1）掌握模拟量输入模块信号接入的方法。

2）掌握 FX$_{2N}$-4AD 模块内部缓冲存储器 BFM 的分配方法。

3）掌握特殊功能模块读写指令 FROM、TO 的使用方法。

4）掌握扩展模块的编址方法。

2. 技能培养目标

1）会使用 FX$_{2N}$-4AD 模拟量输入模块。

2）会使用指令 FROM、TO 对特殊功能模块数据的读写。

5.1.2 项目控制要求与分析

二维码 5-1
炉温控制要求

当按下起动按钮 SB1 时，系统对炉温进行实时监控，以不同颜色指示灯来监视温度范围；当按下停止按钮 SB2 时，系统停止对温度监控。

1）系统由一组加热器进行加热，加热器功率为 10kW。

2）要求温度被控制在 50~60℃，当温度低于 50℃或高于 60℃时，系统应能自动进行调节。

3）当温度在 50~60℃时，绿色指示灯亮；当温度低于 50℃时，黄色指示灯以 1 s 周期闪烁，并起动加热器；当温度高于 60℃时，红色指示灯以 0.5 s 周期闪烁，并断开加热器。

根据控制要求，系统要解决两个主要问题：一是对炉温的检测，温度检测主要使用模拟量输入模块，包括模拟量输入模块的连接及对特殊功能模块数据的读写；二是对炉温的控制，主要通过通、断加热器的方式来实现。模拟量输入模块属于特殊功能模块，为了理解和掌握特殊功能模块的使用，有必要对其相关知识进行介绍。

5.1.3 项目预备知识

1. 模拟量模块简介

FX$_{2N}$ 系列 PLC 常用的模拟量模块有：FX$_{2N}$-2AD、FX$_{2N}$-4AD、FX$_{2N}$-8AD、FX$_{2N}$-4AD-PT（FX 与铂热电阻 Pt100 配合使用的模拟量输入模块）、FX$_{2N}$-4AD-TC（FX 与热电偶配合使用的模拟量输入模块）、FX$_{2N}$-2DA、FX$_{2N}$-4DA、FX0N-3A（模拟量输入/输出模块）和 FX$_{2N}$-2LC 等。

模拟量模块又被分为通用模拟量模块和特殊模拟量模块。通用模拟量模块一般指 FX$_{2N}$-2AD、FX$_{2N}$-4AD、FX$_{2N}$-8AD、FX$_{2N}$-2DA 和 FX$_{2N}$-4DA；特殊模拟量模块一般指 FX$_{2N}$-4AD-PT、FX$_{2N}$-4AD-TC 和 FX$_{2N}$-2LC。

通用模块量模块的通用性体现在输入或输出的电压为 0~5 V、0~10 V 或电流为 4~20 mA，可以是单极性的，也可以是双极性的，如±5 V、±10 V 和±20 mA。通用模拟量模块在实际工程中使用较为普遍，模拟量输入/输出流程示意图如图 5-1 所示。

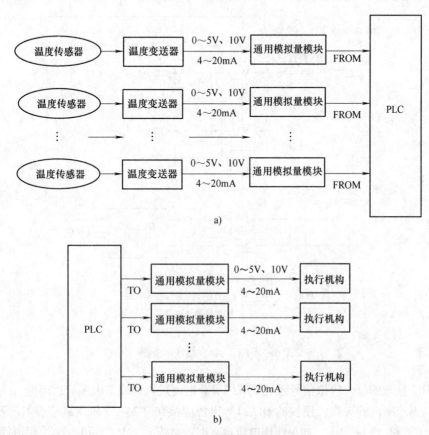

图 5-1　模拟量输入/输出流程示意图

a）模拟量输入　b）模拟量输出

图 5-1 所示的变送器用于将传感器提供的电量或非电量转换为标准的直流电流或直流电压信号。变送器分为电流输出型和电压输出型。电压输出型变送器具有恒压源的性质，PLC 模拟量输入模块的电压输出端的输出阻抗很高。如果变送器距离 PLC 较远，通过线路间的分布电容和分布电感感应的干扰信号电流在模块的输出阻抗上就将产生较高的干扰电压，所以远程传送模拟量电压信号时的抗干扰能力很差。电流输出型具有恒流源的性质，恒流源的内阻很大，PLC 的模拟量输入模块输入电流时，输入阻抗较低。线路上的干扰信号在模块的输入阻抗上产生的干扰电压很低，所以模拟量电流信号适于远程传送，最大传送距离可达200 m。并非所有模拟量模块都需要变送器，如传感器（热电阻或热电偶）则直接与相应模拟量模块连接，而不需要温度变送器。

2. 模拟量输入模块 FX$_{2N}$-4AD

FX$_{2N}$-4AD 模拟量输入模块为 4 通道 12 位 A-D 转换模块，是一种具有高精度的、可直接接在扩展总线上的模拟量输入单元。

（1）连接

根据外部接线方式的不同，可选择电压或电流输入，通过简易的调整或改变 PLC 的指令，可以改变模拟量输入的范围。其接线示意图如图 5-2 所示。

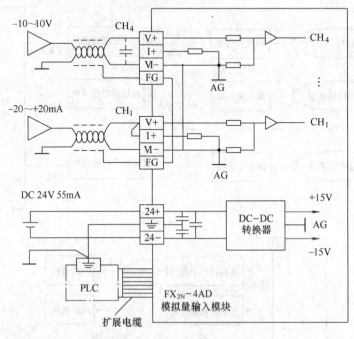

图 5-2　FX$_{2N}$-4AD 接线示意图

接线时应注意的是，模拟信号通过双绞线屏蔽电缆进入模块，电缆应远离电力线和其他可能产生电磁感应噪声的导线；模块的 DC 24 V 电源应接在"24+"和"24-"端；应将直流信号接在"V+"和"VI-"端，如果使用电流输入时，就需将"V+"和"I+"相短接；应将模块的接地端子和 PLC 基本单元的接地端子连接到一起后接地；如果输入有电压波动，或在外部接线中有电气干扰，可以接一个电容器（0.1 μF/25 V～0.47 μF/25 V）；如果有较强的干扰信号，应将"FG"端接地。

（2）缓冲存储器（BFM）分配

FX$_{2N}$-4AD 模块共有 32 个缓冲存储器（BFM），每个 BFM 均为 16 位。FX$_{2N}$-4AD 模块 BFM 分配如表 5-1 所示。

表 5-1　FX$_{2N}$-4AD 模块 BFM 分配表

BFM 编号	内　　容		说　　明
＊#0	通道初始化，默认值＝H0000		带＊号的 BFM 可以使用 TO 指令，从 PLC 写入模块中；
＊#1	通道 1	通道采样周期数	不带＊号的 BFM 可以使用 FROM 指令，从模块中读入 PLC 中
＊#2	通道 2		

BFM 编号	内　容		说　明
*#3	通道 3	通道采样周期数	
*#4	通道 4		
#5	通道 1	采样数的平均输入值	
#6	通道 2		
#7	通道 3		
#8	通道 4		
#9	通道 1	每个通道读入的当前值	
#10	通道 2		
#11	通道 3		
#12	通道 4		
#13、#14	保留		在从特殊模拟量模块读出数据之前，应确保这些设置已经送入该模块中，否则将使用模块里以前保持的数值。
#15	选择 A–D 转换速度		BFM 提供了利用软件调整偏移和增益的手段。
#16~#19	保留		偏移（截距）：当数据输出为 0 时的模拟量输入值。
*#20	复位到默认值和预设。默认值=0		增益（斜率）：当数字输出为+1 000 时的模拟量输入值
*#21	调整增益、偏移。 （b1、b0）为（0、1）允许，（1、0）禁止		
*#22	增益、偏移调整		
*#23	偏移值，默认值=0		
*#24	增益值，默认值=5000（mV）		
#25~#28	保留		
#29	错误状态		
#30	识别码 K2010		
#31	禁用		

缓冲存储器主要单元功能如下。

BFM #0 中的 4 位十六进制数用来设置通道 1~通道 4 的量程，最低位对应于通道 1。每一位十六进制数分别为 0~2 时，对应的通道的量程分别为 DC –10~+10 V、4~20 mA 和 –20~+20 mA，为 3 时关闭通道。

BFM #1~4 分别是通道 1~4 在求转换数据平均值时的采样周期数（1~4 096），默认值为 8。取 1 为高速运行（未取平均值）。

BFM #5~8 分别是通道 1~4 的转换数据的平均值。

BFM #9~12 分别是通道 1~4 的转换数据的当前值。

BFM #15 为 0 时，为正常转换速度（15 ms/通道）；为 1 时，为高速转换（6 ms/通道）。

BFM #20 被设置为 1 时模块被激活，模块内的设置值被复位为默认值。用它可以快速消除不希望的增益和偏移值。

BFM #29 为错误状态信息。b0 = 1 时有错误；b1 = 1 时，存在偏移或增益错误；b2 = 1 时，存在电源故障；b3 = 1 时，存在硬件错误；b10 = 1 时，数字输出值超出范围；b11 = 1

时，平均值滤波的周期数超出允许范围（1~4 096）；以上各位为 0 时表示正常，其余各位没有定义。

BFM #21 的（b1、b0）设为（1、0）时，禁止调节偏移量和增益值，此时 BFM #29 的 b12＝1；BFM #21 的（b1、b0）设为（0、1）时，允许调节偏移量和增益值，此时 BFM #29 的 b12＝0，系统默认值为允许。

BFM #22 使用低 8 位来指定增益和偏移调整的通道，低 8 位标记为 $G_4O_4G_3O_3G_2O_2G_1O_1$，当 $G_{\square}$ 为 1 时，则 $CH_{\square}$ 增益值要调整，当 $O_{\square}$ 位为 1 时，则 $CH_{\square}$ 通信偏移量要调整，例如 BFM #22＝H0003，则 BFM #22 的低 8 位 $G_4O_4G_3O_3G_2O_2G_1O_1$＝00000011，CH1 通道的增益值和偏移量可调整，BFM #24 的值被设定为 CH1 通道的增益值，BFM #23 的值被设为 CH1 通道的偏移量。

BFM #29 中各位的错误定义见表 5-2。

表 5-2　BFM #29 中各位的错误定义表

BFM #29 的位	ON	OFF
b0：错误	如果 b1~b3 中任何一个为 ON，那么所有通道的 A-D 转换停止	无错误
b1：偏移和增益错误	在 E^2PROM 中的偏移和增益数据不正常或调整错误	增益和偏移数据正常
b2：电源故障	DC 24 V 电源故障	电源正常
b3：硬件错误	A-D 转换器或其他硬件故障	硬件正常
b10：数字范围错误	数字输出值小于-2 048 或大于+2 047	数字输出正常
b11：平均采样错误	平均采样数不小于 4 097 或不大于 0（使用默认值 8）	平均采样设置正常（在 1~4096）
b12：偏移和增益调整禁止	禁止时，BFM#21（b1、b0）设置为（1、0）	允许时，BFM #21 的（b1、b0）设置为（0、1）

注：b1~b4、b9 和 b13~b15 没有定义。

BFM #30 存储 FX_{2N}-4AD 模块的标识码 ID（即 K2010）。可以用 FROM 指令读出。

（3）增益和偏移

1）增益。FX_{2N}-4AD 模块可以将-10~+10 V 的输入电压转换成-2 000~+2 000 的数字量，若输入电压范围只有-5~+5 V，则转换得到的数字量为-1 000~+1 000，这样大量的数字量未被使用。如果希望提高转换分辨率，那么将-5~+5 V 的电压也可以转换成-2 000~+2 000 的数字量，通过 A-D 模块的增益值来实现。

增益是指输出数字量为 1 000 时对应的模拟量输入值。当 A-D 模块某通道设为-10~+10 V 电压输入时，其默认增益值为 5 000（即+5 V），当输入+5 V 时，会转换得到数字量 1 000；当输入+10 V 时，会转换得到数字量 2 000。如果将增益值设为 2 500，那么当输入+2.5 V 时就会转换得到数字量 1 000；当输入+5 V 时，就会转换得到数字量 2 000。

2）偏移。当将 FX_{2N}-4AD 模块某通道设为-10~+10 V 电压输入时，若输入-5~+5 V 电压，则转换可得到-1 000~+1 000 范围的数字量。如果希望将-5~+5 V 范围内的电压转换成 0~2 000 范围的数字量就可通过设置 A-D 模块的偏移量来实现。

偏移量是指输出数字量为 0 时对应的模拟量输入值。当将 A-D 模块某通道设为-10~+10 V 电压输入时，其默认偏移量为 0（即 0 V），当输入-5 V 时，会转换得到数字量

-1 000；输入+5 V 时，会转换得到数字量+1 000。如果将偏移量设为-5 000（即-5 V），那么当输入-5 V 时，就会转换得到数字量 0000；输入 0 V 时，会转换得到数字量+1 000；输入+5 V 时，会转换得到数字量+2 000。

3. 模拟量输入模块的读取方法

FX 系列 PLC 基本单元与特殊功能模块之间的数据通信是由 FROM/TO 指令来执行的。FROM 是 PLC 基本单元从特殊功能模块读数据的指令，TO 是 PLC 从基本单元将数据写到特殊功能模块的指令。实际上，读、写操作都是对特殊功能模块的缓冲存储器 BFM 进行操作。读、写特殊功能模块指令格式如图 5-3 所示。

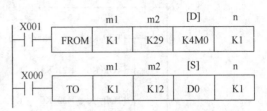

图 5-3　读、写特殊功能模块指令格式

当图中 X001 为 ON 时，将编号为 m1（0~7）的特殊功能模块内编号为 m2（0~31）开始的 n 个缓冲寄存器（BFM）的数据读入 PLC，并存入 [D] 开始的 n 个数据寄存器中；当图中 X000 为 ON 时，将 PLC 基本单元中从 [S] 指令的元件开始的 n 个字的数据写到编号为 m1 的特殊功能模块中编号为 m2 开始的 n 个数据寄存器中。接在 FX 系列 PLC 基本单元右边扩展总线上的特殊功能模块，从紧靠基本单元的那个开始，其编号依次为 0~7。n 是待传送数据的字数，n=1~32（16 位操作）或 1~16（32 位操作），其功能模块连接如图 5-4 所示。

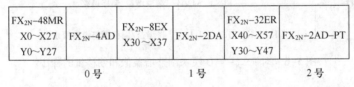

图 5-4　特殊功能模块连接图

4. 实例程序

（1）基本使用程序

要求：FX_{2N}-4AD 模块连接在特殊功能模块的 0 号位置，通道 CH1 和 CH2 用作电压输入。平均采样次数设为 4，并且用 PLC 的数据寄存器 D0 和 D1 接收输入的数字值。其基本使用程序如图 5-5 所示。

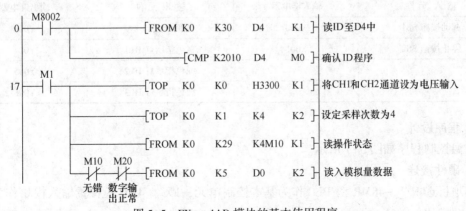

图 5-5　FX_{2N}-4AD 模块的基本使用程序

179

（2）增益值和偏移量的调整程序

要求：FX$_{2N}$-4AD 模块连接在特殊功能模块的 0 号位置，通道 CH1～CH4 用作电压输入。当-5～+5V 电压输入时，输出数字量为-2 000～2 000。其调整增益值和偏移量的程序如图 5-6 所示。

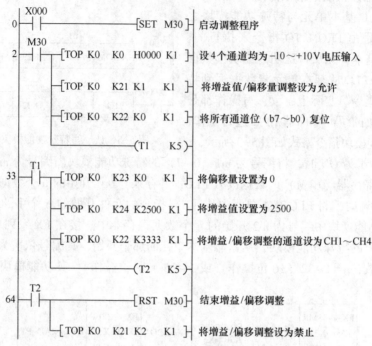

图 5-6　对 FX$_{2N}$-4AD 模块调整增益值和偏移量的程序

5.1.4　项目实现

1. I/O（输入/输出）分配表

本项目的 I/O 分配如表 5-3 所示。

表 5-3　I/O 分配表

输　　入		输　　出	
输 入 元 件	输入继电器	输 出 元 件	输出继电器
起动按钮 SB1	X000	中间继电器 KA	Y000
停止按钮 SB2	X001	黄色指示灯 HL1	Y004
		绿色指示灯 HL2	Y005
		红色指示灯 HL3	Y006

2. 程序设计

炉温控制程序如图 5-7 所示。

3. 硬件接连

本项目选 FX$_{2N}$-48MR 型 PLC 作为基本控制单元，FX$_{2N}$-4AD 模拟量输入模块作为系统温度检测模块，并通过扩展电缆与 PLC 相连，温度检测值（0～10V）接入模拟量模块的

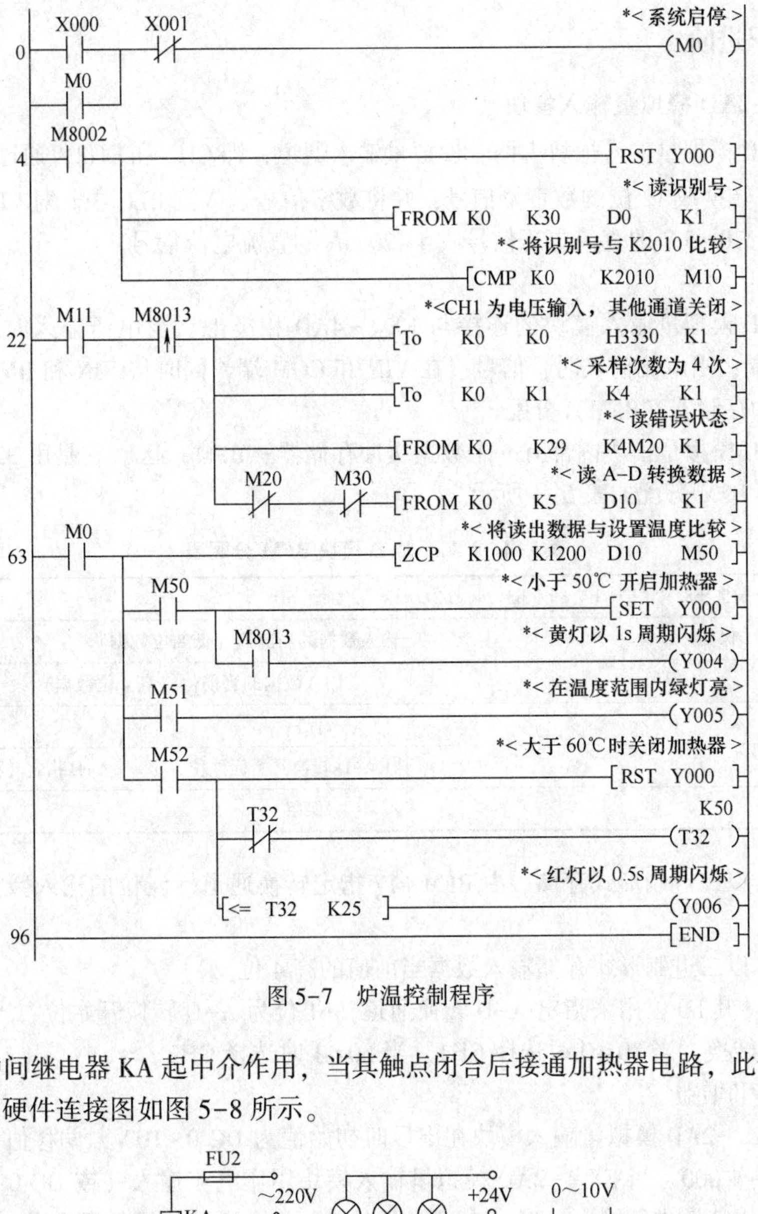

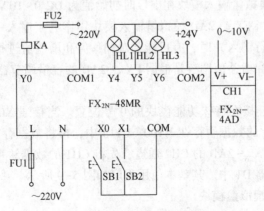

*< 系统启停 >
X000
X001
0
(M0)
M0
M8002
4
[RST Y000]
*< 读识别号 >
[FROM K0 K30 D0 K1]
*< 将识别号与 K2010 比较 >
[CMP K0 K2010 M10]
*<CH1 为电压输入，其他通道关闭 >
M11
M8013
22
[To K0 K0 H3330 K1]
*< 采样次数为 4 次 >
[To K0 K1 K4 K1]
*< 读错误状态 >
[FROM K0 K29 K4M20 K1]
*< 读 A–D 转换数据 >
M20
M30
[FROM K0 K5 D10 K1]
*< 将读出数据与设置温度比较 >
M0
63
[ZCP K1000 K1200 D10 M50]
*< 小于 50℃ 开启加热器 >
M50
[SET Y000]
*< 黄灯以 1s 周期闪烁 >
M8013
(Y004)
*< 在温度范围内绿灯亮 >
M51
(Y005)
*< 大于 60℃时关闭加热器 >
M52
[RST Y000]
K50
T32
(T32)
*< 红灯以 0.5s 周期闪烁 >
[<= T32 K25]
(Y006)
96
[END]

图 5-7　炉温控制程序

CH1 通道。中间继电器 KA 起中介作用，当其触点闭合后接通加热器电路，此部分图在此省略。炉温控制硬件连接图如图 5-8 所示。

FU2
~220V
KA
+24V
0~10V
HL1
HL2
HL3
Y0
COM1
Y4
Y5
Y6
COM2
V+
VI−
CH1
FX2N−48MR
FX2N−
4AD
L
N
X0
X1
COM
FU1
SB1
SB2
~220V

图 5-8　炉温控制硬件连接图

5.1.5 知识进阶

1. FX$_{2N}$-2AD 模拟量输入模块

FX$_{2N}$-2AD 模拟量输入模块有两个模拟量输入通道，即 CH1 和 CH2，通过这两个通道可将电压或电流转换成 12 位的数字量信号，并将数字信号输入到 PLC 中。对 CH1 和 CH2，可输入 0~10 V 或 0~5 V 的直流电压信号或 4~20 mA 的直流电流信号。

（1）连接

FX$_{2N}$-2AD 模拟量输入模块的连接与 FX$_{2N}$-4AD 相类似。当电压输入时，将信号接在 VIN 和 COM 端；当电流输入时，信号接在 VIN 和 COM 端，同时将 VIN 和 IIN 两端相连。

（2）缓冲存储器（BFM）分配

FX$_{2N}$-2AD 模拟量模块内部有一个数据缓冲存储器（BFM）区，它是由 32 个 16 位的寄存器组成，其 BFM 分配如表 5-4 所示。

表 5-4　FX$_{2N}$-2AD 模块 BFM 分配表

BFM 编号	b15~b8	b7~b4	b3	b2	b1	b0
#0	保留	输入数据的当前值（低 8 位数据）				
#1	保留		输入数据的当前值（高 4 位数据）			
#2~#16	保留					
#17					A-D 转换开始标注位	A-D 指定转换通道标注位
#18~#31	保留					

BFM #0：以二进制形式存储、由 BFM #17 指定转换通道标注位的输入数据的当前（低 8 位数）值。

BFM #1：以二进制形式存储输入数据当前值的高 4 位。

BFM #17：其 b0 位用来指定 A-D 转换通道，b1 位为 A-D 转换开始位，当 b1 位出现上升沿时，开始转换。当 b0=0 时选择 CH1，当 b0=1 时选择 CH2。

（3）偏移和增益

通常，FX$_{2N}$-2AD 模拟量输入模块在出厂时初始值为 DC 0~10 V，偏移值和增益值调整的数字值为 0~4 000。当 FX$_{2N}$-2AD 模拟量输入模块用作电流输入（或 DC 0~5 V，或根据电气设备的输入特性进行输入）时，有可能要对偏移值和增益值进行再调节。FX$_{2N}$-2AD 模拟量输入模块的偏移值和增益值调节是根据 FX$_{2N}$-2AD 的容量调节器进行的。

（4）实例程序

将 FX$_{2N}$-2AD 模块连接在特殊功能模块的 0 号位置。当接通 X000 时，启动 FX$_{2N}$-2AD 的 CH1 通道，先将 CH1 的数据暂存在 M100~M115 中，再将数据存放在数据寄存器 D0 中；当接通 X001 时，启动 FX$_{2N}$-2AD 的 CH2 通道，先将 CH1 的数据暂存在 M200~M215 中，再将数据存放在数据寄存器 D1 中。其基本使用程序如图 5-9 所示。

2. FX$_{2N}$-4AD-PT 模拟量模块

（1）概述

FX$_{2N}$-4AD-PT 模拟量模块将来自 4 个铂温度传感器（PT100，3 线，100 Ω）的输入放

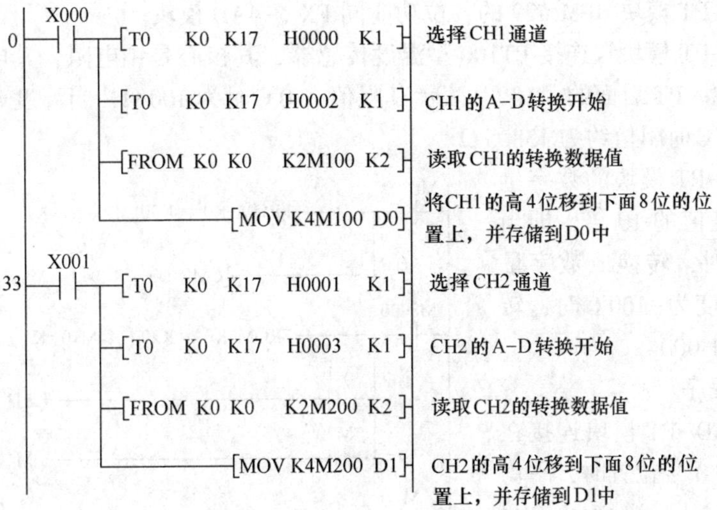

```
      X000
0 ─┤├──┬──[ T0    K0  K17  H0000  K1 ]      选择CH1通道
       │
       ├──[ T0    K0  K17  H0002  K1 ]      CH1的A-D转换开始
       │
       ├──[ FROM K0  K0   K2M100 K2 ]       读取CH1的转换数据值
       │
       └─────────[ MOV K4M100 D0 ]          将CH1的高4位移到下面8位的位
                                            置上，并存储到D0中
      X001
33 ─┤├──┬──[ T0    K0  K17  H0001  K1 ]      选择CH2通道
        │
        ├──[ T0    K0  K17  H0003  K1 ]      CH2的A-D转换开始
        │
        ├──[ FROM K0  K0   K2M200 K2 ]       读取CH2的转换数据值
        │
        └─────────[ MOV K4M200 D1 ]          CH2的高4位移到下面8位的位
                                             置上，并存储到D1中
```

图 5-9 FX$_{2N}$-2AD 模块的基本使用程序

大信号的数据转换成 12 位的可读数据，存储在主处理单元（MPU）中，摄氏度和华氏度都可读取。它与 PLC 之间通过缓冲存储器交流数据，数据的读出和写入通过 FROM/TO 指令进行。

（2）连接

FX$_{2N}$-4AD-PT 模块应使用 PT100 传感器的电缆或双绞线屏蔽电缆作为模块输入电缆，并且与电源线或其他可能产生电气干扰的电线隔开。

将 PT00 铂电阻的两根线接到 FX$_{2N}$-4AD-PT 模块的 L+ 和 L- 端，将其任一根线接到 FX$_{2N}$-4AD-PT 模块的 I-端。

FX$_{2N}$-4AD-PT 模块可以使用 PLC 的内部或外部的 24V 电源。

（3）缓冲存储器（BFM）分配

FX$_{2N}$-4AD-PT 模块的缓冲存储器（BFM）分配如表 5-5 所示。

表 5-5 FX$_{2N}$-4AD-PT 模块 BFM 分配表

BFM 编号	内　　　容
#1～#4	CH1～CH4 的平均温度值的采样次数（1～4 096），默认值=8
#5～#8	CH1～CH4 在 0.1℃ 单位下的平均温度
#9～#12	CH1～CH4 在 0.1℃ 单位下的当前温度
#13～#16	CH1～CH4 在 0.1℉ 单位下的平均温度
#17～#20	CH1～CH4 在 0.1℉ 单位下的当前温度
#21～#27	保留
#28	数字范围错误锁存
#29	错误状态
#30	识别号 K2040
#31	保留

FX_{2N}-4AD-PT 模块 BFM #29 的各位功能同 FX_{2N}-4AD 模块。

FX_{2N}-4AD-PT 模块常连接 PT100 型温度传感器，其核心是铂电阻，其电阻值会随着温度的变化而变化。PT 后面的"100"表示其阻值在 0℃时为 100 Ω，当温度升高时其阻值线性增大，在 100℃时阻值约为 138.5 Ω。

FX_{2N}-4AD-PT 模块的数字量输出是摄氏温度值的 10 倍，即当温度为+600℃时，转换成数字量为+6000，当温度为-100℃时，转换成数字量为-1 000。

（4）实例程序

将 FX_{2N}-4AD-PT 模块连接在特殊功能模块的 0 号位置时，平均采样次数是 4，输入通道 CH1~CH4以℃表示的平均温度值分别被保存在数据寄存器 D10~D14 中，其基本使用程序如图 5-10 所示。

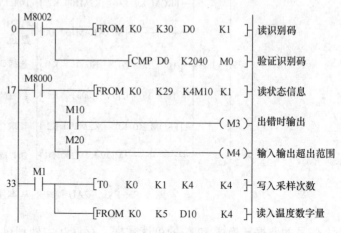

图 5-10　FX_{2N}-4AD-PT 模块的基本使用程序

5.1.6　研讨与训练

1）为了提高温度采样精度，项目采用 4 个传感器对温度进行采样，将其平均值作为温度采样值，并使用模拟量输入模块 FX_{2N}-4AD-PT，试编写其控制程序。

2）若项目设置"手动"和"自动"两种操作方式，在"手动"操作方式下系统不能调节温度；在"自动"操作方式下，可调节温度（调节功能与本项目控制要求相同）。试用跳转指令或子程序指令编写其程序。

3）若系统温度值采用两位数码管显示，其显示程序该如何编写。

项目 5.2　灯泡亮度控制——D-A 模块

5.2.1　教学目的

1. 基本知识目标

1）掌握模拟量输出模块信号连接的方法。

2）掌握 FX_{2N}-2DA、FX_{2N}-4DA 及 FX0N-3A 模块 BFM 的分配。

3）掌握模拟量输出模块数据的读写方法。

4）了解 PID 指令的应用。

2. 技能培养目标

1）会使用 FX_{2N}-2DA 模拟量输出模块。

2）会使用 FX_{2N}-4DA 模拟量输出模块。

3）会使用 FX0N-3A 模拟量输入/输出模块。

5.2.2 项目控制要求与分析

当按下起动按钮 SB1 时，系统会根据不同的操作方式对灯泡（额定电压为 12 V）亮度进行实时控制，当按下停止按钮 SB2 时，系统停止对其亮度控制。系统还要求如下：

1）系统操作方式有"手动"和"自动"两种。

2）在"手动"操作方式下，可手动调节灯泡的亮度。每按 1 次"增亮"键，灯泡两端工作电压增加 1 V，直至 10 V 为止；按 1 次"减亮"键，灯泡两端工作电压减少 1 V，直至 0 V 为止。

3）在"自动"操作方式下，灯泡由暗变亮，然后再由亮变暗，如此循环，循环周期为 10 s。

4）要求有操作方式的指示。

众所周知，灯泡的亮度是受其两端工作电压决定的。本控制系统的实质就是控制灯泡两端的工作电压。为实现上述控制要求，有必要对模拟量输出模块的相关知识进行介绍。

5.2.3 项目预备知识

1. 模拟量输出模块 FX_{2N}-2DA

FX_{2N}-2DA 模拟量输出模块是 FX 系列专用的模拟量输出模块，该模块将 12 位数字信号转换为模拟量电压或电流输出。它有两个模拟量输出通道，3 种输出量程，即 DC 0~5 V（分辨率为 1.25 mV）、0~10 V（分辨率为 2.5 mV）和 4~20 mA（分辨率为 4 μA），D-A 转换时间为 4 ms/通道。模拟输出端通过双绞线屏蔽电缆与负载相连。

（1）连接

在使用电压输出时，将负载的一端接在"VOUT"端，另一端接在短接后的"IOUT"和"COM"端。电流型负载接在"IOUT"和"COM"端。FX_{2N}-2DA 模块连接如图 5-11 所示。

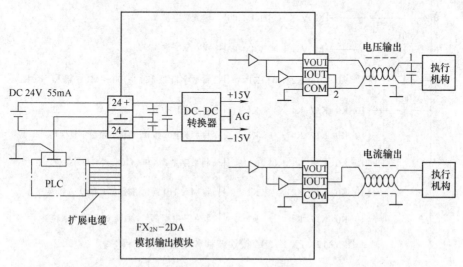

1—当电压输出存在波动或有大量噪声时，在图位置处外连接 0.1～0.47μF DC 25V 的电容。

2—对于电压输出，需将 IOUT 和 COM 进行短接。

图 5-11　FX_{2N}-2DA 模块连接图

（2）缓冲存储器（BFM）分配

FX$_{2N}$-2DA 模拟量输出模块的每个缓冲存储器（BFM）为 16 位，其 BFM 分配如表 5-6 所示。

表 5-6　FX$_{2N}$-2DA 模块 BFM 分配表

BFM 编号	b15~b8	b7~b3	b2	b1	b0
#0~#15	保留				
#16	保留	输出数据的当前值（8 位数据）			
#17	保留		D-A 低 8 位数据保持	通道 CH1 的 D-A 转换开始	通道 CH2 的 D-A 转换开始
#18~#31	保留				

FX$_{2N}$-2DA 模块共有 32 个缓冲寄存器 BFM，但是只使用了下面两个。

1）BFM #16：写入由 BFM #17（数字值）指定通道的 D-A 转换数据值，数据值以二进制形式将低 8 位和高 4 位两部分按顺序进行保存。

2）BFM #17：b0 由 1 变为 0 时，CH2 的 D-A 开始转换；b1 由 1 变为 0 时，CH1 的 D-A 开始转换；b2 由 1 变为 0 时，D-A 转换的低 8 位数据保持。

（3）偏移和增益

FX$_{2N}$-2DA 模块在出厂时调整的输入数字值为 0~4 000，对应于输出电压 0~10 V。若用于电流输出，则需使用 FX$_{2N}$-2DA 上的调节电位器对偏置值和增益值重新进行调整，电位器向顺时针方向旋转时，数字值增加。

增益可以设置为任意值，为了充分利用 12 位的数字值，建议输入数字范围为 0~4 000。例如当电流输出为 4~20 mA 时，调节 20 mA 模拟输出量对应的数字值为 4 000。当电压输出时，其偏置值为 0；当电流输出时，4 mA 模拟输出量对应的数字输入值为 0。

FX$_{2N}$-2DA 模块偏移和增益的调整程序如图 5-12 所示。

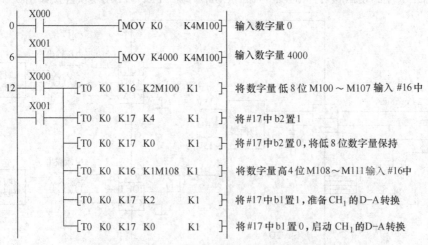

图 5-12　FX$_{2N}$-2DA 模块偏移和增益的调整程序

D-A 输出为 CH1 通道，在调整偏移时将 X000 置 ON，在调整增益时将 X001 置 ON，偏移和增益和调整方法如下。

1）接万用表并调至直流电压档（50 V）。

2）当调整偏移/增益时，应按照偏移调整和增益调整的顺序进行。

3）通过 OFFSET 旋钮对通道 1 进行偏移调整，即旋动旋钮使万用表电压指示为 0 V。

4）通过 GAIN 旋钮对通道 1 进行增益调整，即旋动旋钮使万用表电压指示为 10 V。

（4）实例程序

FX$_{2N}$-2DA 模块连接在特殊功能模块的 0 号位置，当 X001 为 1 时，启动 D-A 转换，将 D1 中的 12 位数字量转换成模拟量经 CH1 输出；当 X002 为 1 时，启动 D/A 转换，将 D2 中的 12 位数字量转换成模拟量经 CH2 输出，其基本使用程序如图 5-13 所示。

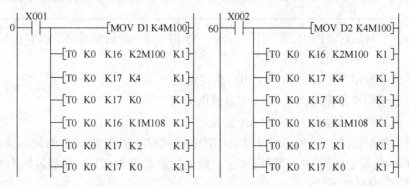

图 5-13　FX$_{2N}$-2DA 模块的基本使用程序

2. 模拟量输出模块 FX$_{2N}$-4DA

FX$_{2N}$-4DA 有 4 个模拟量输出通道，即 CH1～CH4，输出量程为 DC 0～10 V、0～5 V 和 DC 4～20 mA，转换速度为 2.1 ms/通道。

（1）连接

使用电压输出时，将负载的一端接在"VOUT"端，另一端接在短接后的"IOUT"和"COM"端。电流型负载接在"IOUT"和"COM"端，其连接同 FX$_{2N}$-2DA。

（2）缓冲存储器（BFM）分配

FX$_{2N}$-4DA 模拟量输出模块由 32 个缓冲存储器（BFM）组成，每个缓冲存储器为 16 位，其 BFM 分配如表 5-7 所示。

表 5-7　FX$_{2N}$-4DA 模块 BFM 分配表

BFM 编号	内　容
#0	输出模式选择，出厂设定为 H0000
#1～#4	CH1～CH4 的转换输出数据
#5	输出数据保持模式，出厂设定为 H0000
#6～#7	保留
#8	CH1、CH2 的偏移/增益设定命令，初始值为 H0000
#9	CH3、CH4 的偏移/增益设定命令，初始值为 H0000
#10	CH1 的偏移数据
#11	CH1 的增益数据
#12～#13	CH2 的偏移和增益数据
#14～#15	CH3 的偏移和增益数据
#16～#17	CH4 的偏移和增益数据

BFM 编号	内　　容
#18~#19	保留
#20	初始化，初始值为 0
#21	禁止调整 I/O 特性（初始值：1）
#22~#28	保留
#29	错误状态
#30	识别码 K3020
#31	保留

BFM #0：若其设定值用 H□□□□ 表示，则 BFM #0 的最低位控制 CH1，然后依次为 CH2、CH3、CH4。对"□"设定如下。

□=0，通道模拟量输出为-10~+10 V 直流电压。

□=1，通道模拟量输出为 4~20 mA 直流电流。

□=2，通道模拟量输出为 0~20 mA 直流电流。

BFM #5：数据保持。当 PLC 处于停止 STOP 模式时，RUN 模式下的最后输出值将被保持。若 BFM #5 的设定值用 H□□□□ 表示，则值的最低位为 CH1，然后依次为 CH2、CH3、CH4。对"□"设定如下。

□=0，相应通道的转换数据在 PLC 停止运行时，仍然保持不变。

□=1，相应通道的转换数据复位，成为偏移设置值。

BFM #29：为错误状态信息。其各位错误定义如表 5-8 所示。

表 5-8　BFM #29 各位错误定义表

BFM #29 的位	ON	OFF
b0：错误	若 b1~b3 中任何一个为 ON，则为 b0=1	无错误
b1：偏移和增益错误	E²PROM 中的偏移和增益数据不正常或设置错误	增益和偏移数据正常
b2：电源故障	DC 24 V 电源故障	电源正常
b3：硬件错误	A-D 转换器或其他硬件故障	硬件正常
b10：范围错误	数字输入或模拟输出值超出指定范围	数字输出正常
b12：偏移和增益调整禁止	BFM #21 没有设为 1	可调整状态（BFM #21=1）

（3）实例程序

使用基本程序如图 5-14 所示。

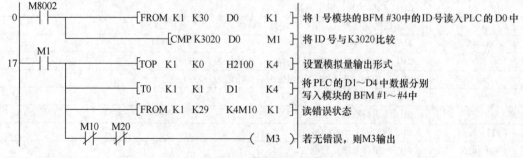

图 5-14　使用基本程序

3. 模拟量输入/输出模块 FX0N-3A

FX0N-3A 是三菱公司的模拟量输入和输出模块，它有两路模拟量输入（DC 0~10 V 或 AC 4~20 mA）通道和 1 路模拟量输出通道（DC 0~10 V 或 DC 0~5 V）。输入通道将现场的模块信号转化为数字量送给 PLC 处理，输出通道将 PLC 中的数字量转化为模拟信号输出给现场设备。A-D 转换时间为 100 μs，D-A 处理速度是 TO 指令处理时间的 3 倍。FX0N-3A 的最大分辨率为 8 位，可以连接 FX_{2N}、$FX_{2N}C$、FX_{1N}、FX_{0N} 系列的 PLC，FX0N-3A 占用 PLC 的扩展总线上的 8 个 I/O 点，可以将 8 个 I/O 点分配给输入或输出。

（1）连接

FX0N-3A 模块输入/输出的连接同 FX_{2N}-4AD 和 FX_{2N}-2DA 模块。

（2）缓冲存储器（BFM）分配

FX0N-3A 模块共有 32 个缓冲存储器 BFM，但是只使用了 3 个，其 FX0N-3A 模块的缓冲存储器分配如表 5-9 所示。

表 5-9　FX0N-3A 模块 BFM 分配表

BFM 编号	b15~b8	b7~b3	b2	b1	b0
#0	保留	存放 A-D 通道的当前值输入数据（8 位）			
#16	保留	存放 D-A 通道的当前值输出数据（8 位）			
#17	保留		D-A 启动	A-D 启动	A-D 通道
#1~#5、#18~#31	保留				

BFM #0 的低 8 位（b7~b0）用于存放 A-D 通道的当前值输入数据，高 8 位保留。

BFM #16 的低 8 位（b7~b0）用于存放 D-A 通道的当前值输出数据，高 8 位保留。

BFM #17 的 b0 为 0 时选择通道 1，为 1 时选择通道 2；b1 位由 "0" 变为 "1"，启动 A-D 转换；b2 位由 "1" 变为 "0"，启动 D-A 转换。b3~b7 位保留，高 8 位没有意义。

（3）A-D 通道的校准

1）A-D 校准程序。A-D 校准程序如图 5-15 所示。

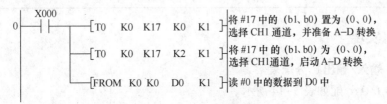

图 5-15　A-D 校准程序

2）输入偏移校准。运行图 5-15 所示的程序，使 X000 为 ON，在模拟输入通道 CH1 输入表 5-10 所示的模拟电压/电流信号，调整其 A-D 的 OFFSET 电位器，使读入 D0 的值为 1。顺时针调整为数字量增加，逆时针调整为数字量减小。

表 5-10　输入偏移参照表

模拟输入信号值的范围	0~10 V	0~5 V	4~20 mA
输入的偏移校准值	0.04 V	0.02 V	4.064 mA

3）输入增益校准。运行图 5-15 的程序，并使 X000 为 ON，在模拟输入通道 CH1 输入表 5-11 所示的模拟电压/电流信号，调整其 A-D 的 GAIN 电位器，使读入 D0 的值为 250。

表 5-11　输入增益参照表

模拟输入信号值的范围	0~10 V	0~5 V	4~20 mA
输入的增益校准值	10 V	5 V	20 mA

（4）D-A 通道的校准

1）D-A 校准程序（如图 5-16 所示）。

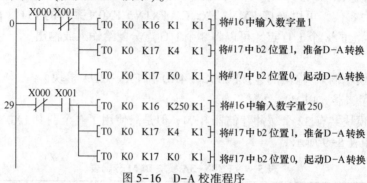

图 5-16　D-A 校准程序

2）D-A 输出偏移校准。运行图 5-16 所示的程序，使 X000 为 ON，X001 为 OFF，调整其 D-A 的 OFFSET 电位器，使输出值满足表 5-12 所示的电压/电流值。

表 5-12　输出偏移参照表

模拟信号值的输出范围	0~10 V	0~5 V	4~20 mA
输出的偏移校准值	0.04 V	0.02 V	4.064 mA

3）D-A 输出增益校准。运行图 5-16 所示的程序，使 X001 为 ON，X000 为 OFF，调整其 D-A 的 GAIN 电位器，使输出值满足表 5-13 所示的电压/电流值。

表 5-13　输出增益参照表

模拟信号值的输出范围	0~10 V	0~5 V	4~20 mA
输出的增益校准值	10 V	5 V	20 mA

5.2.4　项目实现

1. I/O（输入/输出）分配表

本项目的 I/O 分配如表 5-14 所示。

表 5-14　I/O 分配表

输　　　入		输　　　出	
输 入 元 件	输入继电器	输 出 元 件	输出继电器
起动按钮 SB1	X000	手动方式指示灯 HL1	Y000
停止按钮 SB2	X001	自动方式指示灯 HL2	Y001
增亮键 SB3	X002		
减亮键 SB4	X003		
转换开关 SA 手动方式	X004		
转换开关 SA 自动方式	X005		

2. 程序设计

灯泡亮度控制程序如图 5-17 所示。

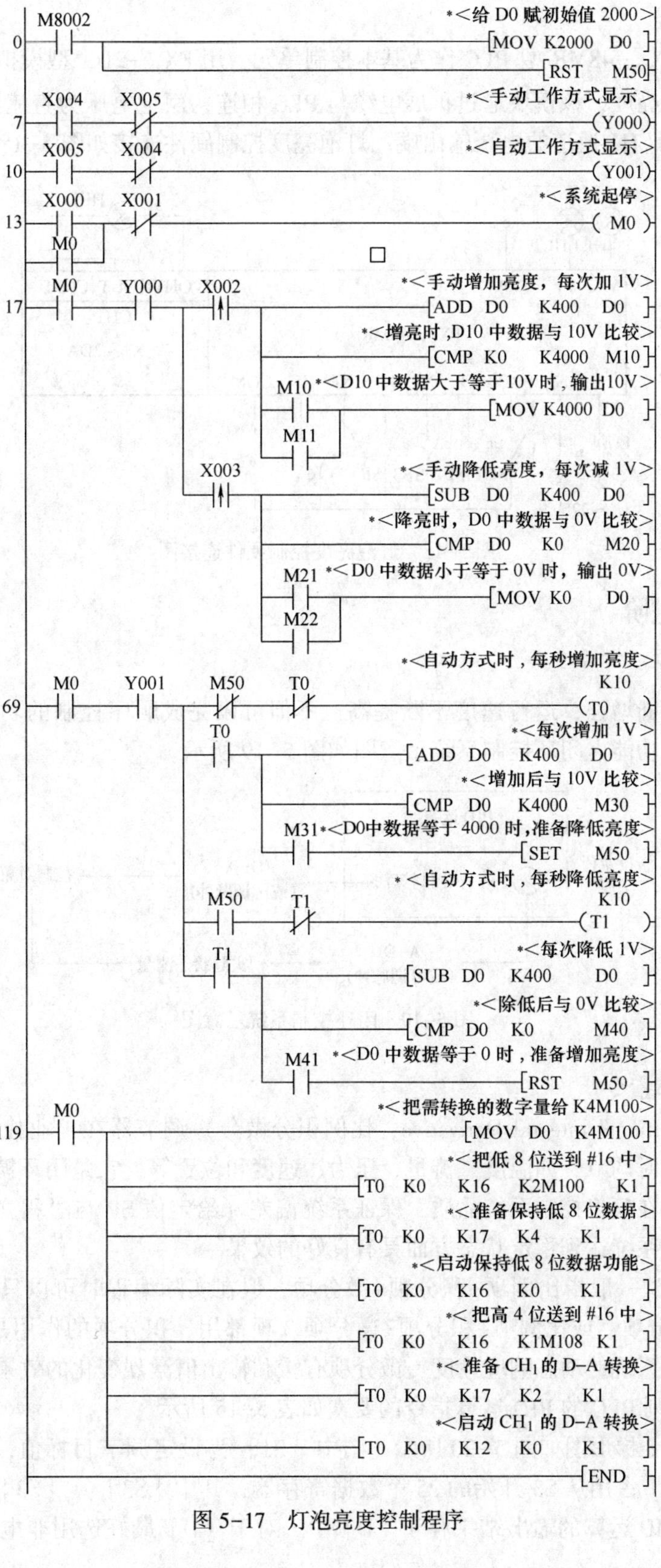

```
          M8002                                    *<给 D0 赋初始值 2000>
0  ├──┤ ├──────────────────────────────────[MOV  K2000  D0 ]
   │                                           [RST    M50 ]
   │ X004   X005                                 *<手动工作方式显示>
7  ├──┤ ├───┤/├──────────────────────────────────────( Y000 )
   │ X005   X004                                 *<自动工作方式显示>
10 ├──┤ ├───┤/├──────────────────────────────────────( Y001 )
   │ X000   X001                                   <系统起停>
13 ├──┤ ├───┤/├──────────────────────────────────────( M0 )
   │ M0                            □
   ├──┤ ├─┤
   │ M0    Y000   X002                          *<手动增加亮度，每次加 1V>
17 ├──┤ ├───┤ ├────┤↑├──────────────────────────[ADD  D0   K400  D0 ]
   │                │                           *<增亮时，D10 中数据与10V 比较>
   │                ├──────────────────────────[CMP  K0   K4000  M10 ]
   │                │  M10  *<D10 中数据大于等于10V 时，输出10V>
   │                ├──┤ ├────────────────────────[MOV K4000  D0 ]
   │                │  M11
   │                ├──┤ ├─┤
   │                │  X003                      *<手动降低亮度，每次减 1V>
   │                ├──┤↑├────────────────────────[SUB  D0   K400  D0 ]
   │                │                            *<降亮时，D0 中数据与 0V 比较>
   │                ├──────────────────────────[CMP  D0   K0   M20 ]
   │                │  M21   *<D0 中数据小于等于 0V 时，输出 0V>
   │                ├──┤ ├────────────────────────[MOV  K0   D0 ]
   │                │  M22
   │                └──┤ ├─┤
   │                                            *<自动方式时，每秒增加亮度>
   │ M0    Y001   M50   T0                                   K10
69 ├──┤ ├───┤ ├───┤/├───┤/├──────────────────────────────( T0 )
   │                │  T0                       *<每次增加 1V>
   │                ├──┤ ├────────────────────────[ADD  D0  K400  D0 ]
   │                │                            *<增加后与 10V 比较>
   │                ├──────────────────────────[CMP  D0  K4000  M30 ]
   │                │  M31 *<D0 中数据等于 4000 时，准备降低亮度>
   │                └──┤ ├────────────────────────[SET   M50 ]
   │                                            *<自动方式时，每秒降低亮度>
   │                   M50   T1                            K10
   │                ├──┤ ├───┤/├──────────────────────────( T1 )
   │                │  T1                       *<每次降低 1V>
   │                ├──┤ ├────────────────────────[SUB  D0  K400  D0 ]
   │                │                            *<除低后与 0V 比较>
   │                ├──────────────────────────[CMP  D0   K0   M40 ]
   │                │  M41  *<D0 中数据等于 0 时，准备增加亮度>
   │                └──┤ ├────────────────────────[RST   M50 ]
   │ M0                                         *<把需转换的数字量给 K4M100>
119├──┤ ├──────────────────────────────────────[MOV  D0   K4M100 ]
   │                                            *<把低 8 位送到 #16 中>
   ├──────────────────────────────────────[T0  K0   K16  K2M100  K1 ]
   │                                            *<准备保持低 8 位数据>
   ├──────────────────────────────────────[T0  K0   K17   K4   K1 ]
   │                                            *<启动保持低 8 位数据功能>
   ├──────────────────────────────────────[T0  K0   K16   K0   K1 ]
   │                                            *<把高 4 位送到 #16 中>
   ├──────────────────────────────────────[T0  K0   K16  K1M108  K1 ]
   │                                            *<准备 CH₁ 的 D-A 转换>
   ├──────────────────────────────────────[T0  K0   K17   K2   K1 ]
   │                                            *<启动 CH₁ 的 D-A 转换>
   └──────────────────────────────────────[T0  K0   K12   K0   K1 ]
                                                             [END ]
```

图 5-17　灯泡亮度控制程序

3. 硬件连接

本项目选 FX$_{2N}$–48MR 型 PLC 作为基本控制单元，用 FX$_{2N}$–2DA 型模拟量输出模块的输出电压控制灯泡亮度，该模块通过扩展电缆与 PLC 相连，额定电压为直流 12 V 的灯泡接入模拟量输出模块 CH1 通道的电压输出端。灯泡亮度控制硬件连接如图 5–18 所示。

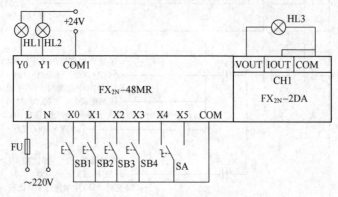

图 5–18　灯泡亮度控制硬件连接图

5.2.5　知识进阶

1. 闭环控制

PLC 技术不断增强，运行速度不断提高，不但可以完成顺序控制的功能，还可以完成复杂的闭环控制功能。闭环控制系统示意图如图 5–19 所示。

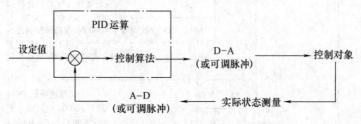

图 5–19　闭环控制系统示意图

2. PID 调节指令

PID（Proportional Integral Derivative，比例积分微分）调节器在工业控制中主要对连续变化的量实现实时调节，如温度、流量、压力、速度和位置等。它是闭环模拟量控制中的传统调节方式，它在改善控制系统品质、保证系统偏差（给定值 SP 与过程变量 PV 的差）达到预定指标、使系统达到稳定状态方面具有良好的效果。

PID 控制算法一般指比例项+积分项+微分项，但在实际编程时可以只使用比例项，或使用比例项+积分项，或比例项+积分项+微分项 3 项都用。积分项的作用是消除系统静差，微分项可以改善系统的动态响应速度，微分项有缓和输出值激烈变化的效果。

三菱 FX 系列 PLC 的 PID 运算指令的要素如表 5–15 所示。

PID 运算指令梯形图如图 5–20 所示。图中［S1］为设定调节目标值，［S2］为当前测定值，参数［S3］占用从 S3 开始的 25 个数据寄存器，其中［S3］～［S3］+6 为设定控制参数，将执行 PID 运算的输出结果存于［D］中。对于［D］最好选用非电池保持的数据寄存器，否则应在 PLC 开始运行时使用程序清空原有的数据。

表 5-15　PID 运算指令的要素表

指令名称	指令代码位数	助记符	操作数				程序步
			S1	S2	S3	D	
PID 运算	FNC88 (16)	PID	D [目标值 (SV)]	D [测量值 (PV)]	D0～D975 [参数]	D [输出值]	PID… 9 步

在使用 PID 指令前，需先对目标值、测定值及控制参数进行设定。其中测定值是传感设备反馈量在 PLC 中产生的数字量值，因而目标值则也应结合工程实际值、传感器测量范围及模-数转换字长等参数，是控制系统稳定运行的期望值。控制参数

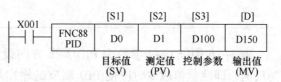

图 5-20　PID 运算指令梯形图

则为 PID 运算相关的参数。表 5-16 给出了控制参数［S3］的 25 个数据寄存器的名称及参数的设定内容。

表 5-16　控制参数［S3］的 25 个数据寄存器的名称及参数的设定内容表

寄存器号数	参数名称或意义	设定值参考
［S3］	采样时间 (T_S)	设定范围为 1～32 767 ms
［S3］+1	动作方向 (ACT)	Bit0 = 0, 正向动作；Bit0 = 1, 反向动作 Bit1 = 0, 无输入变化量报警；Bit1 = 1, 输入变化量报警有效 Bit2 = 0, 无输出变化量报警；Bit2 = 1, 输出变化量报警有效 Bit3 不可参数设置 Bit4 = 0, 不执行自动调节；Bit4 = 1, 执行自动调节 Bit5 = 0, 不设定输出上下限；Bit4 = 1, 输出上下限设定有效 Bit6～Bit15 = 0 不可使用 注：Bit2 和 Bit5 不能同时为 ON
［S3］+2	输入滤波常数 (α)	0～99%, 设定为 0 时无滤波
［S3］+3	比例增益 (K_p)	1～32 767%
［S3］+4	积分时间 (T_I)	0～32 767 (×100 ms), 设定为 0 时无积分处理
［S3］+5	微分增益 (K_D)	0～100%, 设定值为 0 无微分增益
［S3］+6	微分时间 (T_D)	0～32 767 (×100 ms), 设定为 0 时无微分处理
［S3］+7～［S3］+19		PID 运算内部占用
［S3］+20	输入变化量 (增加方向) 报警设定值	1～32 767, ［动作方向 (ACT) 的 Bit1 = 1 有效］
［S3］+21	输入变化量 (减少方向) 报警设定值	1～32 767, ［动作方向 (ACT) 的 Bit1 = 1 有效］
［S3］+22	输出变化量 (增加方向) 报警设定值	1～32 767, ［动作方向 (ACT) 的 Bit2 = 1、Bit5 = 0 有效］

寄存器号数	参数名称或意义	设定值参考
[S3]+23	输出变化量（减少方向）报警设定值	1~32 767，[动作方向（ACT）的 Bit2＝1、Bit5＝0 有效]
[S3]+24	报警输出	Bit0＝1，输入/输出量（增加方向）溢出报警，[动作方向（ACT）的 Bit1＝1 或 Bit2＝1 有效] Bit1＝1，输入变化量（减少方向）溢出报警 Bit2＝1，输出变化量（增加方向）溢出报警 Bit3＝1，输入变化量（减少方向）溢出报警

表 5-16 中[S3]+1 参数为 PID 调节方向设定，一般来说大多数情况下，PID 调节方向为反向，即测量值减少时应使 PID 调节的输出增加。正方向调节用得较少，即测量值减少时就使 PID 调节的输出值减少。[S3]+3~[S3]+6 是涉及 PID 调节中比例、积分、微分调节强弱的参数，是 PID 调节的关键参数，这些参数的设定直接影响系统的快速性及稳定性，一般在系统调试过程中经对系统测定后调节至合适值。

5.2.6 研讨与训练

1）如采用 FX$_{2N}$-4DA 模拟量输出模块，则程序如何编写？

2）如采用 FX0N-3A 模拟量输出模块，在自动操作方式下灯泡亮度随着输入电压的变化而变化。要求：输入电压越高，灯泡越亮；或者输入电压越低，灯泡越亮，编写程序。

项目 5.3 送风及循环水系统的 PLC 通信控制——并行通信

5.3.1 教学目的

1. 基本知识目标

1）掌握通信的基本知识。

2）掌握 RS-485 通信接线方式。

3）掌握并行连接有关的标志寄存器、辅助继电器和特殊数据寄存器的作用。

4）理解并掌握 N∶N 连接的相关知识。

2. 技能培养目标

1）会进行 FX$_{2N}$-485-BD 通信接口板的连接。

2）能编写 PLC 简单控制系统并行连接和 N∶N 连接程序。

5.3.2 项目控制要求与分析

送风及循环水系统均由一台功率 10 kW 的电动机驱动，由 PLC 控制其直接起动。现需要两个系统能进行数据通信，具体要求如下。

1）送风系统（主站）的 PLC 控制，既能起停送风电动机，也能起停循环水电动机。

2）循环水系统（从站）的 PLC 控制，既能起停循环水电动机，也能起停送风电动机。

3）两控制系统均能监控对方运行（运行和过载）状态，当某一系统电动机出现过载时，两系统电动机均停止，并能在本系统中显示另一系统的过载信息。

在金属机械表面喷漆时，为了操作者的健康和提高喷漆质量，系统要求将弥漫在操作者周围的漆雾通过送风电动机压入操作间底下的水中，再通过水的不断循环将漂浮在水面上的漆带走。根据控制要求可知，在两台 PLC 之间需能进行通信（即并行连接），通过通信来监视和控制对方系统的运行。根据要求本项目中主要解决两个问题：一是采用什么样的通信进行连接；二是如何连接相关的通信硬件，如何设置和使用软件中有关的寄存器。为此需要对通信基本知识、通信接口板的使用及并行连接的相关知识进行介绍。

5.3.3 项目预备知识

1. 通信基础知识

通信是指一地与另一地之间的信息传递。PLC 通信是指 PLC 与计算机、PLC 与 PLC、PLC 与人机界面（触摸屏）、PLC 与变频器、PLC 与其他智能设备之间的数据传递。

（1）通信方式

1）有线通信和无线通信。有线通信是指以导线、电缆、光缆和纳米材料等看得见的材料为传输媒质的通信。无线通信是指以看不见的材料（如电磁波）为传输媒质的通信，常见的无线通信有微波通信、短波通信、移动通信和卫星通信等。

2）并行通信与串行通信。

① 并行通信是指数据的各个位同时进行传输的通信方式，其特点是数据传输速度快，它由于需要的传输线多，故成本高，只适合近距离的数据通信。PLC 主机与扩展模块之间通常采用并行通信。

② 串行通信是指数据一位一位传输的通信方式，其特点是数据传输速度慢，但由于只需要一条传输线，故成本低，适合远距离的数据通信。PLC 与计算机、PLC 与 PLC、PLC 与人机界面、PLC 与变频器之间通信采用串行通信。

3）异步通信和同步通信。串行通信又可分为异步通信和同步通信。PLC 与其他设备通信主要采用串行异步通信方式。

在异步通信中，数据是一帧一帧地传送，一帧数据传送完成后，可以传下一帧数据，也可以等待。串行通信时，数据是以帧为单位传送的，帧数据有一定的格式，它是由起位、数据位、奇偶校验位和停止位组成的。

在异步通信中，每一帧数据发送前要用起始位，在结束时要用停止位，这样会导致数据传输速度较慢。为了提高数据传输速度，在计算机与一些高速设备数据通信时，常采用同步通信。同步通信中数据后面取消了停止位，前面的起始位用同步信号代替，在同步信号后面可以跟很多数据，所以同步通信传输速度快，但由于同步通信要求发送端和接收端严格保持同步，这需要用复杂的电路来保证，所以 PLC 不采用这种通信方式。

4）单工通信和双工通信。在串行通信中，根据数据的传输方向不同，可分为 3 种通信方式，即单工通信、半双工通信和全双工通信。

① 单工通信。顾名思义数据只能往一个方向传送，即只能由发送端传输给接收端。

② 半双工通信。数据可以双向传送，但在同一时间内，只能往一个方向传送，只有在一

个方向的数据传送完成后，才能往另一个方向传送数据。

③ 全双工通信。数据可以双向传送，通信的双方都有发送器和接收器，由于有两条数据线，所以双方在发送数据的同时可以接收数据。

（2）通信传输介质

有线通信采用的传输介质主要有双绞线、同轴电缆和光缆。

1）双绞线。双绞线是将两根导线扭在一起，以减少电磁波的干扰，如果再加上屏蔽套层，则抗干扰能力更好。双绞线的成本低、安装简单，RS-232C、RS-422 和 RS-485 等接口多用双绞线电缆进行通信。

2）同轴电缆。同轴电缆的结构是从内到外依次为内导体（芯线）、绝缘线、屏蔽层及外保护层。从截面看这 4 层构成了 4 个同心圆，故称为同轴电缆。根据通频带不同，同轴电缆可分为基带和宽带两种，其中基带同轴电缆常用于 Ethernet（以太网）中。同轴电缆的传送速度高、传输距离远，但价格较双绞线高。

3）光缆。光缆由石英玻璃经特殊工艺拉成细丝结构，这种细丝的直径比头发丝还要细，但它能传输的数据量却是巨大的。它是以光的形式传输信号的，其优点是传输数字形式的光脉冲信号，不会受电磁干扰，不怕雷击，不易被窃听，数据传输安全性好，传输距离长，带宽较宽，传输速度快。但由于通信双方发送和接收的都是电信号，因此通信双方都需要价格昂贵的光纤设备进行光电转换。另外，制作光纤连接头与连接光纤需要专门工具和专门的技术人员。

2. FX$_{2N}$-485-BD 通信接口设备

利用 FX$_{2N}$-485-BD 通信板，可在两台 PLC 之间进行并行连接通信，也可以进行多台 PLC 之间的 N∶N 通信。

（1）外形与安装

FX$_{2N}$-485-BD 通信板实物如图 5-21 所示。在安装通信板时，拆下 PLC 上表面左侧的盖子，再将通信板上的连接器插入 PLC 电路板的连接器插槽内即可。

（2）RS-485 接口的电气特性

RS-485 接口使用一对平衡驱动差分信号线，发送和接收不能同时进行，属于半双工通信方式。

（3）RS-485 接口的引脚功能定义

RS-485 接口没有特定的开关。FX$_{2N}$-485-BD 通信板上有一个 5 引脚的 RS-485 接口，各引脚功能定义如图 5-22 所示。

● SDA (TXD+)：发送数据+
● SDB (TXD−)：发送数据−
● RDA (RXD+)：接收数据+
● RDB (RXD−)：接收数据−
● SG 公共端：(可不使用)

图 5-21　FX$_{2N}$-485-BD 通信板实物图　　　图 5-22　RS-485 接口各引脚功能定义图

（4）RS-485 通信接线

RS-485 设备之间的通信接线有一对和两对两种方式。当使用一对接线方式时，设备之间只能进行半双工通信；当使用两对接线方式时，设备之间可以进行全双工通信。

1）一对接线方式。RS-485 设备的一对接线方式如图 5-23 所示。在使用一对接线方式时，需要将各设备的 RS-485 接口的发送端和接收端并接起来，设备之间使用一对线接各接口的同名端。另外，要在始端和终端设备的 RDA、RDB 端上接 330 Ω 的终端电阻，以提高数据传输质量，减小干扰。

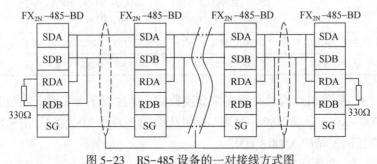

图 5-23　RS-485 设备的一对接线方式图

2）两对接线方式。RS-485 设备的两对接线方式如图 5-24 所示。在使用两对接线方式时，需要用两对线将各设备接口的发送端、接收端分别连接。另外，要在始端和终端设备的 RDA、RDB 端上接上 330 Ω 的终端电阻，以提高数据传输质量，减小干扰。

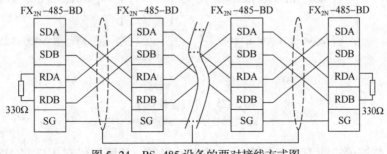

图 5-24　RS-485 设备的两对接线方式图

3. 并行连接

并行连接用来实现两台同一组 FX 系列 PLC 之间数据的自动传送。与并行连接有关的标志寄存器和特殊数据寄存器如表 5-17 所示。

表 5-17　与并行连接有关的标志寄存器和特殊数据寄存器

元 件 名	操　作
M8070	为 ON 时，PLC 作为并行连接的主站
M8071	为 ON 时，PLC 作为并行连接的从站
M8072	PLC 运行在并行连接时为 ON
M8073	并行连接时 M8070 和 M8071 中任何一个设置出错时为 ON
M8162	为 OFF 时，为标准模式；为 ON 时，为快速模式
D8070	并行连接时的监视时间，默认值为 500 ms

并行连接有标准模式和快速模式两种模式，通过特殊辅助继电器 M8162 来设置。主、从站之间周期性的自动通信时由表 5-18 中辅助继电器和数据寄存器来实现数据共享。

表 5-18 并行连接两种模式的比较

模　式	通 信 设 备	FX$_{2N}$/FX$_{2N}$C/FX1N	FX1S/FX0N	通信时间/ms
标准模式 （M8162 为 OFF）	主站→从站	M800～M899（100 点） D490～D499（10 点）	M400～M499（50 点） D230～D249（10 点）	70 ms+主站扫描时间 +从站扫描时间
	从站→主站	M900～M999（100 点） D500～D509（10 点）	M450～M499（50 点） D240～D249（10 点）	
快速模式 （M8162 为 ON）	主站→从站	D490，D491（2 点）	D230，D231（2 点）	20 ms+主站扫描时间 +从站扫描时间
	从站→主站	D500，D501（2 点）	D240，D241（2 点）	

例：两台 FX$_{2N}$ 系列 PLC 通过并行连接交换数据，通过程序来实现下述功能。

主站的 X000～X007 通过 M800～M807 控制从站的 Y000～Y007；从站的 X000～X007 通过 M900～M907 控制主站的 Y000～Y007。

按照上述要求，并行连接程序如图 5-25 所示。

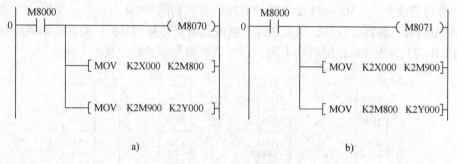

图 5-25 并行连接程序

a) 主站程序　b) 从站程序

并行连接快速模式的编程与标准模式基本上相同，其区别仅在于应将 M8162 置为 ON（设为快速模式）。当为快速模式时，在主站和从站的程序中，都需要用 M8000 的常开触点接通 M8162 的线圈。

5.3.4 项目实现

1. I/O（输入/输出）分配表

本项目的 I/O 分配如表 5-19 所示。

表 5-19 I/O 分配表

输　入		输　出	
输 入 元 件	输入继电器	输 出 元 件	输出继电器
本站起动按钮 SB1	X000	本站电源接触器 KM	Y000
本站停止按钮 SB2	X001	本站运行指示灯 HL1	Y004

输　　入		输　　出	
输入元件	输入继电器	输出元件	输出继电器
本站急停按钮 SB3	X002	本站过载指示灯 HL2	Y005
对方站起动按钮 SB4	X004	对方站运行指示灯 HL3	Y006
对方站停止按钮 SB5	X005	对方站过载指示灯 HL4	Y007
本站过载信号 FR	X007		

在这里，主站和从站使用的 I/O 分配完全一致。

2. 程序设计

送风及循环水系统控制的主站程序和从站程序分别如图 5-26 和图 5-27 所示。

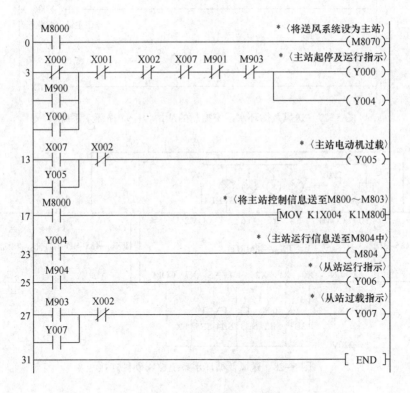

图 5-26　送风及循环水系统控制的主站程序（送风系统）

3. 硬件接连

本项目选 FX_{2N}-48MR 型 PLC 作为基本控制单元，FX_{2N}-485-BD 作为并行通信接口板。指示灯额定电压为直流 24 V，其硬件连接如图 5-28 所示（第 2 台 PLC 硬件连接同第 1 台）。

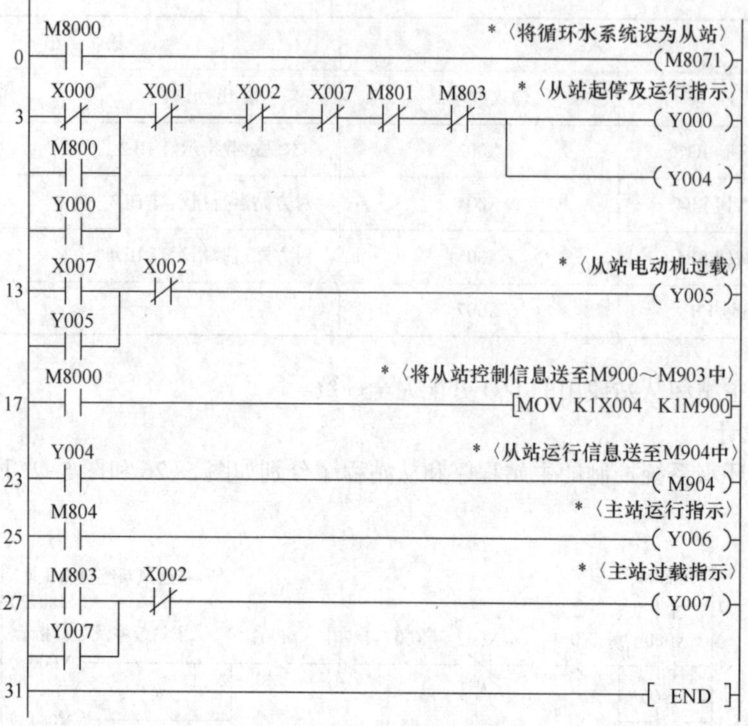

M8000
*〈将循环水系统设为从站〉
0
(M8071)
X000 X001 X002 X007 M801 M803
*〈从站起停及运行指示〉
3
(Y000)
M800
(Y004)
Y000
X007 X002
*〈从站电动机过载〉
13
(Y005)
Y005
M8000
*〈将从站控制信息送至M900～M903中〉
17
[MOV K1X004 K1M900]
Y004
*〈从站运行信息送至M904中〉
23
(M904)
M804
*〈主站运行指示〉
25
(Y006)
M803 X002
*〈主站过载指示〉
27
(Y007)
Y007
31
[END]

图 5-27 送风及循环水系统控制的从站程序（循环水系统）

~220V
+24V
KM
HL1 HL2 HL3 HL4
Y0 COM1 Y4 Y5 Y6 Y7 COM2
FX2N-485-BD
FX2N-48MR(1)
FX2N-485-BD
FX2N-48MR(2)
L N X0 X1 X2 X4 X5 X7 COM
FU
SB1 SB2 SB3 SB4 SB5 FR
~220V

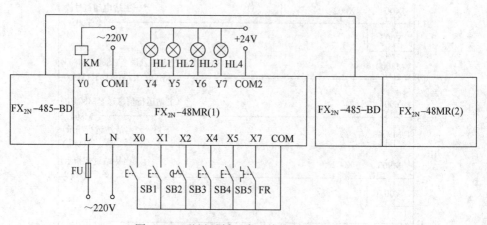

图 5-28 送风及循环水系统控制硬件连接

5.3.5 知识进阶

在 PLC 应用中，经常需要 3 台以上 PLC 之间的数据通信，其中 N∶N 连接通信使用较为广泛。

1. 与 N∶N 网络有关的辅助继电器和数据寄存器

N∶N 连接通信协议最多用于 8 台 FX 系列 PLC 之间的自动数据交换，其中一台为主机，其余的为从机。在每台 PLC 的辅助继电器和数据寄存器中，分别有一片系统指定的共享数据区，网络中的每一台 PLC 都分配自己的共享辅助继电器和数据寄存器。

对于某一台 PLC 来说，分配给它的共享数据区中的数据自动地传送到其他站的相同区域，分配给其他 PLC 的共享数据区中的数据是由其他站自动传送来的。对于某一台 PLC 的用户程序来说，在使用其他站自动传来的数据时，就像读、写自己内部的数据区一样方便。共享数据区中的数据与其他 PLC 里面的对应数据在时间上有一定的延迟，数据传送周期与网络中的站数和传送的数据量有关（延迟范围为 18~131 ms）。与 N:N 网络有关的辅助继电器和数据寄存器分别如表 5-20 和表 5-21 所示。

表 5-20　与 N:N 网络有关的辅助继电器

属　　性	FX1S	FX1N、FX$_{2N}$ 和 FX$_{2N}$C	描　　述	响 应 类 型
只读	M8038		用于 N:N 网络参数设置	主、从站
只读	M504	M8183	有主站通信错误时为 ON	主站
只读	M505~M511	M8184~M8190	有从站通信错误时为 ON	主、从站
只读	M503	M8191	与别的站通信时为 ON	主、从站

表 5-21　与 N:N 网络有关的数据寄存器

属　　性	FX1S	FX1N、FX$_{2N}$ 和 FX$_{2N}$C	描　　述	响 应 类 型
只读	D8173		保存自己的站号	主、从站
只读	D8174		保存从站的个数	主、从站
只读	D8175		保存刷新范围	主、从站
只写	D8176		设置站号	主、从站
只写	D8177		设置从站个数	主站
只写	D8178		设置刷新模式	主站
读/写	D8179		设置重试次数	主站
读/写	D8180		设置通信超时时间	主站
只写	D201	D8201	网络当前扫描时间	主、从站
只写	D202	D8202	网络最大扫描时间	主、从站
只写	D203	D8203	主站通信错误条数	从站
只写	D204~D210	D8204~D8210	1~7 号从站通信错误条数	主、从站
只写	D211	D8211	主站通信错误代码	从站
只写	D212~D218	D8212~D8218	1~7 号从站通信错误代码	主、从站
—	D219~D255	—	用于内部处理	—

2. N:N 网络的设置

N:N 网络的设置只有在程序运行或 PLC 起动时才有效。

（1）设置工作站号（D8176）

D8176 的取值范围为 0~7，应将主站设置为 0，从站设置为 1~7。

（2）设置从站个数（D8177）

该设置只适用于主站，D8177 的设定范围为 1~7 的值，默认值为 7。

（3）设置刷新模式（D8178）

刷新模式是指主站与从站共享的辅助继电器和数据寄存器的范围。刷新模式由主站的D8178来设置,可以设置为0、1或2值(默认值为0)。N:N网络的刷新模式见表5-22。

表5-22　N:N网络的刷新模式

通 信 元 件	刷 新 模 式		
	模式0	模式1	模式2
	(FX0N、FX1S、FX1N、FX2N、FX2NC)	(FX1N、FX2N、FX2NC)	(FX1N、FX2N、FX2NC)
位元件(M)	0点	32点	64点
字元件(D)	4点	4点	8点

刷新模式只能在主站中进行设置,但是刷新模式适用于N:N网络中所有的工作站。对FX0N、FX1S系列,应设置为模式0,否则在通信时会产生通信错误。

表5-23中辅助继电器和数据寄存器是供各站PLC共享的。以模式1为例,如果主站的X000要控制2号站的Y000,就可以用主站的X000来控制它的M1000。通过通信,各从站中M1000的状态与主站的M1000相同。用2号站的M1000来控制它的Y000,相当于用主站的X000来控制2号站的Y000。

表5-23　N:N网络共享的辅助继电器和数据寄存器

站号	模式0		模式1		模式2	
	位元件	4点字元件	32点位元件	4点字元件	64点位元件	8点字元件
0	—	D0~D3	M1000~M1031	D0~D3	M1000~M1063	D0~D7
1	—	D10~D13	M1064~M1095	D10~D13	M1064~M1127	D10~D17
2	—	D20~D23	M1128~M1159	D20~D23	M1128~M1191	D20~D27
3	—	D30~D33	M1192~M1223	D30~D33	M1192~M1255	D30~D37
4	—	D40~D43	M1256~M1287	D40~D43	M1256~M1319	D40~D47
5	—	D50~D53	M1320~M1351	D50~D53	M1320~M1383	D50~D57
6	—	D60~D63	M1384~M1415	D60~D63	M1384~M1447	D60~D67
7	—	D70~D73	M1448~M1479	D70~D73	M1448~M1511	D70~D77

(4)设置重试次数(D8179)

D8179的取值范围为0~10(默认值为3),该设置仅用于主站。当通信出错时,主站就会根据设置的次数自动重试通信。

(5)设置通信超时时间(D8180)

D8180的取值范围为5~255(默认值为5),该值乘以10ms就是通信超时时间。该设置仅用于主站。

3. N:N网络的通信连接

N:N网络通信采用RS-485端口通信,通信采用一对接线方式,与并行连接的一对接线方式相同。具体情况如图5-23所示。

5.3.6　研讨与训练

1)本项目中如果要求设置"联机/单机"选择开关,那么当选择开关拨至"联机"工作方式，则两台 PLC 可以相互监控；如选择开关拨至"单机"工作方式，则两台 PLC 不能建立通信。试问程序该如何编写？

2）如果 3 台 PLC 组成 N∶N 网络，要求完成如下功能，那么程序应如何编写？

控制要求如下：

① 甲机的 X010 起动乙机的 Y-Δ，X011 停止乙机的 Y-Δ，D100 定义乙机的 Y-Δ 延时时间（Y010 为甲机 Y 输出，Y011 为甲机 Δ 输出，Y012 为甲机主输出，定时器为 T0）。

② 乙机的 X012 起动丙机的 Y-Δ，X013 停止丙机的 Y-Δ，D101 定义丙机的 Y-Δ 延时时间（Y013 为乙机 Y 输出，Y014 为乙机 Δ 输出，Y015 为乙机主输出，定时器为 T1）。

③ 丙机的 X014 起动甲机的 Y-Δ，X015 停止甲机的 Y-Δ，D102 定义甲机的 Y-Δ 延时时间（Y016 为丙机 Y 输出，Y017 为丙机 Δ 输出，Y020 为丙机主输出，定时器为 T2）。

项目 5.4　传输与烘干系统的 PLC 通信控制——无协议通信

5.4.1　教学目的

1. 基本知识目标

1）掌握无协议通信方式。

2）掌握 RS 指令收发数据。

3）掌握特殊寄存器 D8120 的数据设置。

4）掌握无协议通信相关的辅助继电器。

5）掌握无协议通信的编程方法。

2. 技能培养目标

1）会使用 FX_{2N}-485-BD 通信板进行无协议通信编程。

2）理解和掌握 FX_{2N}-232-BD 通信板与 RS-232C 设备通信的编程方法。

5.4.2　项目控制要求与分析

使用无协议通信方法可实现两系统之间的起停控制，具体控制要求如下：

1）按下传输线系统中的加热器 1 起、停按钮 SB1、SB2，能起、停烘干系统中的加热器 1。

2）按下传输线系统中的加热器 2 起、停按钮 SB3、SB4，能起、停烘干系统中的加热器 2。

3）按下烘干系统中的传输线起、停按钮 SB1、SB2，能起、停传输线系统中星形-三角形降压起动中的传输线驱动电动机。

金属机械表面在喷漆后，需要通过传输线将零件传输到烘干系统中进行烘干，这样下线后的零件即可投入配备线中进行整机的配备。在此，项目控制有所简化，只要求两个系统能相互控制对方的起动和停止。由于无协议通信使用相对较为简单，使用较为普遍。该项目要求使用无协议通信实现两台 PLC 间的相互控制，所以有必要对其相关知识进行介绍。

5.4.3　项目预备知识

1. 无协议通信方式

大多数 PLC 都有一种串行口无协议通信指令，例如 FX 系列 PLC 的 RS 指令，它们用于

PLC 与 PLC、上位计算机、条形码阅读器、打印机、变频器或其他 RS-232C 设备的无协议数据通信。这种通信方式最为灵活,适应能力强,PLC 与 RS-232C 设备之间可以使用用户自定义的通信规约,但是 PLC 的编程工作量较大,对编程人员的要求较高。

2. RS 串行通信指令

RS 串行通信指令(见图 5-29)是通信功能扩展板(RS-232C、RS-485)及特殊适配器发送和接收串行数据的指令。指令中的 [S] 和 m 用来指定发送数据的地址和字节数(不包括起始字符和结束字符),[D] 和 n 用来指定接收数据的地址和可以接收的最大数据字节数。m、n

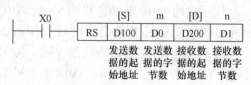

图 5-29　RS 串行通信指令格式

和 D 为常数,m、n 范围为 1~255,D 范围(FX$_{2N}$ 系列)为 1~4 096。

一般用初始化脉冲 M8002 驱动 MOV 指令,将数据的传输格式(例如数据位、奇偶校验位、停止位、传输速率、是否调制解调等)写入特殊数据寄存器 D8120 中。当系统不需要发送数据时,应将发送数据字节数设置为 0;当系统不需要接收数据时,应将最大接收数据字节数设置为 0。

无协议通信方式有如下两种数据处理方式:当将 M8161 设置为 OFF 时,为 16 位数据处理模式;反之,为 8 位数据处理模式。两种处理模式的差别在于是否使用 16 位数据寄存器的高 8 位。在 16 位数据处理模式下,先发送或接收数据寄存器的低 8 位,然后是高 8 位;在 8 位数据处理模式下,只发送或接收数据寄存器的低 8 位,未使用高 8 位。

用 RS 指令发送和接收数据的过程如下:

1)通过向特殊数据寄存器 D8120 写数据来设置数据的传输格式。如果发送的数据长度是一个变量,就需设置新的数据长度。

2)驱动 RS 指令,RS 指令被驱动后,PLC 被置为等待接收状态。RS 指令规定了 PLC 发送数据的存储区的首地址和字节数,以及接收数据的存储区的首地址和可以接收数据的最大字节数。RS 指令应总是处于被驱动状态。

3)在发送请求脉冲驱动下,向指定的发送数据区写入指定数据,并置位发送请求标志 M8122。发送完成后,M8122 被自动复位。

4)当接收完成后,接收完成标志 M8123 被置位。用户程序利用 M8123,将接收到的数据存入指定的存储区。若还需要接收数据,则需要用户程序将 M8123 复位,如果 M8123 = 1,那么是禁止发送和接收的。

在程序中可以使用多条 RS 指令,但是同一时刻只能有一条 RS 指令被驱动。在不同 RS 指令之间切换时,应保证 OFF 时间间隔大于等于一个扫描周期。

对于 FX0N、FX1S、FX1N、FX、FX$_{2N}$ 系列,在发送完成和开始接收之间的 OFF 时间间隔、在接收完成或开始发送之间的 OFF 时间间隔,应大于等于 PLC 的两个扫描周期。而对于版本早于 V2.00 的 FX$_{2N}$ 和 FX$_{2N}$C 系列来说,其 OFF 时间间隔应大于等于 100 μs。对于 V2.00 或更新版本的 FX$_{2N}$ 和 FX$_{2N}$C 系列 PLC,由于采用全双工通信,所以对 OFF 时间间隔没有要求。

3. 串行通信协议的格式

PLC 程序可对 16 位的特殊数据寄存器 D8120 设置通信格式,在 D8120 中可设置通信的数据长度、奇偶校验形式、波特率和协议方式等内容。D8120 串行通信格式的设置方法如表 5-24 所示,表中的 b0 为最低位,b15 为最高位。设置好后,需要关闭 PLC 电源,然后重新接通电源,才能使设置有效。表 5-25 所示是 D8120 的位定义。除 D8120 外,通信中还会用到其他的一些特殊辅助继电器和特殊数据寄存器,这些元件及其功能如表 5-26 所示。

表 5-24 D8120 串行通信格式的设置方法

b15	b14	b13	b12~b10	b9	b8	b7~b4	b3	b2、b1	b0
传输控制	协议	校验和	控制线	结束符	起始符	传输速率	停止位	奇偶检验	数据长度

表 5-25 D8120 的位定义表

位　号	名　　称	设　　置	
		0 (OFF)	1 (ON)
b0	数据长度	7 位	8 位
b1 b2	奇偶检验	(b2、b1) 为 (0, 0) 时:无奇偶检验 (0, 1) 时:奇检验 (1, 0) 时:偶检验	
b3	停止位	1 位	2 位
b4 b5 b6 b7	波特率 (bit/s)	(b7、b6、b5、b4) 为 (0, 0, 1, 1) 时:300 (0, 1, 0, 0) 时:600 (0, 1, 0, 1) 时:1200 (0, 1, 1, 0) 时:2400	(b7、b6、b5、b4) 为 (0, 1, 1, 1) 时:4800 (1, 0, 0, 0) 时:9600 (1, 0, 0, 1) 时:19200
b8	起始标志字符	无	起始字符在 D8124 中,默认值为 STX (02H)
b9	结束标志字符	无	结束字符在 D8125 中,默认值为 ETX (03H)
b10 b11 b12	控制线	(b12、b11、b10) 为 (0, 0, 0) 时:无应用<RS-232C 接口> (0, 0, 1) 时:终端适配器<RS-232C 接口> (0, 1, 0) 时:转换适配器<RS-232C 接口> (FX$_{2N}$ V2.0 及以上) (0, 1, 1) 时:普通格式 1<RS-232C 接口>、<RS-485 (422) 接口> (1, 0, 1) 时:普通格式 2<RS-232C 接口> (仅用于 FX, FX2C)	
b13	和检查	和检验码不附加	和检验码自动附加
b14	协议	无协议	专用协议
b15	传送控制协议	协议格式 1	

表 5-26 特殊辅助继电器和特殊数据寄存器元件及其功能表

特殊辅助继电器	功　能	特殊数据寄存器	功　能
M8121	数据发送延时 (用于 RS 命令)	D8120	通信格式 (用于 RS 命令、计算机连接)
M8122	数据发送标志 (用于 RS 命令)	D8121	站号设置 (用于计算机连接)

特殊辅助继电器	功 能	特殊数据寄存器	功 能
M8123	完成接收标志（用于 RS 命令）	D8122	未发送的数据数（用于 RS 命令）
M8124	载波检测标志（用于 RS 命令）	D8123	接收的数据数（用于 RS 命令）
M8126	全局标志（用于计算机连接）	D8124	起始字符（初始值为 STX，用于 RS 命令）
M8127	请求式握手标志（用于计算机连接）	D8125	结束字符（初始值为 ETX，用于 RS 命令）
M8128	请求式出错标志（用于计算机连接）	D8127	请求式起始元件号寄存器（用于计算机连接）
M8129	请求式字/字节转换（用于计算机连接），超时判断标志（用于 RS 命令）	D8128	请求式数据长度寄存器（用于计算机连接）
M8161	8/16 位转换标志（用于 RS 命令）	D8129	数据网络的超时定时器设定值（用于 RS 命令与计算机连接，单位为 10 ms，为 0 时表示 100 ms）

5.4.4 项目实现

1. I/O（输入/输出）分配表

本项目传输系统的 I/O 分配如表 5-27 所示。烘干系统的 I/O 分配如表 5-28 所示。

表 5-27　传输系统的 I/O 分配表

输　入		输　出	
输 入 元 件	输入继电器	输 出 元 件	输出继电器
加热器 1 起动按钮 SB1	X000	传输线电动机电源接触器 KM1	Y000
加热器 1 停止按钮 SB2	X001	传输线电动机三角形接触器 KM2	Y001
加热器 2 起动按钮 SB3	X002	传输线电动机星形接触器 KM3	Y002
加热器 2 停止按钮 SB4	X003		

表 5-28　烘干系统的 I/O 分配表

输　入		输　出	
输 入 元 件	输入继电器	输 出 元 件	输出继电器
传输线起动按钮 SB1	X000	加热器 1 电源接触器 KM1	Y000
传输线停止按钮 SB2	X001	加热器 2 电源接触器 KM2	Y001

2. 程序设计

传输系统控制程序和烘干系统控制程序分别如图 5-30 和图 5-31 所示。

3. 硬件连接

本项目选 FX_{2N}-48MR 型 PLC 作为基本控制单元，FX_{2N}-485-BD 作为并行通信接口板。传输线与烘干系统控制硬件连接如图 5-32 所示。

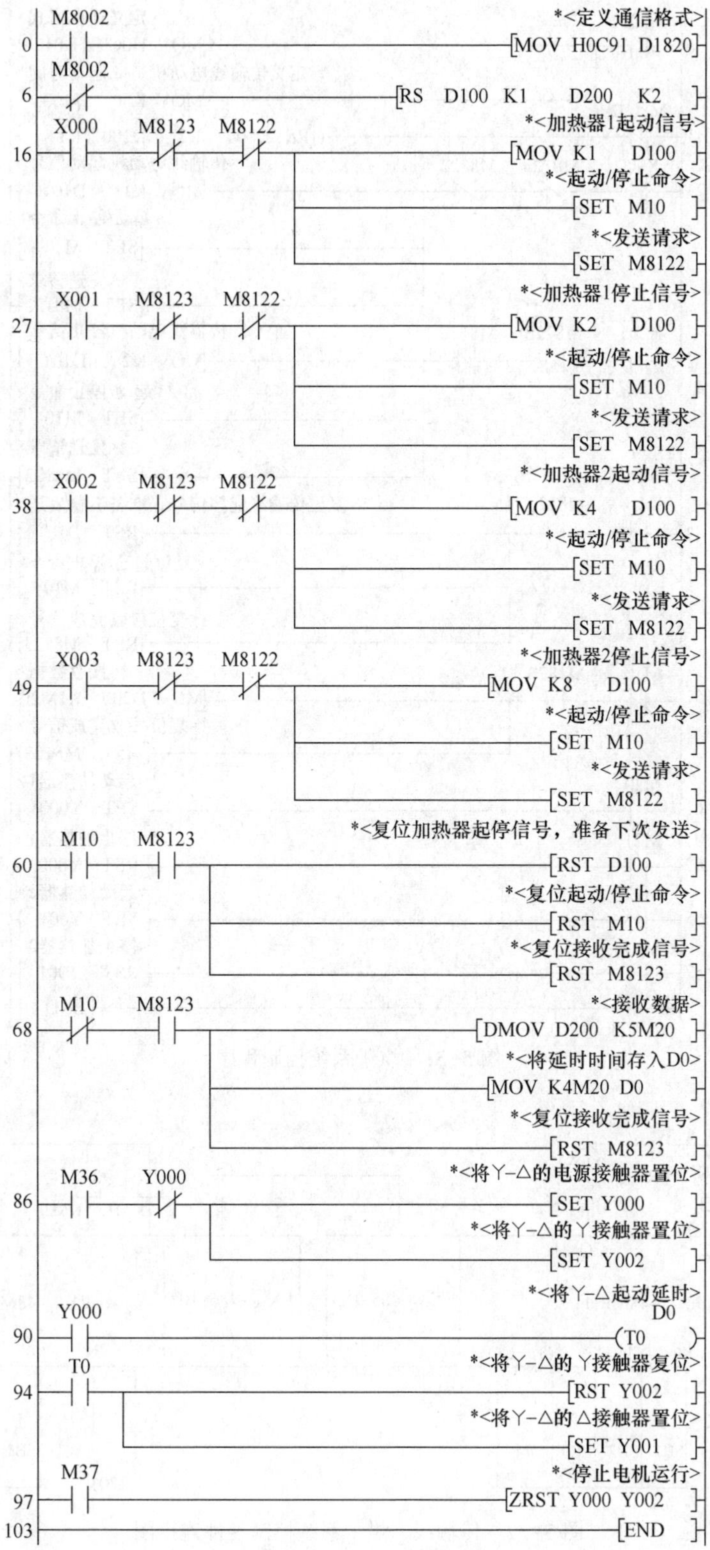

```
                                                              *<定义通信格式>
       M8002
  0    ┤├──────────────────────────────────────────[MOV H0C91 D1820]
       M8002
  6    ┤/├────────────────────────────[RS  D100  K1   D200  K2 ]
       X000   M8123  M8122                              *<加热器1起动信号>
 16    ┤├─────┤/├────┤/├──────────────────────────────[MOV K1  D100]
                                │                      *<起动/停止命令>
                                │                      [SET M10]
                                │                      *<发送请求>
                                │                      [SET M8122]
       X001   M8123  M8122                              *<加热器1停止信号>
 27    ┤├─────┤/├────┤/├──────────────────────────────[MOV K2  D100]
                                │                      *<起动/停止命令>
                                │                      [SET M10]
                                │                      *<发送请求>
                                │                      [SET M8122]
       X002   M8123  M8122                              *<加热器2起动信号>
 38    ┤├─────┤/├────┤/├──────────────────────────────[MOV K4  D100]
                                │                      *<起动/停止命令>
                                │                      [SET M10]
                                │                      *<发送请求>
                                │                      [SET M8122]
       X003   M8123  M8122                              *<加热器2停止信号>
 49    ┤├─────┤/├────┤/├──────────────────────────────[MOV K8  D100]
                                │                      *<起动/停止命令>
                                │                      [SET M10]
                                │                      *<发送请求>
                                │                      [SET M8122]
       M10    M8123              *<复位加热器起停信号，准备下次发送>
 60    ┤├─────┤├──────────────────────────────────────[RST D100]
                     │                                 *<复位起动/停止命令>
                     │                                 [RST M10]
                     │                                 *<复位接收完成信号>
                     │                                 [RST M8123]
       M10    M8123                                     *<接收数据>
 68    ┤/├────┤├───────────────────────────────[DMOV D200 K5M20]
                     │                                 *<将延时时间存入D0>
                     │                                 [MOV K4M20 D0]
                     │                                 *<复位接收完成信号>
                     │                                 [RST M8123]
       M36    Y000                                     *<将丫-△的电源接触器置位>
 86    ┤├─────┤/├──────────────────────────────────────[SET Y000]
                     │                                 *<将丫-△的丫接触器置位>
                     │                                 [SET Y002]
                                                       *<将丫-△起动延时>
       Y000                                                   D0
 90    ┤├──────────────────────────────────────────────(T0 )
       T0                                              *<将丫-△的丫接触器复位>
 94    ┤├──────────────────────────────────────────────[RST Y002]
              │                                        *<将丫-△的△接触器置位>
              │                                        [SET Y001]
       M37                                             *<停止电机运行>
 97    ┤├──────────────────────────────────────[ZRST Y000 Y002]
103    ──────────────────────────────────────────────[END]
```

图 5-30　传输系统控制程序

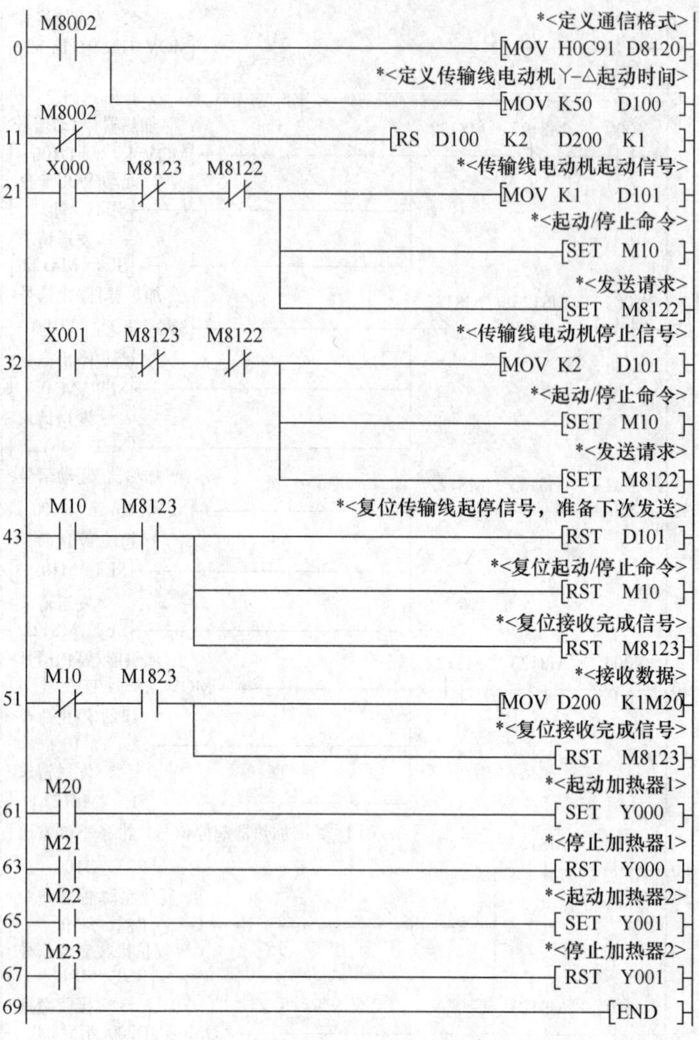

```
         M8002                                              *<定义通信格式>
    0     ┤├───────────────────────────────────[MOV  H0C91  D8120]
                                                            *<定义传输线电动机丫-△起动时间>
                                               ───────────[MOV  K50   D100]
         M8002
   11     ┤/├──────────────────────────[RS  D100  K2  D200  K1]
         X000   M8123  M8122                              *<传输线电动机起动信号>
   21     ┤├────┤/├────┤/├─────────────────────[MOV  K1    D101]
                                                            *<起动/停止命令>
                                               ───────────────[SET  M10]
                                                            *<发送请求>
                                               ──────────────[SET  M8122]
         X001   M8123  M8122                              *<传输线电动机停止信号>
   32     ┤├────┤/├────┤/├─────────────────────[MOV  K2    D101]
                                                            *<起动/停止命令>
                                               ───────────────[SET  M10]
                                                            *<发送请求>
                                               ──────────────[SET  M8122]
         M10    M8123                              *<复位传输线起停信号，准备下次发送>
   43     ┤├────┤├─────────────────────────────[RST  D101]
                                                            *<复位起动/停止命令>
                                               ───────────────[RST  M10]
                                                            *<复位接收完成信号>
                                               ──────────────[RST  M8123]
         M10    M1823                                        *<接收数据>
   51     ┤/├────┤├────────────────────────[MOV  D200  K1M20]
                                                            *<复位接收完成信号>
                                               ──────────────[RST  M8123]
         M20                                                 *<起动加热器1>
   61     ┤├──────────────────────────────────[SET  Y000]
         M21                                                 *<停止加热器1>
   63     ┤├──────────────────────────────────[RST  Y000]
         M22                                                 *<起动加热器2>
   65     ┤├──────────────────────────────────[SET  Y001]
         M23                                                 *<停止加热器2>
   67     ┤├──────────────────────────────────[RST  Y001]
   69                                                        ──[END]
```

图 5-31 烘干系统控制程序

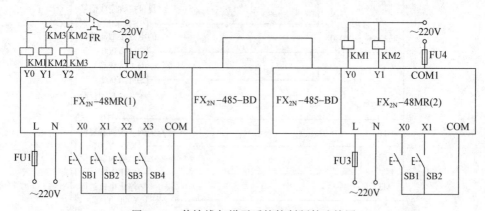

图 5-32 传输线与烘干系统控制硬件连接图

5.4.5 知识进阶

PLC 通信接口主要有 3 种标准，即 RS-232C、RS-422 和 RS-485。在 PLC 与其他设备通信时，应给 PLC 安装相应接口的通信板或通信模块。三菱 FX 系列常用的通信板型号有 FX_{2N}-232-BD、FX_{2N}-485-BD、FX_{2N}-422-BD。项目 5.3 中已对 FX_{2N}-485-BD 进行了介绍，在此主要介绍 FX_{2N}-232-BD 通信板。利用该通信板，PLC 可与具有 RS-232C 接口的设备（个人计算机、条形码阅读器、打印机和变频器等）进行通信。

1. 外形与安装

FX_{2N}-232-BD 通信板的外形如图 5-33 所示，在安装通信板时，拆下 PLC 上表面盖子，再将通信板上的连接器插入 PLC 电路板的连接插槽内即可。

2. RS-232C 电气接口的特性

FX_{2N}-232-BD 通信板上有一个 RS-232C 接口。RS-232C 接口又称为 COM 接口，是美国 1969 年公布的串行通信接口，至今在计算机和 PLC 等工业控制中还广泛使用。RS-232C 标准有以下特点。

图 5-33　FX_{2N}-232-BD 通信板的外形图

1）采用负逻辑，用+5~+15 V 表示逻辑 "0"，用-5~-15 V 表示逻辑 "1"。

2）只能进行一对一方式通信，最大通信距离为 15 m，最高数据传输速度为 20 kbit/s。

3）该标准有 9 针和 25 针两种类型的接口，9 针接口使用更广泛，PLC 采用 9 针接口。

4）该标准的接口采用单端发送、单端接收电路，这种电路的抗干扰性较差。

3. RS-232C 接口的针脚功能定义

RS-232C 接口有 9 针和 25 针两种类型，FX_{2N}-232-BD 通信板上有一个 9 针的 RS-232C 接口，各引脚（引脚分两列，左列从上至下为脚 6~脚 9，右列从上至下为脚 1~脚 5）功能定义如表 5-29 所示。

表 5-29　RS-232C 接口的引脚功能定义表

引　脚　号	信　号	意　义	功　能
1	CD（DCD）	载波检测	当检测到数据接收载波时为 ON
2	RD（RXD）	接收数据	接收数据（RS-232C 设备到 232BD）
3	SD（TXD）	发送数据	发送数据（232BD 到 RS232C 设备）
4	ER（DTR）	发送请求	数据发送到 RS-232C 设备的信号请求准备
5	SG（GND）	信号地	信号地
6	DR（DSR）	发送使能	表示 RS-232C 设备准备接收
7、8、9	NC	悬空不接	

4. 通信接线

PLC 要通过 FX_{2N}-232-BD 通信板与 RS-232C 设备通信，必须使用电缆将通信板的 RS-232C 接口与 RS-232C 设备的 RS-232C 接口连接起来，根据 RS-232C 设备特性不同，电缆接线主要有两种方式。其一是通信板与普通特性的 RS-232C 设备的接线，其二是通信板与调制解调器特性的 RS-232C 设备的接线。在此只介绍第一种接线。

FX_{2N}-232-BD 通信板与普通特性的 RS-232C 设备的接线方式如图 5-34 所示。这种连接方式不是将同名端连接，而是将一台设备的发送端与另一台设备的接收端连接。

一个基本 PLC 单元只可连接一个 FX_{2N}-232-BD 通信板，在应用中，当需要两个或两个以上 RS-232C 单元连接在一起使用时，请使用用于 RS-232C 通信的特殊模块。

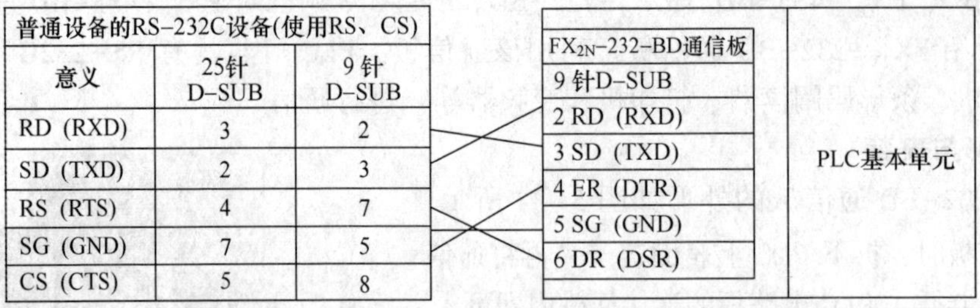

普通设备的RS-232C设备(使用RS、CS)			FX_{2N}-232-BD通信板	
意义	25针 D-SUB	9针 D-SUB	9 针D-SUB	
RD (RXD)	3	2	2 RD (RXD)	
SD (TXD)	2	3	3 SD (TXD)	PLC基本单元
RS (RTS)	4	7	4 ER (DTR)	
SG (GND)	7	5	5 SG (GND)	
CS (CTS)	5	8	6 DR (DSR)	

图 5-34 FX_{2N}-232-BD 通信板与普通特性的 RS-232C 设备的接线方式图

5. 应用示例

控制要求：用一台三菱 FX_{2N} 型 PLC 与一台带有 RS-232C 接口的打印机相连，要求 PLC 向打印机发送字符"0HAOSHISY"，打印机将接收的字符打印出来。

三菱 FX_{2N} 型 PLC 自身带有 RS-422 接口，而打印机的接口类型为 RS-232C，由于接口类型不一致，所以两者无法直接连接，给 PLC 安装 FX_{2N}-232-BD 通信板则可解决这个问题。PLC 与打印机的通信电缆需要用户按上述相关内容自己制作。

根据要求，PLC 与打印机的通信程序如图 5-35 所示。

图 5-35 PLC 与打印机的通信程序

5.4.6　研讨与训练

1）本项目中如果要求烘干系统起动后温度达到要求（如50℃）后传输线方可起动，那么该项目程序将如何编写？

2）如果两个系统使用"联机/单机"可选择的工作方式，那么本项目程序将如何编写？

附　录

附录 A　基础知识复习题

1. 什么是 PLC?

2. PLC 的主要功能有哪些?

3. 简述 PLC 的特点。

4. PLC 的应用范围有哪些?

5. 什么是接线逻辑? 什么是存储逻辑? 它们的主要区别是什么?

6. 继电接触器控制系统是如何构成及工作的? PLC 系统和继电接触器控制系统有哪些异同点?

7. 列举 PLC 可能应用的地方，并说明理由。

8. 简述 PLC 的发展趋势。

9. PLC 的发展经历了哪几个阶段? 各阶段的主要特点是什么?

10. 对我国 PLC 的发展提出几点建议。

11. 为什么说 PLC 是通用的工业控制计算机? 与一般计算机系统相比，PLC 有哪些特点?

12. PLC 的硬件由哪几部分组成? 各有什么用途?

13. 开关量输入接口有哪几种类型? 各有哪些特点?

14. 开关量输出接口和模拟量输出接口各适合什么样的工作要求? 它们的根本区别是什么?

15. 按硬件结构类型，PLC 可分为哪几种基本结构?

16. 小型 PLC 有哪几种编程语言? 各有什么特点?

17. 梯形图与继电器电路图有哪些异同点?

18. 什么是 PLC 的扫描周期? 在工程中，PLC 的扫描周期有什么意义?

19. 由工作方式引起的 PLC 输入/输出滞后是怎样产生的?

20. 与继电接触器控制系统电路的并行工作方式相比，PLC 的串行工作方式有哪些特点?

21. PLC 对输入信号的脉冲频率及宽度是否有要求? 为什么?

22. RAM 与 EPROM 各有什么特点? 使用 RAM 存储用户程序时应注意什么问题?

23. 简述 PLC 的工作过程。

24. 试从 PLC 硬件、软件特点来分析 PLC 可靠性高、抗干扰能力强的原因。

25. PLC 有哪些主要性能指标?

26. 什么是 PLC 的总点数? 在工程应用中有什么意义?

27. PLC 的开发一般有哪几个方面的要素?

28. 什么是应用程序的存储容量? 在工程应用中有什么影响?

29. 国内外有哪些公司生产 PLC? 它们有哪些主要的产品?

30. 如何从 PLC 的性能指标中分辨 PLC 的功能？

31. 对于 PLC 的输入端及输出端，源型和漏型的主要区别是什么？

32. 简述输入继电器、输出继电器、定时器及计数器的用途。

33. 定时器和计数器各有哪些使用要素？如果梯形图线圈前的触点是工作条件，那么定时器和计数器的工作条件有什么不同？

34. 画出表 A-1 中指令表对应的梯形图。

表 A-1 题 34 指令表

步　序	指　令	步　序	指　令
0	LD X000	6	AND X004
1	OR X001	7	OR M3
2	ANI X002	8	ANB
3	ANI X002	9	ORI M1
4	OR M0	10	OUT Y2
5	LD X003		

35. 画出表 A-2 中指令表对应的梯形图。

表 A-2 题 35 指令表

步　序	指　令	步　序	指　令
0	LD X000	9	ORB
1	AND X001	10	ANB
2	LD X002	11	LD M0
3	ANI X003	12	AND M1
4	ORB	13	ORB
5	LD X004	14	
6	AND X005	15	AND M2
7	LD X006	16	OUT Y002
8	AND X007	17	

36. 写出图 A-1 所示梯形图对应的指令表。

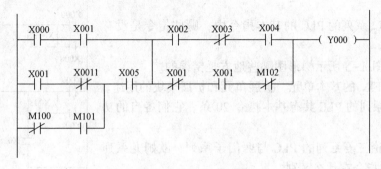

图 A-1 题 36 梯形图

37. 写出图 A-2 所示梯形图对应的指令表。

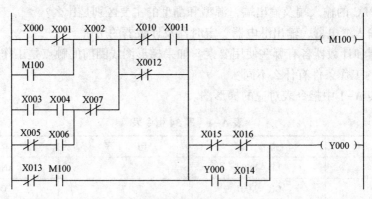

图 A-2 题 37 梯形图

38. 画出图 A-3 所示梯形图的 M206 的波形。

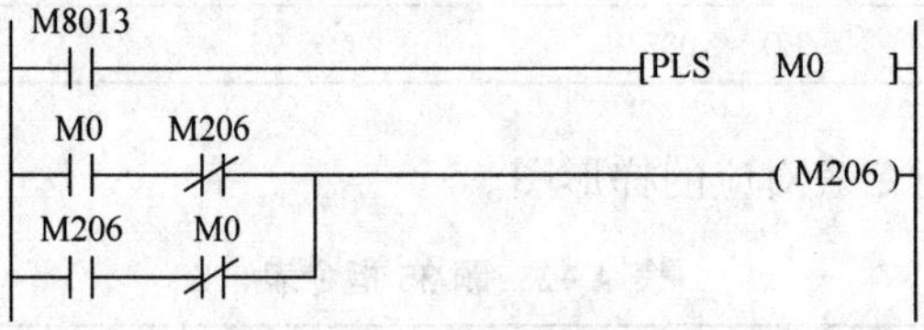

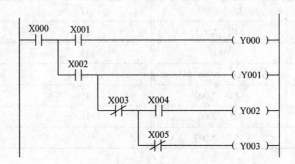

图 A-3 题 38 梯形图

39. 用主控指令画出图 A-4 所示梯形图的等效电路，并写出指令表。

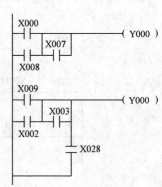

图 A-4 题 39 梯形图

40. 在 FX$_{2N}$ 系列的 PLC 的基本指令中，哪些指令是没有操作数的？

41. 说明图 A-5 所示梯形图哪些地方是错误的。

42. 简述 FX$_{2N}$ 的基本单元、扩展单元和扩展模块的用途。

43. FX$_{2N}$ 系列的 PLC 共有基本指令 20 条，它们各自的功能是什么？

44. 试讨论三菱系列的 PLC 与西门子系列、欧姆龙系列的 PLC 的基本指令有什么区别？

45. 说明状态编程思想的特点及其适用的场合。

图 A-5 题 41 梯形图

214

46. 状态程序图的三要素包含哪些？

47. 在使用步进指令时需要注意哪些问题？

48. 在步进指令编程中，最常见的结构类型有哪几种？

49. 在 FX$_{2N}$ 系列的 PLC 中，用于步进控制的指令有哪几条？

50. 在 FX$_{2N}$ 系列的 PLC 中，用于步进控制的状态寄存器有哪几种分类？

附录 B FX$_{2N}$ 系列 PLC 的主要技术指标

FX$_{2N}$ 系列 PLC 的主要技术指标包括一般技术指标、电源技术指标、输入技术指标、输出技术指标和性能技术指标，分别见表 B-1~表 B-5。

表 B-1 FX$_{2N}$ 一般技术指标

环 境 温 度	使用时：0~55℃，储存时：-20~+70℃	
环 境 湿 度	35%~89%RH（不结露）使用	
抗　　　振	JIS C0911 标准中 10~55 Hz、0.5 mm（最大 2G）3 轴方向各 2 h（用 DIN 导轨安装时为 0.5G）	
抗 冲 击	JIS C0912 标准中 10G 3 轴方向各 3 次	
抗噪声干扰	用噪声仿真器产生电压为 1000V$_{PP}$、噪声脉冲宽度为 1 μs、周期为 30~100 Hz 的噪声，在此噪声干扰下 PLC 工作正常	
耐　　　压	AC 1500 V 1 min	所有端子与接地端之间
绝 缘 电 阻	5 MΩ 以上（DC 500 V 绝缘电阻表）	
接　　　地	第三种接地，不能接地时也可浮空	
使 用 环 境	无腐蚀性气体，无尘埃	

表 B-2 FX$_{2N}$ 电源技术指标

项　　目		FX$_{2N}$-16M	FX$_{2N}$-32M FX$_{2N}$-32E	FX$_{2N}$-48M FX$_{2N}$-48E	FX$_{2N}$-64M	FX$_{2N}$-80M	FX$_{2N}$-128M
电 源 电 压		AC 100~240 V，　　50/60 Hz					
允许瞬间断电时间		对于 10 ms 以下的瞬间断电，控制动作不受影响					
电 源 熔 丝		250 V 3.15 A，φ5×20 mm		250 V 5 A，φ5×20 mm			
电力消耗/VA		35	40（32E 35）	50（48E 45）	60	70	100
传感器 电源	无扩展部件	DC 24 V、250 mA 以下		DC 24 V、460 mA 以下			
	有扩展部件	DC 5 V，基本单元 290 mA，扩展单元 690 mA					

表 B-3 FX₂N 输入技术指标

输入电压	输入电流/mA		输入 ON 电流/mA		输入 OFF 电流/mA		输入阻抗/kΩ		输入隔离	输入响应时间/ms
	X000~7	X010 以内	X000~7	X010 以内	X000~7	X010 以内	X000~7	X010 以内		
DC 24 V	7	5	4.5	3.5	≤1.5	≤1.5	3.3	4.3	光电绝缘	0~60 可变

注：输入端 X0~X17 内有数字滤波器，其响应时间可由程序调整为 0~60 ms。

表 B-4 FX₂N 输出技术指标

项目		继电器输出	晶闸管输出	晶体管输出
外部电源		AC 250 V，DC 30 V 以下	AC 85~240 V	DC 5~30 V
最大负载	电阻负载	2A/1 点；8A/4 点共享；8A/8 点共享	0.3A/1 点 0.8A/4 点	0.5A/1 点 0.8A/4 点
	感性负载	80 VA	15 VA/AC 100 V 30 VA/AC 200 V	12 W/DC 24 V
	灯负载	100 W	30 W	1.5 W/DC 24 V
开路漏电流		—	1 mA/AC 100 V 2 mA/AC 200 V	0.1 mA 以下/DC 30 V
响应时间/ms	OFF 到 ON	约 10	<1	<0.2
	ON 到 OFF	约 10	≤10	<0.2 [①]
电路隔离		机械隔离	光敏晶闸管隔离	光耦合器隔离
动作显示		继电器通电时 LED 灯亮	光敏晶闸管驱动时 LED 灯亮	光耦合器隔离驱动时 LED 灯亮

① 响应时间 0.2 ms 是在条件为 24 V/200 mA 时，实际所需时间为电路切断负载电流到电流为 0 mA 的时间，可用并接续流二极管的方法改善响应时间。大电流时实际所需时间为电路切断负载电流到电流为 0.4 mA 的时间，为 0.4 mA 以下。

表 B-5 FX₂N 功能技术指标

运算控制方式		存储程序反复运算方法（专用 LSI），使用中断命令	
输入/输出控制方式		批处理方式（在执行 END 指令时），使用输入/输出刷新指令	
运算处理速度	基本指令	0.08 μs/指令	
	功能指令	（1.52 μs~数百 μs）/指令	
程序语言		继电器符号+步进梯形图方式（可用 SFC 表示）	
程序容量存储器形式		内附 8 KB 步 RAM，最大为 16 KB 步（可选 RAM、EPROM、E²PROM 存储卡盒）	
指令数	基本、步进指令	基本（顺控）指令 27 个，步进指令 2 个	
	功能指令	128 种 298 个	
输入继电器		X000~X267（8 进制编号）184 点	合计 368 点
输出继电器		X000~X267（8 进制编号）184 点	
辅助继电器	一般用	M000~M499 [①] 500 点	
	锁存用	M500~M1023 [②] 524 点，M1024~M3071 [③] 2048 点	合计 2572 点
	特殊用	M8000~M8255 256 点	

运算控制方式			存储程序反复运算方法（专用 LSI），使用中断命令
状态寄存器	初始化用		S0~S9 10 点
	一般用		S10~S499[①] 490 点
	锁存用		S500~S899[②] 400 点
	报警用		S900~S999[③] 100 点
定时器	100 ms		T0~T199（0.1~3276.7 s）200 点
	10 ms		T200~T245（0.01~327.67 s）46 点
	1 ms（积算型）		T246~T249[③]（0.001~32.767 s）4 点
	100 ms（积算型）		T250~T255[③]（0.1~3276.7 s）6 点
	模拟定时器（内附）		1 点[③]
计数器	增计数	一般用	C0~C99[①]（0~32767）（16 位）100 点
		锁存用	C100~C199[②]（0~32767）（16 位）100 点
	增/减计数用	一般用	C200~C219[①]（32 位）20 点
		锁存用	C220~C234[②]（32 位）15 点
	高速用		C235~C255 中有：1 相 60 kHz 2 点、10 kHz 4 点，或 2 相 30 kHz 1 点、5 kHz 1 点
数据寄存器	通用数据寄存器	一般用	D0~D199[①]（16 位）200 点
		锁存用	D200~D511[②]（16 位）312 点，D512~D7999[③]（16 位）7488 点
	特殊用		D8000~D8195（16 位）196 点
	变址用		V0~V7，Z0~Z7（16 位）16 点
	文件寄存器		通用寄存器的 D1000[③]以后的软元件以每 500 个点为单位设定文件寄存（MAX7000 点）
指针	跳转、调用		P0~P127 128 点
	输入中断、计时中断		I0□~I8□ 9 点
	计数中断		I010~I060 6 点
	嵌套（主控）		N0~N7 8 点
常数	十进制 K		16 位：−32768~+32767；32 位：−2147483648~+2147483647
	十六进制 H		16 位：0~FFFF（H）；32 位：0~FFFFFFFF（H）
SFC 程序			—
注释输入			—
内附 RUN/STOP 开关			—
模拟定时器			FX$_{2N}$-8AV-BD（选择）安装时 8 点
程序 RUN 中写入			—
时钟功能			（内藏）
输入滤波器调整			X000~X017 0~60 ms 可变；FX$_{2N}$-16M X000~X007
恒定扫描			—
采样跟踪			—
关键字登录			—
报警信号器			—
脉冲列输出			20 kHz/DC 5 V 或 10 kHz/DC 12~24 V 1 点

① 非后备锂电池保持区。通过参数设置，可改为后备锂电池保持区。

② 由后备锂电池保持区保持，通过参数设置，可改为非后备锂电池保持区。

③ 由后备锂电池固定保持区固定，该区域特性不可改变。

附录 C FX₂N系列 PLC 特殊元件编号及名称检索

1. PLC 状态

编 号	名 称	备 注	编 号	名 称	备 注
[M]⊖8000	RUN 监控 a 接点	RUN 时为 ON	D8000	监视定时器	初始值 200 ms
[M] 8001	RUN 监控 b 接点	RUN 时为 OFF	[D] 8001	PLC 型号和版本	②
[M] 8002	初始脉冲 a 接点	RUN 后1个扫描周期为 ON	[D] 8002	存储器容量	③
[M] 8003	初始脉冲 b 接点	RUN 后1个扫描周期为 OFF	[D] 8003	存储器种类	④
[M] 8004	出错	M8060～M8067 中任一个为ON 时接通①	[D] 8004	出错 M 地址	M8060～M8067
[M] 8005	电池电压降低	锂电池电压下降	[D] 8005	电池电压	0.1 V 单位
[M] 8006	电池电压降低锁存	保持降低信号	[D] 8006	电池电压降低检测	3.0 V（0.1 V 单位）
[M] 8007	瞬停检测	—	[D] 8007	瞬停次数	电源关闭清除
[M] 8008	停电检测		D 8008	停电检测时间	AC 电源型 10 ms
[M] 8009	DC 24V 降低	检测 24 V 电源异常	[D] 8009	DC 24V 失电单元编号	失电的起始输出编号

2. 时钟

编 号	名 称	备 注	编 号	名 称	备 注
[M] 8010	—	—	[D] 8010	扫描当前值	0.1 ms 单位包括常数扫描等待时间
[M] 8011	10 ms 时钟	10 ms 周期振荡	[D] 8011	最小扫描时间	
[M] 8012	100 ms 时钟	100 ms 周期振荡	[D] 8012	最大扫描时间	
[M] 8013	1 s 时钟	1 s 周期振荡	D8013	秒 0～59 预置值或当前值	
[M] 8014	1 min 时钟	1 min 周期振荡	D8014	分 0～59 预置值或当前值	
M8015	计时停止或预置		D8015	时 0～23 预置值或当前值	
M8016	时间显示停止		D8016	日 1～31 预置值或当前值	
M8017	±30 s 修正		D8017	月 1～12 预置值或当前值	
[M] 8018	内装 RTC 检测	正常时为 ON	D8018	公历 2 位预置值或当前值	
[M] 8019	内装 RTC 出错		D8019	星期 0（日）～6（六）预置值或当前值	

3. 标志

编 号	名 称	备 注	编 号	名 称	备 注
[M] 8020	零标记		[D] 8020	调整输入滤波器	初始值 10 ms
[M] 8021	借位标记	应用指令运算标记	[D] 8021		
M8022	进位标记		[D] 8022		

⊖ 用 [ ] 括起来的 [M]、[D] 软元件，未使用的软元件或没有记载的未定义的软元件，请不要在程序上运行或写入。

编　号	名　称	备　注
[M] 8023		
M8024	BMOV 方向指定	
M8025	HSC 方式(FNC53-55)	
M8026	RAMP 方式(FNC67)	
M8027	PR 方式 (FNC77)	
M8028	执行 FROM/TO 指令时允许中断	
[M] 8029	执行指令结束标记	应用命令用

编　号	名　称	备　注
[D] 8023		
[D] 8024		
[D] 8025		
[D] 8026		
[D] 8027		
[D] 8028	Z0（Z）寄存器内容	寻址寄存器 Z 的内容
[D] 8029	V0（V）寄存器内容	寻址寄存器 V 的内容

4. PLC 方式

编　号	名　称	备　注
M8030	电池 LED 关闭	关闭面板灯⑤
M8031	非保存存储清除	消除元件的 ON/OFF 和当前值⑤
M8032	保存存储清除	
M8033	存储保存停止	图像存储保持
M8034	全输出禁止	外部输出均为 OFF⑤
M8035	强制 RUN 方式	
M8036	强制 RUN 指令	⑥
M8037	强制 STOP 指令	
[M] 8038		
M8039	恒定扫描方式	定周期运作

编　号	名　称	备　注
[D] 8030		
[D] 8031		
[D] 8032		
[D] 8033		
[D] 8034		
[D] 8035		
[D] 8036		
[D] 8037		
[D] 8038		
[D] 8039	常数扫描时间	初始值 0（1ms 单位）

5. 步进梯形图

编　号	名　称	备　注
M8040	禁止转移	状态间禁止转移
M8041	开始转移⑥	
M8042	启动脉冲	
M8043	回原点完毕⑥	FNC60(IST)命令用途
M8044	原点条件⑥	
M8045	禁止全输出复位	
[M] 8046	STL 状态工作⑤	S0～899 工作检测
M8047	STL 监视有效⑤	D8040～8047 有效
[M] 8048	报警工作⑤	S900～999 工作检测
M8049	报警有效⑤	D8049 有效

编　号	名　称	备　注
[D] 8040	RUN 监控 a 接点	RUN 时为 ON
[D] 8041	RUN 监控 b 接点	RUN 时为 OFF
[D] 8042	初始脉冲 a 接点	RUN 后 1 操作为 ON
[D] 8043	初始脉冲 b 接点	RUN 后 1 操作为 OFF
[D] 8044	出错	M8060－M8067 检测①
[D] 8045	电池电压降低	锂电池电压下降
[D] 8046	电池电压降低锁存	保持降低信号
[D] 8047	瞬停检测	
[D] 8048	停电检测	
[D] 8049	DC 24 V 降低	检测 24 V 电源异常

6. 中断禁止

编号	名 称	备 注	编号	名 称	备 注
M8050	I00□禁止		[D] 8050		
M8051	I10□禁止		[D] 8051		
M8052	I20□禁止		[D] 8052		
M8053	I30□禁止	输入中断禁止	[D] 8053		
M8054	I40□禁止		[D] 8054		
M8055	I50□禁止		[D] 8055	未使用	
M8056	I60□禁止	定时中断禁止	[D] 8056		
M8057	I70□禁止		[D] 8057		
M8058	I80□禁止		[D] 8058		
M8059	I010～I060□全禁止	计数中断禁止	[D] 8059		

7. 出错检测

编号	名 称	备 注	编号	名 称	备 注
[M] 8060	I/O 配置出错	PLC RUN继续 ↔	[D] 8060	出错的 I/O 起始号	
[M] 8061	PC 硬件出错	PLC停止 ↔	[D] 8061	PC 硬件出错代码	
[M] 8062	PC/PP 通信出错	PLC RUN继续 ↔	[D] 8062	PC/PP 通信出错代码	
[M] 8063	并行连接	PLC RUN继续② ↔	[D] 8063	连接通信出错代码	
[M] 8064	参数出错	PLC停止	[D] 8064	参数出错代码	
[M] 8065	语法出错	PLC停止	[D] 8065	语法出错代码	存储出错代码，参考 下面的出错代码
[M] 8066	电路出错	PLC停止	[D] 8066	电路出错代码	
[M] 8067	运算出错	PLC RUN继续	[D] 8067	运算出错代码②	
			D8068	运算出错产生的步	步编号保持
M8068	运算出错锁存	M8067 保持	[D] 8069	M8065-M8067出错 产生步号	⑦
M8069	I/O 总线检查	总线检查开始			

8. 并行连接功能

编号	名 称	备 注	编号	名 称	备 注
M8070	并行连接主站驱动	主站时为 ON⑦	[D] 8070	并行连接出错判 定时间	初始值 500 ms
M8071	并行连接从站驱动	从站时为 ON⑦			
[M] 8072	并行连接运转中 为 ON	运行中为 ON	[D] 8071		
			[D] 8072		
[M] 8073	主站/从站设置不 良	M8070、8071设置不良	[D] 8073		

9. 采样跟踪

编　号	名　　称	备　注	编　号	名　　称	备　注
[M]8074			[D]8074	采样剩余次数	
M8075	准备开始指令		D8075	采样次数设定（1~512）	
M8076	执行开始指令		D8076	采样周期	
[M]8077	执行中监测		D8077	指定触发器	
[M]8078	执行结束监测		D8078	触发器条件元件号	
[M]8079	跟踪512次以上		[M]8079	数据指针取样	
[D]8090	位元件号 No10		D8080	位元件号 No0	
[D]8091	位元件号 No11	采样跟踪功能用	D8081	位元件号 No1	详细采样跟踪功能参见编程手册
[D]8092	位元件号 No12		D8082	位元件号 No2	
[D]8093	位元件号 No13		D8083	位元件号 No3	
[D]8094	位元件号 No14		D8084	位元件号 No4	
[D]8095	位元件号 No15		D8085	位元件号 No5	
[D]8096	位元件号 No0		D8086	位元件号 No6	
[D]8097	位元件号 No1		D8087	位元件号 No7	
[D]8098	位元件号 No2		D8088	位元件号 No8	
			D8089	位元件号 No9	

10. 存储容量

编　号	名　称	备　注
[M]8102	存储容量	设置内容 0002＝2 KB 步，0004＝4 KB 步，0008＝8 KB 步，0016＝16 KB 步

11. 输出刷新

编　号	名　称	备　注	编　号	名　称	备　注
[M]8109	输出刷新错误生成	状态间禁止转移	[D]8109	输出刷新错误地址号保存	0、10、20…被存储

12. 高速环形计数器

编　号	名　称	备　注	编　号	名　称	备　注
[M]8099	高速环形计数器工作	允许计数器工作	D8099	0.1 ms 环形计数器	0~32767 增序

13. 特殊功能

编号	名　称	备　注		编号	名　称	备　注
[M] 8120				D8120	通信格式⑧	
[M] 8121	RS-232C 发送前待机中⑦			D8121	站号设定⑧	
[M] 8122	RS-232C 发送标志⑦	RS-232C 通信用		[D] 8122	发送数据余数⑦	
[M] 8123	RS-232C 发送完成标志⑦			[D] 8123	接受数据余数⑦	
[M] 8124	RS-232C 载波接受			D8124	起始符（STX）	详情参见各通信适配器使用手册
[M] 8125				D8125	终止符（ETX）	
[M] 8126	全信号			[D] 8126		
[M] 8127	请求握手信号	RS-485 通信用		D8127	指定请求用起始地址	
M8128	请求出错标志			D8128	请求数据数的约定	
M8129	请求字/位切换			D8129	超时判断时间	

14. 高速列表

编　号	名　称	备　注		编　号	名　称	备　注	
M8130	HSZ 表比较方式			[D] 8130	HSZ 列表计数器		
[M] 8131	同上执行完标记			[D] 8131	HSZ PLSY 列表计数器		
M8132	HSZ PLSY 速度图形			[D] 8132	速度图形频率	下位	
[M] 8133	同上执行完标记			[D] 8133	HSZ、PLSY	空	
				[D] 8134	速度图形目标	下位	详情参见编程手册
编　号	名　称	备　注		[D] 8135	脉冲数 HSZ、PLSY	上位	
[D] 8140	输出给 PLSY,	下位	详情参见编程手册	[D] 8136	输出脉冲数	下位	
[D] 8141	PLSR Y000 的脉冲数	上位		[D] 8137	PLSY、PLSR	上位	
[D] 8142	输出给 PLSY,	下位		[D] 8138			
[D] 8143	PLSR Y001 的脉冲数	上位		[D] 8139			

15. 扩展功能

编号	名　称	备　注		编　号	名　称	备　注
M8160	XCH 的 SWAP 功能	同一元件内交换		M8170	输入 X000 脉冲捕捉	
M8161	以 8 位为单位切换	16/8 位切换⑨		M8171	输入 X001 脉冲捕捉	
M8162	高速并/串连接方式			M8172	输入 X002 脉冲捕捉	
[M] 8163				M8173	输入 X003 脉冲捕捉	
[M] 8164				M8174	输入 X004 脉冲捕捉	
[M] 8165		写入十六进制数据		M8175	输入 X005 脉冲捕捉	详情参见编程手册
[M] 8166	HKY 的 HEX 处理	停止 BCD 切换		[M] 8176		
M8167	SMOV 的 HEX 处理			[M] 8177		
M8168				[M] 8178		
[M] 8169				[M] 8179		

16. 寻址寄存器当前值

编 号	名 称	备 注	编 号	名 称	备 注
[D]8180			D8190	Z5 寄存器的数据	
[D]8181			D8191	V5 寄存器的数据	
[D]8182	Z1 寄存器的数据		[D]8192	Z6 寄存器的数据	寻址寄存
[D]8183	V1 寄存器的数据		[D]8193	V6 寄存器的数据	器当前值
[D]8184	Z2 寄存器的数据		[D]8194	Z7 寄存器的数据	
[D]8185	V2 寄存器的数据	寻址寄存器	[D]8195	V7 寄存器的数据	
[D]8186	Z3 寄存器的数据	当前值	[D]8196		
[D]8187	V3 寄存器的数据		[D]8197		
[D]8188	Z4 寄存器的数据		[D]8198		
[D]8189	V4 寄存器的数据		[D]8199		

17. 内部增降序计数器

编 号	名 称	备 注
M8200		
M8201 ⋮ ⋮ ⋮ ⋮ ⋮ M8233	驱动 M8□□□时, C□□□降序计数 在不驱动 M8□□□时, C□□□增序计数, (□□□为 200~234)	详情参见编程手册
M8234		

18. 高速计数器

编 号	名 称	备 注	编 号	名 称	备 注
M8235			[M]8246	根据1相2输入计数器	
M8236			[M]8247	□□□ 的 增、降序，M8	
M8237	M8□□□被驱动时, 1		[M]8248	□□□为 ON/OFF (□□□	
M8238	相高速计数器 C□□□为	详情参	[M]8249	为 246~250)	详情参
M8239	降序方式，不驱动时为增	见编程	[M]8250		见各通信
M8240	序方式 (□□□为 235 ~	手册	[M]8251	由于 2 相计数器□□□	适配器使
M8241	245)		[M]8252	的 增、降序，M8□□□为	用手册
M8242			[M]8253	ON/OFF (□□□ 为 251 ~	
M8243			[M]8254	255)	
M8244			[M]8255		

① M8062 除外。

② 其内容为 24100; 24 表示 FX$_{2N}$，100 表示版本 1.00。

③ 若内容为 0002，则为 2K 步；0004 为 4K 步；0008 为 8K 步；D8102 加在以上项目，0016 = 16 KB 步，FX$_{2N}$ 的 D8002 可达 0016 = 16K 步。

④ 00H = FX-RAM8　01H = FX-EPROM-8

　02H = FX- EPROM- (4、8、16) (保护为 OFF); 0AH = FX-EPROM- (4、8、16) (保护为 ON)

⑤ END 指令结束时处理。

⑥ RUN→STOP 时清除。

⑦ STOP→RUN 时清除。

⑧ 后备锂电池。

⑨ 适用于 ASC、RS、HEX、CCD。

19. 特殊数据寄存器 D8060~D8067（存储的错误代码和内容）

类 型	出错代码	出错内容	处理方法
I/O 结构出错 M8060: (D8060): 继续运行	例 1020	没有装 I/O 起始元件号"1020"时，最高位 1=输入 X, 0=输出 Y; 后 3 位 020=元件号	还没有装的输入继电器，输出继电器的编号被输入程序，PLC 可以继续运行，若是程序出错，请进行修改
PLC 硬件出错 M8061 (D8061) 停止运行	0000	无异常	
	6101	RAM 出错	
	6102	运算电路出错	
	6103	I/O 总线出错（M8069 驱动为 ON 时）	
	6104	扩展设备 24V 失电（M8069 驱动为 ON 时）	
	6105	监视定时器出错	运算时间超过 D8000 的值，检查程序
PLC/PP 通信出错 M8062 (D8062) 继续运行	0000	无异常	
	6201	奇偶出错、溢出出错、成帧出错	
	6202	通信字符有误	编程器（PP）或编程器连接的设备与 PLC 间的连接是否正确
	6203	通信数据的和校验不一致	
	6204	数据格式有误	
	6205	指令有误	
并行连接通信出错 M8063 (D8063) 继续运行	0000	无异常	
	6301	奇偶出错、溢出出错、成帧出错	
	6302	通信字符有误	
	6303	通信数据的和校验不一致	
	6304	数据格式有误	检查双方 PLC 的电源是否为 ON，适配器和控制器之间、以及适配器之间连接是否正确
	6305	指令有误	
	6306	监视定时器溢出	
	6307~6311	无	
	6312	并行连接字符出错	
	6313	并行连接和校验出错	
	6314	并行连接格式出错	
参数出错 M8064 (D8064) 停止运行	0000	无异常	
	6401	程序的和校验不一致	
	6402	存储的容量设定有误	
	6403	保存区域设定有误	停止 PLC 的运行，用参数方式设定正确值
	6404	注释区域设定有误	
	6405	文件寄存器区域设定有误	
	6409	其他设定有误	

类　型	出错代码	出错内容	处理方法
语法出错 M8065 （D8065） 停止运行	0000	无异常	检查编程时各个指令的使用是否正确。产生错误时请用程序模式进行修改
	6501	指令-元件符号-元件号的组合有误	
	6502	设定值之前无 OUT T 和 OUT C	
	6503	① OUT T 和 OUT C 之后无设定值； ② 应用指令操作数数量不足	
	6504	① 卷标编号重复； ② 中断输入和高速计数器输入重复	
	6505	元件号范围溢出	
	6506	使用了未定义指令	
	6507	卷标编号（P）定义出错	
	6508	中断输入（I）定义出错	
	6509	其他	
	6510	MC 嵌套编号大小有错误	
	6511	中断输入和高速计数器输入重复	
电路出错 M8066 （D8066） 停止运行	0000	无异常	对整个电路块而言，当指令组合不正确时，对指令关系有错时都能产生错误，在程序中要修改指令的相互关系，使其正确无误
	6601	LD 和 LDI 连续使用次数在 9 次以上	
	6602	① 没有 LD 和 LDI 指令。没有线圈，LD、LDI 和 ANB、ORB 之间关系有错； ② STL、RET、MCR、P（指针）、I（中断）、EI、DI、SRET、IRET、FOR、NEXT、FEND、END 没有与总线连接 ③ 遗漏 MPP	
	6603	MPS 连续使用次数在 12 次以上	
	6604	MPS 与 MRD、MPP 的关系出错	
	6605	① STL 连续使用次数在 9 次以上； ② 在 STL 内有 MC、MCR、I（中断）和 SRET； ③ 在 STL 外有 RET，没有 RET	
	6606	① 没有 P（指针）和 I（中断）； ② 没有 SRET 和 IRET； ③ I(中断)、SRET 和 IRET 在主程序中； ④ STC、RET、MC 和 MCR 在子程序和中断子程序中	
	6607	① FOR 和 NEXT 关系有错误，嵌套在 6 次以上； ② 在 FOR - NEXT 之间有 STL、RET、MC、MCR、IRET、SRET、FEND 和 END	
	6608	① MC 和 MCR 的关系有错误； ② MCR 没有 N0； ③ MC-MCR 之间有 SRET、IRET 和 I（中断）	

类　型	出错代码	出　错　内　容	处　理　方　法
	6609	其他	
	6610	LD 和 LDI 的连续使用次数在 9 次以上	
	6611	对 LD 和 LDI 指令而言，ANB 和 ORB 指令数太多	
	6612	对 LD 和 LDI 指令而言，ANB 和 ORB 指令数太少	
	6613	MPS 连续使用次数在 12 次以上	
	6614	遗漏 MPS	
	6615	遗漏 MPP	
	6616	遗漏 MPS-MRD、MPP 间的线圈，或关系有错误	
	6617	必须从总线开始的指令却没有与总线连接，有 STL、RET、MCR、P、I、DI、EI、FOR、NEXT、SRET、IRET、FEND 和 END	
	6618	只能在主程序中使用的指令却在主程序之外（中断、子程序等）	
电路出错 M8066 (D8066) 停止运行	6619	FOR-NEXT 之间使用了不能用的指令：STL、RET、MC、MCR、I 和 IRET	对整个电路块而言，当指令组合不正确时、指令关系有错时，都能产生错误，在程序中要修改指令的相互关系，使其正确无误
	6620	FOR-NEXT 间嵌套溢出	
	6621	FOR-NEXT 数的关系有错误	
	6622	没有 NEXT 指令	
	6623	没有 MC 指令	
	6624	没有 MCR 指令	
	6625	STL 连续使用次数在 9 次以上	
	6626	在 STL-RET 之间有不能用的指令；MC、MCR、I、SRET 和 IRET	
	6627	没有 RET 指令	
	6628	在主程序中有不能用的指令；I、SRET 和 IRET	
	6629	无 P 和 I	
	6630	没有 SRET 和 IRET 指令	
	6631	SRET 位于不能用的场所	
	6632	FEND 位于不能用的场所	

类　型	出错代码	出　错　内　容	处　理　方　法
运算错误 M8067 （D8067） 继续运行	0000	没有异常	这是在运算执行过程中产生错误，请修改程序或检查应用指令的操作数的内容是否有错误。即使语法、电路没有出错，下述原因也可能产生运算错误。例如 T200Z 虽没有错，但运算结果 Z = 100 时，T = 300，这样元件编号则溢出
	6701	① CJ 和 CALL 没有跳转地址； ② 在 END 指令后面有卷标； ③ 在 FOR-NEXT 间或子程序之间有单独的卷标	
	6702	CALL 的嵌套级在 6 层以上	
	6703	中断的嵌套级在 6 层以上	
	6704	FOR-NEXT 的嵌套级在 6 层以上	
	6705	应用指令的操作数在目标元件之外	
	6706	应用指令的操作数在元件号范围和数据值范围的溢出	
	6707	因没有设定文件寄存器的参数而存取了文件寄存器	
	6708	FROM/TO 指令出错	
	6709	其他（IRET 和 SRET 忘记，FOR-NEXT 关系有错误等）	
	6730	取样时间（T_S）在目标范围外（$T_S = 0$）	PID 运算停止
	6732	输入滤波器常数（a）在目标范围外（a<0 或 $100 \leqslant a$）	
	6733	比例阈（K_P）在目标范围外（$K_P < 0$）	
	6734	积分时间（T_I）在目标范围外（$T_I < 0$）	
	6735	微分阈（K_D）在目标范围外（$K_D < 0$ 或 $201 \leqslant K_D$）	产生控制参数的设定值和 PID 运算中产生数据错误。请检查参数
	6736	微分时间在目标范围外（$T_D < 0$）	
	6740	取样时间（T_S）≤运算周期	
	6742	测定值变量溢出（$\Delta P_V < 32768$ 或 $32767 < \Delta P_V$）	将运算数据做 MAX 值，继续运算
	6743	偏差溢出（$E_V < -32768$ 或 $32767 < E_V$）	
	6744	积分计算值溢出（$-32768 \sim +32767$ 以外）	
	6745	因微分阈（K_P）溢出，产生微分计算值溢出	
	6746	微分计算值溢出（$-32768 \sim +32767$ 以外）	
	6747	PID 运算结果溢出（$-32768 \sim +32767$ 以外）	

20. FX$_{2N}$的错误按下述定时检查，把前项的出错代码存入特殊数据寄存器 D8060~D8067

出错项目	电源 ON→OFF	电源为 ON 后初次 STOP→RUN 时	其　他
M8060 I/O 地址号构成出错	检查	检查	运算中
M8061 PLC 硬件出错	—	—	运算中
M8062 PLC/PP 通信出错	—	—	从 PP 接受信号时
M8063 连续模块通信出错	—	—	从对方接受信号时
M8064 参数出错 M8065 语法出错 M8066 电路出错	检查	检查	程序变更时（STOP） 程序传送时（STOP）
M8067 运算出错 M8068 运算出错锁存	—	—	运算中（RUN）

注：D8060~D8067 各存一个出错内容，产生同一出错项目多次出错时，每当清除出错原因时，仍存储发生中的出错代码，无出错时存入 "0"。

附录 D　FX$_{2N}$系列 PLC 基本指令一览表

助　记　符	名　　称	可用元件	功能和用途
LD	取	X、Y、M、S、T、C	逻辑运算开始，用于与母线连接的常开触点
LDI	取反	X、Y、M、S、T、C	逻辑运算开始，用于与母线连接的常闭触点
LDP	取上升沿	X、Y、M、S、T、C	上升沿检测的指令，仅在指定元件的上升沿时接通一个扫描周期
LDF	取下降沿	X、Y、M、S、T、C	下降沿检测的指令，仅在指定元件的下降沿时接通一个扫描周期
AND	与	X、Y、M、S、T、C	和前面的元件或回路块实现逻辑"与"，用于常开触点串联
ANI	与反	X、Y、M、S、T、C	和前面的元件或回路块实现逻辑"与"，用于常闭触点串联
ANDP	与上升沿	X、Y、M、S、T、C	上升沿检测的指令，仅在指定元件的上升沿时接通一个扫描周期
OUT	输出	Y、M、S、T、C	驱动线圈的输出指令
SET	置位	Y、M、S	线圈接通保持指令
RST	复位	Y、M、S、T、C、D	清除动作保持；当前值与寄存器清零

助 记 符	名 称	可 用 元 件	功 能 和 用 途
PLS	上升沿微分指令	Y、M	在输入信号上升沿时产生一个扫描周期的脉冲信号
PLF	下降沿微分指令	Y、M	在输入信号下降沿时产生一个扫描周期的脉冲信号
MC	主控	Y、M	主控程序的起点
MCR	主控复位	—	主控程序的终点
ANDF	与下降沿	Y、M、S、T、C、D	下降沿检测的指令，仅在指定元件的下降沿时接通一个扫描周期
OR	或	Y、M、S、T、C、D	和前面的元件或回路块实现逻辑"或"，用于常开触点并联
ORI	或反	Y、M、S、T、C、D	和前面的元件或回路块实现逻辑"或"，用于常闭触点并联
ORP	或上升沿	Y、M、S、T、C、D	上升沿检测的指令，仅在指定元件的上升沿时接通一个扫描周期
ORF	或下降沿	Y、M、S、T、C、D	下降沿检测的指令，仅在指定元件的下降沿时接通一个扫描周期
ANB	回路块"与"	—	并联回路块的串联连接指令
ORB	回路块"或"	—	串联回路块的并联连接指令
MPS	进栈	—	将运算结果（或数据）压入栈存储器
MRD	读栈	—	将栈存储器第1层的内容读出
MPP	出栈	—	将栈存储器第1层的内容弹出
INV	取反转	—	对执行该指令之前的运算结果进行取反转操作
NOP	空操作	—	程序中仅做空操作运行
END	结束	—	表示程序结束

附录 E FX₂ₙ 系列 PLC 功能指令一览表

分类	指令编号 FNC	指令助记符	指令格式、操作数（可用软元件）					指令名称及功能简介	D 命令	P 命令
程序流程	00	CJ	S(·)（指针 P0~P127）					条件跳转； 程序跳转到[S(·)]P指针指定处，P63 为 END 步序，不需指定		○
	01	CALL	S(·)（指针 P0~P127）					调用子程序； 程序调用[S(·)]P 指针指定的子程序，嵌套 5 层以内		○
	02	SRET						子程序返回； 从子程序返回主程序		
	03	IRET						中断返回主程序		
	04	EI						中断允许		
	05	DI						中断禁止		
	06	FEND						主程序结束		
	07	WDT						监视定时器；顺控指令中执行监视定时器刷新		○
	08	FOR	S(·)(W4)					循环开始； 重复执行开始，嵌套 5 层以内		
	09	NEXT						循环结束；重复执行结束		
传送和比较	010	CMP	S1(·)(W4)	S2(·)(W4)	D(·)(B')			比较；[S1(·)]同[S2(·)]比较→[D(·)]	○	○
	011	ZCP	S1(·)(W4)	S2(·)(W4)	S(·)(W4)	D(·)(B')		区间比较；[S(·)]同[S1(·)]~[S2(·)]比较→[D(·)]，[D(·)]占 3 点	○	○
	012	MOV	S(·)(W4)	D(·)(W2)				传送；[S(·)]→[D(·)]	○	○
	013	SMOV	S(·)(W4)	m1(·)(W4")	m2(·)(W4")	D(·)(W2)	n(W4")	移位传送；[S(·)]第 m1 位开始的 m2 个数位移到[D(·)]的第 n 个位置，m1、m2、n=1~4	○	○

分类	指令编号 FNC	指令助记符	指令格式、操作数（可用软元件）			指令名称及功能简介	D命令	P命令
传送和比较	014	CML	S(·)(W4)		D(·)(W2)	取反；[S(·)]取反→[D(·)]	0	0
	015	BMOV	S(·)(W3')	D(·)(W2')	n(W4")	块传送；[S(·)]→[D(·)]（n点→n点），[S(·)]包括文件寄存器，n≤512	0	0
	016	FMOV	S(·)(W4)	D(·)(W2')	n(W4")	多点传送；[S(·)]→[D(·)]（1点→n点）；n≤512	0	0
	017	XCH	D1(·)(W2)		D2(·)(W2)	数据交换；[D1(·)]↔→[D2(·)]	0	0
	018	BCD	S(·)(W3)		D(·)(W2)	求BCD码；[S(·)]16/32位二进制数转换成4/8位BCD→[D(·)]	0	0
	019	BIN	S(·)(W3)		D(·)(W2)	求二进制码；[S(·)]4/8位BCD转换成16/32位二进制数→[D(·)]	0	0
四则运算和逻辑运算	020	ADD	S1(·)(W4)	S2(·)(W4)	D(·)(W2)	二进制加法；[S1(·)]+[S2(·)]→[D(·)]	0	0
	021	SUB	S1(·)(W4)	S2(·)(W4)	D(·)(W2)	二进制减法；[S1(·)]-[S2(·)]→[D(·)]	0	0
	022	MUL	S1(·)(W4)	S2(·)(W4)	D(·)(W2')	二进制乘法；[S1(·)]×[S2(·)]→[D(·)]	0	0
	023	DIV	S1(·)(W4)	S2(·)(W4)	D(·)(W2')	二进制除法；[S1(·)]÷[S2(·)]→[D(·)]	0	0
	024	INC		D(·)(W2)		二进制加1；[D(·)]+1→[D(·)]	0	0
	025	DEC		D(·)(W2)		二进制减1；[D(·)]-1→[D(·)]	0	0
	026	AND	S1(·)(W4)	S2(·)(W4)	D(·)(W2)	逻辑字与；[S1(·)]∧[S2(·)]→[D(·)]	0	0

分类	指令编号 FNC	指令助记符	指令格式、操作数（可用软元件）				指令名称及功能简介	D命令	P命令
四则运算和逻辑运算	027	OR	S1(·)(W4)	S2(·)(W4)	D(·)(W2)		逻辑字或；[S1(·)]∨[S2(·)]→[D(·)]	0	0
	028	XOR	S1(·)(W4)	S2(·)(W4)	D(·)(W2)		逻辑字异或；[S1(·)]⊕[S2(·)]→[D(·)]	0	0
	029	NEG	D(·)(W2)				求补码；[D(·)]按位取反+1→[D(·)]	0	0
循环移位与移位	030	ROR	D(·)(W2)		n(W4")		循环右移；执行条件成立时，[D(·)]循环右移 n 位（高位→低位→高位）	0	0
	031	ROL	D(·)(W2)		n(W4")		循环左移；执行条件成立时，[D(·)]循环左移 n 位（低位→高位→低位）	0	0
	032	RCR	D(·)(W2)		n(W4")		带进位循环右移；[D(·)]带进位循环右移 n 位（高位→低位→十进位→高位）	0	0
	033	RCL	D(·)(W2)		n(W4")		带进位循环左移；[D(·)]带进位循环左移 n 位（低位→高位→十进位→低位）	0	0
	034	SFTR	S(·)(B)	D(·)(B')	n1(W4")	n2(W4")	位右移；n2 位[S(·)]右移→n1 位[D(·)]，高位进，低位溢出	0	0
	035	SFTL	S(·)(B)	D(·)(B')	n1(W4")	n2(W4")	位左移；n2 位[S(·)]左移→n1 位[D(·)]，低位进，高位溢出	0	0
	036	WSFR	S(·)(W3')	D(·)(W2')	n1(W4")	n2(W4")	字右移；n2 字[S(·)]右移→[D(·)]开始的 n1 字，高字进，低字溢出	0	0
	037	WSFL	S(·)(W3')	D(·)(W2')	n1(W4")	n2(W4")	字左移；n2 字[S(·)]左移→[D(·)]开始的 n1 字，低字进，高字溢出	0	0
	038	SFWR	S(·)(W4)	D(·)(W2')	n(W4')		FIFO 写入；先进先出控制的数据写入，2≤n≤512	0	0
	039	SFRD	S(·)(W2')	D(·)(W2')	n(W4')		FIFO 读出；先进先出控制的数据读出，2≤n≤512	0	0

（续）

分类	指令编号 FNC	指令助记符	指令格式、操作数（可用软元件）			指令名称及功能简介	D命令	P命令
			S(·)/D1(·)	D2(·)/中间	n/其他			
	040	ZRST	D1(·)(W1'、B')	D2(·)(W1'、B')		成批复位[D1(·)]~[D2(·)], [D1(·)]<[D2(·)]		0
	041	DECO	S(·)(B、W1、W4")	D(·)(B'、W1)	n(W4")	译码; [S(·)]的n (n=1~8) 位二进制数译码为十进制数α→[D(·)], 使[D(·)]的第α位为1		0
	042	ENCO	S(·)(B、W1)	D(·)(W1)	n(W4")	编码; [S(·)]的2n (n=1~8) 位中最高 "1" 位代表的位数（十进制数）编码为二进制数→[D(·)]		0
数据处理1	043	SUM	S(·)(W4)	D(·)(W2)		求置ON位的总和; [S(·)]中 "1" 的数目存入[D(·)]		0
	044	BON	S(·)(W4)	D(·)(B')	n(W4")	ON位判断; [S(·)]中第n位为ON时, [D(·)]为ON (n=0~15)		0
	045	MEAN	S(·)(W3')	D(·)(W2)	n(W4")	平均值; [S(·)]中n点平均值→[D(·)] (n=1~64)		0
	046	ANS	S(·)(T)	m(K)	D(·)(S)	标志复位; 若执行条件为ON, [S(·)]中定时器定时 m ms后, [D(·)]置位。[D(·)]为S900~S999		
	047	ANR				标志复位; 被置位的定时器复位		0
	048	SQR	S(·)(D、W4")		D(·)(D)	二进制平方根; [S(·)]平方根值→[D(·)]	0	0
	049	FLT	S(·)(D)		D(·)(D)	二进制整数写二进制浮点数转换; [S(·)]内二进制整数→[D(·)]二进制浮点数	0	0
高速处理	050	REF	D(·)(X、Y)		n(W4")	输入输出刷新; 指令执行, [D(·)]立即刷新。[D(·)]为 X000, X010, …, Y000, Y010, …, n为8, 16, …, 256		0
	051	REFF	n(W4")			滤波调整; 输入滤波时间调整为 nms, 刷新 X000~X017, n=0~60		0
	052	MTR	S(·)(X)	D1(·)(Y)	D2(·)(B') / n(W4")	矩阵输入（使用一次）; n列8点数据以 D1(·) 输出的选通信号分时将 [S(·)] 数据读入 [D2(·)]		0

（续）

分类	指令编号 FNC	指令助记符	指令格式、操作数（可用软元件）				指令名称及功能简介	D命令	P命令
高速处理	053	HSCS	S1(·)(W4)	S2(·)(C)		D(·)(B')	比较置位（高速计数）；[S1(·)]=[S2(·)]时，D(·)置位，中断输出到Y，S2(·)为C235～C255	0	
	054	HSCR	S1(·)(W4)	S2(·)(W4)		D(·)(B'C)	比较复位（高速计数）；[S1(·)]=[S2(·)]时，[D(·)]复位，中断输出到Y，[D(·)]为C时，自复位	0	
	055	HSZ	S1(·)(W4)	S2(·)(W4)	S(·)(C)	D(·)(B")	区间比较（高速计数）；[S(·)]与[S1(·)]～[S2(·)]比较，结果驱动[D(·)]	0	
	056	SPD	S1(·)(X0~X5)	S2(·)(W4)		D(·)(W1)	脉冲密度；在[S2(·)]时间内，将[S1(·)]输入的脉冲存入[D(·)]		
	057	PLSY	S1(·)(W4)	S2(·)(W4)		D(·)(Y0或Y1)	脉冲输出（使用一次）；以[S1(·)]的频率从[D(·)]送出[S2(·)]个脉冲；[S1(·)]：1～1000Hz	0	
	058	PWM	S1(·)(W4)	S2(·)(W4)		D(·)(Y0或Y1)	脉宽调制（使用一次）；输出周期为[S2(·)]，脉冲宽度为[S1(·)]的脉冲至[D(·)]。周期为1～32767 ms		
	059	PLSR	S1(·)(W4)	S2(·)(W4)	S3(·)(W4)	D(·)(Y0或Y1)	可调速脉冲输出（使用一次）；[S1(·)]最高频率：10～20000 Hz；[S2(·)]为总输出脉冲数；[S3(·)]为增减速时间：5000 ms以下；[D(·)]为输出脉冲	0	
便利指令	060	IST	S(·)(X、Y、M)	D1(·)(S20~S899)		D2(·)(S20~S899)	状态初始化（使用一次）；自动控制步进顺控程序中的状态初始化。[S(·)]为运行模式的初始输入；[D1(·)]为自动模式中实用状态的最小号码；[D2(·)]为自动模式中实用状态的最大号码		
	061	SER	S1(·)(W3')	S2(·)(C')	D(·)(W2')	n(W4")	查找数据；检索以[S1(·)]为起始的n个与[S2(·)]相同的数据，并将其个数存于[D(·)]	0	0
	062	ABSD	S1(·)(W3')	S2(·)(C')	D(·)(B')	n(W4")	绝对值式凸轮控制（使用一次）；对应[S2(·)]计数器的当前值，输出[D(·)]开始的n点由[S1(·)]内数据决定的输出波形		0

（续）

分 类	指令编号 FNC	指令助记符	指令格式、操作数（可用软元件）				指令名称及功能简介	D命令	P命令
	063	INCD	S1(·)(W3')	S2(·)(C)	D(·)(B')	n(W4'')	增量式凸轮顺控（使用一次）；对应[S2(·)]的计数器当前值，输出[D(·)]开始的n点[S1(·)]内数据块定的输出波形。[S2(·)]的第二个计数器统计计数次数		
	064	TIMR	D(·)(D)			n(0~2)	示数定时器；用[D(·)]开始的第二个数据寄存器测定执行条件ON的时间，乘以n（指定的倍率）后存入[D(·)]，n为0~2		
	065	STMR	S(·)(T)	m(W4'')	D(·)(B')		特殊定时器；m的值作为[S(·)]指定定时器的设定值，使[D(·)]指定的4个器件构成延时断开定时器、输入ON→OFF后的脉冲定时器、输入OFF→ON后的脉冲输入信号相反方向变化的脉冲定时器		
便利指令	066	ALT	D(·)(B')				交替输出；每次执行条件以OFF→ON的变化时，[D(·)]以OFF→ON, ON→OFF…交替输出	0	
	067	RAMP	S1(·)(D)	S2(·)(D)	D(·)(B')	n(W4'')	斜波信号；[D(·)]的内容从[S1(·)]的值到[S2(·)]的值慢慢变化，其变化时间为n个扫描周期，n: 1~32 767		
	068	ROTC	S(·)(D)	m1(W4'')	m2(W4'')	D(·)(B')	旋转检测工作台控制（使用一次）；[S(·)]指定开始的D为工作台位置检测计数寄存器，其次指定的D为取出位置号寄存器，再次指定的D为要取工作号寄存器，m1为分度区数，m2为低速运行行程。完成上述设定，指令就自动用[D(·)]指定输出控制信号		
	069	SORT	S(·)(D)	m1(W4'')	m2(W4'')	D(·)(D)	n(W4'')	表数据排序（使用一次）；[S(·)]为排序表的首地址，m1为行号，m2为列号。指令将n指定列号中的数据从小开始进行整理排列，结果存入以[D(·)]为首地址的目标元件中，形成新的排列表；m1: 1~32, m2: 1~6, n: 1~m2	0	
外部机器 I/O	070	TKY	S(·)(B)	D1(·)(W2')	D2(·)(B')		十键输入（使用一次）；外部十键号依次为0~9，连接于[S(·)]，每按一次键，其键号依次存入[D1(·)]，[D2(·)]指定的应元件依次为ON	0	

分　类	指令编号 FNC	指令助记符	指令格式、操作数（可用软元件）				指令名称及功能简介	D命令	P命令
	071	HKY	S(·)(X)	D1(·)(Y)	D2(·)(Y)	D3(·)(B')	十六键输入（使用一次）；以[D1(·)]为选通信号，顺序将[S(·)]所按键号以BIN码存入[D2(·)]，每次按键存入，按A~F键，[D3(·)]指定位元件依次放为"ON"，限9999则溢出	0	
	072	DSW	S(·)(X)	D1(·)(Y)	D2(·)(W1)	n(W4")	数字开关（使用两次）；4位一组（n=1）或四位二组（n=2）BCD数字开关以[S(·)]输入，以[D1(·)]为选通信号，顺序将[S(·)]中所输入数字送到[D2(·)]		
	073	SEGD	S(·)(W4)	D1(·)(W2)			七段码译码；将[S(·)]低四位指定的0~F的数据译成七段码显示的数据格式并存入[D(·)]，[D(·)]高8位不变		0
	074	SEGL	S(·)(W4)	D1(·)(X)	n(W4")		带锁存七段码显示（使用两次）7段码，4位一组（n=0~3）或四位二组（n=4~7）7段码，由[D(·)]的第2个4位为选通信号，顺序显示由[S(·)]经[D(·)]的第1个4位或[D(·)]的第3个4位输出的值		
外部机器 I/O	075	ARWS	S(·)(B)	D1(·)(W1)	D2(·)(Y)	n(W4")	方向开关（使用一次）；[S(·)]指定位移与各位数值增减用的箭头开关，[D1(·)]指定的元件中存放待显示的二进制数，根据[D2(·)]指定的第2个4位输出的选通信号，依次从[D2(·)]指定的第1个4位输出显示。按位移箭头开关，顺序选择所要显示位，按数值增减箭头开关，[D1(·)]数值由0~9或9~0变化。n为0~3，用以选择选通位		0
	076	ASC	S(·)（字母数字）	D(·)(W1')			ASCII码转换；[S(·)]存入微机输入的8个字节以下的字母和数字。指令执行后，将[S(·)]转换为ASC码后送到[D(·)]		
	077	PR	S(·)(W1')	D(·)(Y)			ASCII码打印（使用两次）；将[S(·)]的ASC码→[D(·)]		
	078	FROM	m1(W4")	m2(W4")	D(·)(W2)	n(W4")	BFM读出；将特殊单元缓冲存储器（BFM）的n点数据读到[D(·)]；m1=0~7，特殊单元特殊模块号；m2=0~31，缓冲存储器（BFM）号码；n=1~32，传送点数	0	0

（续）

分类	指令编号 FNC	指令助记符	指令格式、操作数（可用软元件）				指令名称及功能简介	D命令	P命令
外部机器 I/O	079	TO	m1 (W4')	m2 (W4")	S(·) (W4)	n (W4")	写入 BFM；将 PLC[S(·)]的 n 点数据写入特殊单元缓冲存储器(BFM)，m1=0~7，特殊单元模块号；m2=0~31，缓冲存储器(BFM)号码；n=1~32，传送点数	0	0
	080	RS	S(·) (D)	m (W4")	D(·) (D)	n (W4")	串行通信传递；使用功能扩展板进行发送/接收串行数据。发送/接收[S(·)]m 点数据至[D(·)]n 点数据。m，n：0~256	0	0
	081	PRUN	S(·) (KnM, KnX) (n=1~8)		D(·) (KnY, KnM) (n=1~8)		八进制位传送；[S(·)]转换为八进制，送到[D(·)]	0	0
	082	ASCI	S(·) (W4)	D(·) (W2')		n (W4")	HEX→ASCII 变换；将[S(·)]内 HEX（十六进制）制数据的各位转换成 ASCII 码后，并向[D(·)]的高低 8 位传送。传送的字符数由 n 指定。n: 1~256	0	0
外部机器 SER	083	HEX	S(·) (W4")	D(·) (W2)		n (W4")	ASCII→HEX 变换；将[S(·)]内高低 8 位的 ASCII（十六进制）制）数据的各位转换成 ASCII 8 位码后，并向[D(·)]传送。传送的字符数由 n 指定，n: 1~256	0	0
	084	CCD	S(·) (W3')	D(·) (W1")		n (W4")	检验码；用于通信数据的校验。以[S(·)]指定的元件为起始的 n 点数据，对其高低 8 位数据的总和检查并进行校验保存至[D(·)]与[D(·)]+1 的元件	0	0
	085	VRRD	S(·) (W4")		D(·) (W2)		模拟量输入；将[S(·)]指定的模拟量设定模板的开关模拟值 0~255 转换为 8 位 BIN 后并传送到[D(·)]	0	0
	086	VRRD	S(·) (W4")		D(·) (W2)		模拟量开关设定；[S(·)]指定的开关刻度为 0~10 转换为 8 位 BIN 后并传送到[D(·)]。[S(·)]：开关号码 0~7	0	0

分类	指令编号 FNC	指令助记符	指令格式、操作数（可用软元件）				指令名称及功能简介	D命令	P命令
外部机器 SER	088	PID	S1(·) (D)	S2(·) (D)	S3(·) (D)	D(·) (D)	PID 回路运算；在[S1(·)]设定目标值；在[S2(·)]设定测定当前值；在[S3(·)]～[S3(·)]+6 设定控制参数值；执行程序时，运算结果被存入[D(·)]。[S3 (·)]：D0～D975	0	0
	110	ECMP	S1(·)	S2(·)		D(·)	二进制浮点比较；[S1(·)]与[S2(·)]比较→[D(·)]	0	0
	111	EZCP	S1(·)	S2(·)	S(·)	D(·)	二进制浮点区间比较；[S(·)]与[S1(·)]～[S2(·)]比较→[D(·)]。[D(·)]占 3 点，[S1(·)]<[S2(·)]	0	0
	118	EBCD	S(·)		D(·)		二进制浮点转换十进制浮点；[S(·)]转换为十进制浮点→[D(·)]	0	0
	119	EBIN	S(·)		D(·)		十进制浮点转二进制浮点；[S (·)]转换为二进制浮点→[D(·)]	0	0
浮点运算	120	EADD	S1(·)	S2(·)		D(·)	二进制浮点加法；[S1(·)]+[S2(·)]→[D(·)]	0	0
	121	ESUB	S1(·)	S2(·)		D(·)	二进制浮点减法；[S1(·)]-[S2(·)]→[D(·)]	0	0
	122	EMUL	S1(·)	S2(·)		D(·)	二进制浮点乘法；[S1(·)]×[S2]→[D(·)]	0	0
	123	EDIV	S1(·)	S2(·)		D(·)	二进制浮点除法；[S1(·)]÷[S2(·)]→[D(·)]	0	0
	127	ESOR	S(·)			D(·)	开方；[S (·)]开方→[D(·)]	0	0
	129	INT	S(·)			D(·)	二进制浮点→BIN 整数转换；[S(·)]转换 BIN 整数→[D(·)]	0	0
	130	SIN	S(·)			D(·)	浮点 SIN 运算；[S (·)]角度的正弦→[D(·)]。0°≤角度<360°	0	0

238

（续）

分类	指令编号 FNC	指令助记符	指令格式、操作数（可用软元件）	指令名称及功能简介	D命令	P命令
浮点运算	131	COS	S(·) D(·)	浮点 COS 运算；[S(·)]角度的余弦→[D(·)]。0°≤角度<360°	0	0
	132	TAN	S(·) D(·)	浮点 TAN 运算；[S(·)]角度的正切→[D(·)]。0°≤角度<360°	0	0
数据处理2	147	SWAP	S(·)	高低位变换；16 位时，低 8 位与高 8 位交换；32 位时，各个低 8 位与高 8 位交换	0	0
时钟运算	160	TCMP	S1(·) S2(·) S3(·) D(·)	时钟数据比较；指定时刻[S(·)]与时钟数据[S1(·)]时[S2(·)]分[S3(·)]秒比较，比较结果在[D(·)]显示。[D(·)]占有 3 点		0
	161	TZCP	S1(·) S2(·) S9(·) D(·)	时钟数据区域比较；指定时刻[S(·)]与时钟数据[S1(·)]~[S2(·)]比较，比较结果在[D(·)]显示。[D(·)]占有 3 点，[S1(·)]≤[S2(·)]		0
	162	TADD	S1(·) S2(·) D(·)	时钟数据加法：以[S2(·)]起始的 3 点时刻数据加上[S1(·)]起始的 3 点时刻数据，其结果存入以[D(·)]起始的 3 点中		0
	163	TSUB	S1(·) S2(·) D(·)	时钟数据减法：以[S1(·)]起始的 3 点时刻数据减去以[S2(·)]起始的 3 点时刻数据，其结果存入以[D(·)]起始的 3 点中		0
	166	TRD	D(·)	时钟数据读出；将内藏的实时计算器的数据在[D(·)]占有的 7 点读出		0
	167	TWR	S(·)	时钟数据写入；将[S(·)]占有的 7 点数据写入内藏的实时计算器		0

239

（续）

分 类	指令编号 FNC	指令助记符	指令格式、操作数（可用软元件）		指令名称及功能简介	D 命令	P 命令
格雷码转换	170	GRY	S(·)	D(·)	格雷码转换；将[S(·)]格雷码转换为二进制值，存入[D(·)]	0	0
	171	GBIN	S(·)	D(·)	格雷码逆变换；将[S(·)]二进制值转换为格雷码，存入[D(·)]	0	0
	224	LD=	S1(·)	S2(·)	触点形比较指令；连接母线形接点，当[S1(·)]=[S2(·)]时接通	0	
	225	LD>	S1(·)	S2(·)	触点形比较指令；连接母线形接点，当[S1(·)]>[S2(·)]时接通	0	
	226	LD<	S1(·)	S2(·)	触点形比较指令；连接母线形接点，当[S1(·)]<[S2(·)]时接通	0	
	228	LD<>	S1(·)	S2(·)	触点形比较指令；连接母线形接点，当[S1(·)]<>[S2(·)]时接通	0	
	229	LD≦	S1(·)	S2(·)	触点形比较指令；连接母线形接点，当[S1(·)]≤[S2(·)]时接通	0	
	230	LD≧	S1(·)	S2(·)	触点形比较指令；连接母线形接点，当[S1(·)]≥[S2(·)]时接通	0	
触点比较	232	AND=	S1(·)	S2(·)	触点形比较指令；串联形接点，当[S1(·)]=[S2(·)]时接通	0	
	233	AND>	S1(·)	S2(·)	触点形比较指令；串联形接点，当[S1(·)]>[S2(·)]时接通	0	
	234	AND<	S1(·)	S2(·)	触点形比较指令；串联形接点，当[S1(·)]<[S2(·)]时接通	0	
	236	AND<>	S1(·)	S2(·)	触点形比较指令；串联形接点，当[S1(·)]<>[S2(·)]时接通	0	

240

（续）

分类	指令编号 FNC	指令助记符	指令格式 操作数（可用软元件）		指令名称及功能简介	D命令	P命令
触点比较	237	AND≤	S1(·)	S2(·)	触点形比较指令；串联形接点，当[S1(·)]≤[S2(·)]时接通	0	
	238	AND≥	S1(·)	S2(·)	触点形比较指令；串联形接点，当[S1(·)]≥[S2(·)]时接通	0	
	240	OR=	S1(·)	S2(·)	触点形比较指令；并联形接点，当[S1(·)]=[S2(·)]时接通	0	
	241	OR>	S1(·)	S2(·)	触点形比较指令；并联形接点，当[S1(·)]>[S2(·)]时接通	0	
	242	OR<	S1(·)	S2(·)	触点形比较指令；并联形接点，当[S1(·)]<[S2(·)]时接通	0	
	244	OR<>	S1(·)	S2(·)	触点形比较指令；并联形接点，当[S1(·)]<>[S2(·)]时接通	0	
	245	OR≤	S1(·)	S2(·)	触点形比较指令；并联形接点，当[S1(·)]≤[S2(·)]时接通	0	
	246	OR≥	S1(·)	S2(·)	触点形比较指令；并联形接点，当[S1(·)]≥[S2(·)]时接通	0	

注：表中"D命令"栏中有"0"的表示可以是32位的指令；"P命令"栏中有"0"的表示可以是脉冲执行型的指令。
表中表示各操作数的可用元件类型的范围符号是：B、B'、W1、W2、W3、W4、W1'、W2'、W3'、W4'、W1"、W2"、W4"，其表示的范围如图E所示。

图E 操作数可用元件类型的范围符号
a) 位元件 b) 字元件

参 考 文 献

[1] 金彦平. 可编程序控制器及应用（三菱）[M]. 北京：机械工业出版社，2010.

[2] 郑凤翼. 图解 PLC 控制系统梯形图和语句表 [M]. 北京：人民邮电出版社，2010.

[3] 孙振强. 可编程控制器原理及应用教程 [M]. 北京：清华大学出版社，2014.

[4] 郭琼. PLC 应用技术 [M]. 北京：机械工业出版社，2014.

[5] 瞿彩萍. PLC 应用技术 [M]. 北京：中国劳动社会保障出版社，2014.

[6] 张志柏，等. PLC 应用技术 [M]. 北京：高等教育出版社，2015.

[7] 李响初，等. 三菱 PLC、变频器与触摸屏综合应用技术 [M]. 北京：机械工业出版社，2016.

[8] 史宜巧，等. PLC 应用技术 [M]. 北京：高等教育出版社，2016.

[9] 吴丽. 电气控制与 PLC 应用技术 [M]. 北京：机械工业出版社，2017.

[10] 刘建华，等. 三菱 FX_{2N} 系列 PLC 应用技术 [M]. 北京：机械工业出版社，2018.

[11] 廖常初. PLC 基础及应用 [M]. 北京：机械工业出版社，2019.

[12] 张静之，等，三菱 FX_{3U} 系列 PLC 编程技术与应用 [M]. 北京：机械工业出版社，2019.